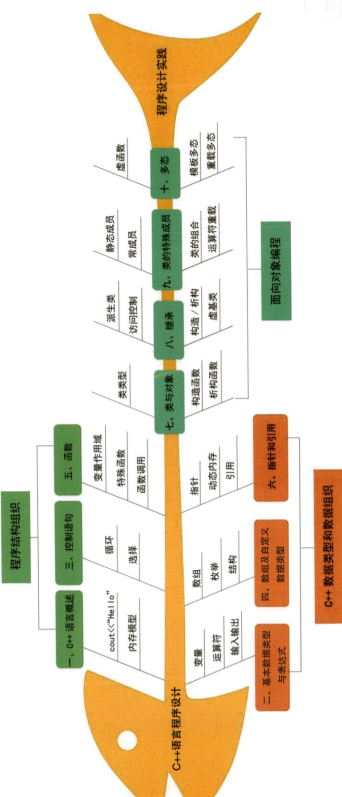

程序设计实践

十、多态
- 虚函数
- 模板多态
- 重载多态

九、类的特殊成员
- 静态成员
- 常成员
- 类的组合
- 运算符重载

八、继承
- 派生类
- 访问控制
- 构造/析构
- 虚基类

面向对象编程

七、类与对象
- 类类型
- 构造函数
- 析构函数

程序结构组织

五、函数
- 变量作用域
- 特殊函数
- 函数调用

三、控制语句
- 循环
- 选择

一、C++语言概述
- cout<<"Hello"
- 内存模型

六、指针和引用
- 指针
- 动态内存
- 引用

C++数据类型和数据组织

四、数组及自定义数据类型
- 数组
- 枚举
- 结构

二、基本数据类型
- 变量
- 运算符
- 输入输出
- 与表达式

C++语言程序设计

本教材配套的在线课程资源使用说明

本教材配套课程资源发布在西安电子科技大学出版社学习中心网站，请登录后开始课程学习。具体网站登录方法如下：

出版社网站首页地址 http://www.xduph.com

本教材在线课程地址 http://www.xduph.com:8081/CInfo/2048

普通高等教育新工科电子信息类课改系列教材

C++语言程序设计

刘瑞芳　肖　波　许桂平　孙　勇　徐惠民　编著

西安电子科技大学出版社

内 容 简 介

本书将 C++语言(兼容 C 语言)作为大学生学习程序设计的入门语言。全书共 11 章,第 1 章、第 3 章和第 5 章讲解程序的结构和组织,第 2 章、第 4 章和第 6 章讨论数据类型和数据的组织,第 7 章～第 11 章讲述面向对象的程序设计。

本书编写的目的是为学生打好程序设计的基础。每章内容分为三个难度等级:"基本知识"部分讲述 C/C++语言及其使用方法;"编程技能"部分讨论各种程序设计和编程方法;"刨根问底"部分讲解程序的运行机制及产生相关结果的原因。

本书内容全面,深入浅出,同时配有大量习题,适合作为高等院校各专业的程序设计课程分层次教学的入门教材,也可以作为程序设计培训教材和自学参考书。

图书在版编目(CIP)数据

C++语言程序设计/刘瑞芳等编著. —西安:西安电子科技大学出版社,2017.1(2022.8 重印)
ISBN 978-7-5606-4370-0

Ⅰ. ① C⋯ Ⅱ. ① 刘⋯ Ⅲ. ① C 语言—程序设计 Ⅳ. ① TP312.8

中国版本图书馆 CIP 数据核字(2016)第 322175 号

策　　划	毛红兵
责任编辑	刘玉芳　毛红兵
出版发行	西安电子科技大学出版社(西安市太白南路 2 号)
电　　话	(029)88202421　88201467　　邮　　编　710071
网　　址	www.xduph.com　　　　电子邮箱　xdupfxb001@163.com
经　　销	新华书店
印刷单位	咸阳华盛印务有限责任公司
版　　次	2017 年 1 月第 1 版　　2022 年 8 月第 5 次印刷
开　　本	787 毫米×1092 毫米　1/16　印　张　21.75　　彩插　1
字　　数	514 千字
印　　数	10 001～13 000 册
定　　价	58.00 元

ISBN 978-7-5606-4370-0/TP

XDUP 4662001-5

如有印装问题可调换

中国电子教育学会高教分会
教材建设指导委员会名单

前　言

　　C++语言是一门优秀的程序设计语言，它全面兼容 C 语言，不仅保留了 C 语言简洁、灵活、高效的特点，并且增加了面向对象程序设计的支持，从诞生以来一直备受广大编程人员的喜爱。

　　本书将 C++语言作为大学生学习程序设计的入门语言，其中包含 C 语言的内容。每章内容由浅入深，循序渐进，分成三个难度等级："基本知识"部分讲述 C/C++语言及其使用方法；"编程技能"部分讨论各种程序设计和编程方法，把编程的思想融入实例中，力求使读者在掌握 C++语言的同时，能够对现实世界中较简单的问题及其解决方法用计算机语言进行描述；"刨根问底"部分讲解程序的运行机制、程序运行时产生相关结果的原因，使读者"知其所以然"。

　　本书主要有以下几个方面的特点。

　　1. 将 C++语言作为学习程序设计的入门语言，不必有 C 语言的基础，可以在最短的时间内掌握一门面向对象的程序设计语言，即零基础学习 C++。

　　2. 学习语言的最终目的是要编程，而编程的精髓是要体会计算机运行顺序的思想，所以书中的实例都以内存的变化为依据，力求使读者在掌握 C++语言的同时，能够掌握编程的思路，并且理解程序背后的运行机制，编写"好"程序。

　　3. 书中对程序运行时的内存使用情况建立逻辑模型，比如，用"栈区"工作过程来描述函数调用机制、参数传递机制，用"堆区"讲解指针的使用机制，用"栈区"和"堆区"的配合讲述复制构造函数，等等，可以帮助初学者对这些较难的内容逐步地深入理解。即使有经验的编程人员，阅读本书也会有很大收获。

　　4. 精心选择内容，科学组织内容。附录提供了 C/C++常用的函数和类库，内容全面且精炼，重点、难点突出。

　　本书的内容适合 C/C++语言的分层次教学使用，请参考表一和表二选择教学内容。

表一　C 语言教学内容

	基本知识	编程技能	刨根问底
第 1 章			
第 2 章			
第 3 章	C 语言（2 学分）		C 语言（1 学分）
第 4 章			
第 5 章			
第 6 章			
第 7 章			
第 8 章			
第 9 章			
第 10 章			
第 11 章			

表二　C++语言教学内容

	基本知识	编程技能	刨根问底
第 1 章			
第 2 章			
第 3 章	C++语言(3 学分)		
第 4 章			
第 5 章			C++语言(1 学分)
第 6 章			
第 7 章			
第 8 章			
第 9 章			
第 10 章			
第 11 章			

　　本书有配套的辅导书《C++语言程序设计案例及实践辅导》，其中第 1 章～第 11 章对应本书的相关章节，除了各章习题解答，每章还提供了丰富的程序案例，第 12 章讲述窗口程序设计，第 13 章介绍邮件发送程序设计，采用的是 Visual Studio 2015 集成开发环境，第 14 章由浅入深地讲解文本分析程序设计，采用的是 QT5 集成开发环境，适合作为课程设计的参考内容。本书有配套的电子资源和在线课程，可以从西安电子科技大学出版社网站获得。

　　书中不足之处在所难免，欢迎广大读者批评指正。

编者

2016 年 9 月

目　录

第1章
C++语言概述

基 本 知 识

1.1 程序设计语言

1946 年世界上第一台电子计算机 ENIAC 诞生，当时对于计算机的控制使用的是**机器语言(Machine Language)**。机器语言是简单的"0"和"1"的组合，便于计算机识别，但对于人来说却晦涩难懂，难以记忆和使用，并且机器语言与 CPU 相关，不同 CPU 的计算机使用不同的机器语言。

20 世纪 50 年代末，出现了晶体管计算机，计算机的运算速度从每秒几万次增加到每秒几十万次，**汇编语言(Assembly Language)**出现并发展起来。汇编语言将机器语言映射为一些可以被人们读懂的助记符，如"ADD"、"SUB"等，方便人们记忆和使用，但汇编语言也是与机器的 CPU 相关的。

随着 20 世纪 60 年代初期集成电路的出现，**高级语言(High-Level Language)**开始出现并逐步发展起来。高级语言是计算机编程语言的一大进步，人们不必了解机器的细节，通过更高层次的数据抽象使程序更能体现客观事物的结构和逻辑关系。这使得编程语言和人类的自然语言更加接近，但二者之间还是有很大区别的，因此程序设计语言仍然在不断地发展。程序设计语言的发展过程如图 1-1 所示。

图 1-1 程序设计语言的发展过程

高级语言的发展也经历了不同的阶段。20 世纪 60 年代末出现了面向过程的程序设计语言(Procedural Programming Language)，进一步提高了语言的层次。面向过程的程序设计语言通过结构化数据、结构化语句、数据抽象、过程抽象等概念使程序便于体现客观事物的结构和逻辑含义；缺点是程序中的数据和操作分离，程序中定义的变量不能完整反映现实世界的具体事物，软件可重用性较差。目前广泛应用的面向过程高级语言有 BASIC、Pascal、C 等。

20 世纪 80 年代初出现了面向对象程序设计语言(Object-Oriented Programming Language)，这种语言设计的出发点就是为了能更直接地描述客观世界中存在的事物(即对象)以及它们之间的关系。面向对象的编程语言将客观事物看成是具有属性和行为的对象，通过抽象同一类对象的静态特征(数据)和动态特征(操作或行为)形成类。目前，广泛应用的支持面向对象的高级语言有 C++、Java 等。

这些高级语言由于时代、思维方式、编程任务以及个人喜好等因素的不同，出现了许多描述方式和具体规则，将这些不同的描述方式称为不同的语言。

例如，要向屏幕打印一个"A"字符，不同的语言其描述方式是不同的。

BASIC 语言的描述：	PRINT"A"
Pascal 语言的描述：	writeln('A');
C 语言的描述：	printf("A");
C++语言的描述：	cout << "A";
Java 语言的描述：	System.out.print("A");

对于面向过程的编程语言，使用不同的函数"print"、"writeln"和"printf"来实现输出字符功能；而对于面向对象的编程语言，则将打印功能作为系统对象的一个行为，使用不同的对象"cout"和"System"来实现输出字符功能。

C++语言是从 C 语言发展演变而来的，因此我们首先回顾一下 C 语言的发展历程。

C 语言最初是贝尔实验室的 Dennis M. Ritchie 在 B 语言的基础上开发出来的，1972 年他在一台 DEC PDP-11 计算机上实现了最初的 C 语言。之后 C 语言作为 UNIX 操作系统的开发语言被人们广泛使用。C 语言是一种与硬件无关的高级语言，并且由于 C 语言设计严谨，使得使用 C 语言编写的程序能够被移植到大多数计算机上。到 20 世纪 70 年代末期，C 语言已经发展得比较成熟，Brian W. Kernighan 和 Dennis M. Ritchie 于 1978 年合作出版了《The C Programming Language》一书，全面介绍了最初的 C 语言，这是最早的、最经典的介绍 C 语言的书，该书只有两百多页，又被称为 C 语言的"圣经"。

C 语言在各种计算机上的推广导致当时很快出现了多个不兼容的 C 语言版本，因此需要制定一种 C 语言标准。美国国家标准化委员会在 1989 年通过了 ANSI C 标准，后来又被 ISO 接受成为国际标准。Brian W. Kernighan 和 Dennis M. Ritchie 根据 ANSI C 标准编著了《The C Programming Language(第 2 版)》，全面介绍了标准 C 的内容。

C 语言是一种面向过程的编程语言，它具有如下优点：

- 语言简洁、紧凑、灵活。
- 具有丰富的运算符和数据类型。
- 可直接访问内存地址，能进行位操作。
- 程序运行效率高。
- 可移植性好。

但随着时代的发展，它的缺点也逐步暴露出来：

- 类型检查机制弱，导致许多错误不能在编译时被发现。
- 几乎不支持代码重用。
- 对于大规模程序，很难控制程序的复杂性。

随着程序规模的逐步扩大，C 语言的局限性也越来越明显。为了满足管理大规模程序复杂性的需要，1980 年贝尔实验室的 Bjarne Stroustrup 开始对 C 语言进行改进和扩充。他根除了 C 语言中存在的问题，并使其支持面向对象的程序设计，将"类"的概念引入到 C 语言中，因此形成了最初的"带类的 C"。1983 年经过进一步改进，这种"带类的 C"语言正式取名为 C++。1985 年 Bjarne Stroustrup 出版的《The C++ Programming Language》一书是最早介绍 C++语言的经典著作，Bjarne Stroustrup 也被誉为 C++之父。Bjarne Stroustrup 对《The C++ Programming Language》一书进行了 3 次改版，1991 年出版第 2 版，1997 年出版第 3 版，2000 年出版特别版。

　　ANSI/ISO C++的标准化工作从 1989 年开始，第 1 版标准是在 1998 年通过的。第 2 版标准于 2003 年发布，即 ISO/IEC 1482:2003。目前还在进行新标准的修订。

　　C++语言全面兼容 C 语言，它保持了 C 语言的简洁、高效等特点，比 C 语言更安全，并全面支持面向对象的程序设计，这极大地促进了 C++语言的发展。C 语言和 C++语言的关系如图 1-2 所示。Bjarne Stroustrup 曾这样描述 C++语言："C++是一种通用的程序设计语言，其设计就是为了使认真的程序员能觉得编写程序变得更愉快"。

C 语言	面向对象
C++ 语言	

图 1-2　C 语言和 C++语言的关系

1.2　程序设计

名词术语

　　以前程序被看做一系列处理数据的过程。一个过程或函数是指一个接一个执行的指令。数据与过程相分离，编程技巧主要是跟踪哪些函数调用了另一些函数以及哪些数据被改变了。为了避免发生混乱，出现了面向过程的程序设计。

　　面向过程的程序设计又称为结构化程序设计，一般强调的是 3 种基本结构：顺序、选择和循环结构。

　　面向过程的程序设计其主要思想是："自顶向下，逐步求精"和"模块化"。

　　一个计算机程序可以看成是由一系列任务组成的，任何一项任务如果过于复杂，就将其分解成一系列较小的子任务，直至每一项任务都很小、很容易解决。

　　例如：计算每门课程的平均成绩，可分为如下 4 个任务。

　　(1) 一共有多少门课？

　　(2) 每门课选课的学生总人数是多少？

　　(3) 每门课所有学生的总分是多少？

　　(4) 用每门课的总分除以每门课选课的学生人数，即可得出每门课程的平均成绩。

　　其中，第(3)项任务还可以分成以下 3 个子任务。

　　(1) 找出每门课选课的学生档案。

　　(2) 从档案中依次读出该课的成绩。

　　(3) 累加到总成绩。

　　类似地，子任务(1)还可以分成以下 3 个子任务。

(1) 选择一门课。

(2) 查找选择该课的学生档案。

(3) 从磁盘读出数据。

模块化是将一个大的系统按照子结构之间的疏密程度分解为较小的部分，每部分称为模块。分解的原则是：模块之间相对独立，联系较少；提供给模块外部可见的只是抽象数据及其上的抽象操作，隐藏了实现细节；整个程序由多模块组成，模块一般以函数为单位。

结构化编程是一种非常成功的处理复杂问题的方法，然而，到 20 世纪 80 年代末，结构化编程的不足逐渐暴露了出来。

首先，结构化编程将数据和过程相分离，但客观事物的特性往往与此相背离，数据(如学生成绩)和对于数据的操作(排序、编辑等)是一个不可分割的整体。结构化编程重在过程，而不是数据和过程紧密联系在一起的对象。

其次，结构化编程对代码重用的支持不够，处理相似任务时程序员们不得不做大量重复的工作，而不能使用已有的代码。可重用思想就是创建一些已知属性的组件，然后插入到自己的程序中，这是一种模拟硬件组合的方式，类似于当工程师需要一个晶体管时，他不需要自己发明，而只需要到仓库中取一个即可。

面向对象程序设计可以提供一种更加有效的手段，以尝试解决以上问题。

面向对象的程序设计将数据和处理数据的过程当成一个整体——类和对象，并且具有以下三种特性：封装性、继承性和多态性。

1. 封装性

当一个技术人员要安装一台计算机时，他将各个部件组装起来。需要声卡时，不需要使用原始的集成电路或材料制作一个，只需要去购买一个声卡插到机箱中即可。技术人员只需关心声卡的功能是否符合要求，而不需要知道声卡的内部原理、硬件电路，声卡是自成一体的，这就是封装性(Encapsulation)。无须知道内部如何工作就能够使用的思想称为数据隐藏。

在面向对象程序设计中使用"对象"的概念来支持封装。一个对象就是一个将数据和数据操作集合在一起的实体，只需要知道这个对象的外部接口，而不必知道对象的具体实现就可以使用它。

2. 继承性

当一个工程师要制造一辆新车时，有两种选择：或者从头做起，或者对已有的车型进行改进。如果现有的车型已经很好，只需要再添加一个新的变速装置或添加一个新的功能就更加完美了，那么就没有必要从头来过，只需要利用现有车型，添加一些附加装置就可以产生一种新的车型。新的车型继承了原有车型的所有属性和行为，又增加了新的属性，这就是继承性(Inheritance)。

在面向对象程序设计中，使用"类"的概念支持继承。我们可以实现一个原有车型的类，然后对这个类进行扩展，从而产生一个新的类。新类是从已有的类派生出来的，不需要重新实现原有类的功能，只需要实现新添加的功能即可，从而实现了代码重用。

3. 多态性

对于不同的车型，当司机踩下油门时，车的反应是不一样的，因为这些不同的车型使用了不同的变速器。但作为司机不必知道这些差别，只需要知道驾驶的是哪一款车，使跟这款车型配套的机器自然运转即可。

面向对象程序设计支持这种思想，它使用相同的接口(踩油门)，但不同的类(车型)的运行状态(车的反应)不一样，这就是多态性(Polymorphism)。

简单来说，面向对象程序设计可以分为以下 4 个步骤：

(1) 找出问题中的对象和类。

(2) 确定每个对象和类的功能，如具体的属性和方法等。

(3) 找出这些对象和类之间的关系，确定对象之间的消息通信方式、类之间的继承和组合等关系。

(4) 编写程序实现这些对象和类。

编 程 技 能

程序开发过程

目前，大多数的编译程序都提供了一个集成开发环境(Integrated Development Environment，IDE)，本书选用的集成开发环境是 Microsoft Visual C++ 2015(简称 VC2015)，所有的程序都在该集成环境下编辑、编译、运行。为了帮助读者更好地理解程序开发的过程，首先描述几个基本概念。

1. 源程序

使用源语言编写的、有待翻译的程序称为源程序。VC2015 集成环境支持 C++程序和 C 程序的编译和调试。源程序文件的扩展名为.c 时，称为 C 源程序；在本书中，一律使用 C++语法编写源程序，扩展名为.cpp，称为 C++源程序。

2. 目标程序

源程序经过翻译加工后所生成的程序称为目标程序。一般来说，目标程序使用机器语言表示(也称为目标代码)，扩展名为.obj。

目标程序和可执行程序的区别

3. 可执行程序

目标程序和所用的其他资源进行链接生成的可以直接运行的程序就是可执行程序。目标程序不可以直接运行，只有可执行程序可以直接运行。在 VC2015 环境下，可执行程序的扩展名为.exe。

4. 翻译程序

翻译程序是指用来将源程序翻译为目标程序的工具。对翻译程序来说，源程序是它的输入，目标程序是它的输出。翻译程序分成 3 类：汇编程序、编译程序、解释程序。

(1) 汇编程序(Assembler)：将汇编语言编写的源程序翻译成机器语言形式的目标程序。

(2) 编译程序(Compiler)：将使用高级语言编写的源程序翻译成机器语言形式的目标程序。在 VC2015 环境下，编译程序是安装目录下的一个名为"CL.exe"的文件，在集成开发环境中，一般使用"compile"命令进行编译。

(3) 解释程序(Interpreter)：将使用高级语言编写的源程序翻译成机器指令。它与编译程序的区别在于解释程序是边翻译边执行，即输入一句、翻译一句、执行一句，直到将整个源程序翻译并执行完毕。解释程序不产生完整的目标程序，因此对于源程序中循环执行的语句需要反复解释执行，效率较低。Basic 语言就是典型的使用解释程序的编程语言。

5. 链接程序

链接程序(Linker)是用来对汇编程序或编译程序生成的目标程序与所需的其他资源进行链接生成可执行文件的程序。对链接程序来说，目标程序是它的输入，可执行程序是它的输出。在 VC2015 环境下，链接程序是安装目录下一个名为"LINK.exe"的文件，在集成开发环境中，一般使用"build"命令进行链接。

VC 2015 集成开发环境是使用编译方式进行程序开发的。在该环境下，开发 C++程序的步骤如图 1-3 所示。

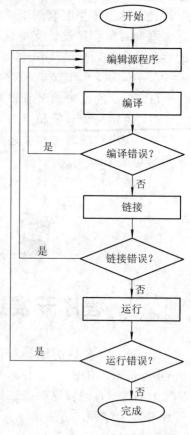

图 1-3　开发 C++程序的步骤

 简单的 C++程序

下面从一个最简单的程序入手，来学习和分析 C++程序的构成。

例 1-1　用 C++程序在屏幕上输出"Hello World!"字样。

解　程序如下：

```
/***********************************************
程序文件：ch1_1.cpp
程序功能：在屏幕上输出 Hello World!
作    者：×××
创建时间：××年××月××日
```

输　　入：无

输　　出：字符串 Hello World!

```
***********************************************/
#include <iostream>
using namespace std;
void main()
{
    cout<<" Hello World!"<<endl;
}
```

运行结果：

Hello World!

C++程序由注释、编译预处理、程序主体组成。

1．注释

注释是程序员为程序语句所作的说明，用来提高程序的可读性。C++程序在编译过程中忽略注释。在 C++中使用两类符号来标明注释。

● "//" 用来注释一行说明，"//" 之后的文字直到换行都为注释。一般用来对于程序中难懂的语句进行说明。

● "/*" 和 "*/" 用来注释一段说明，"/*" 和 "*/" 之间的部分，不管多长都为注释，一般用在程序或函数的开头，说明程序、函数或文件的名称、用途、编写时间以及输入/输出等。注意："/*" 和 "*/" 必须成对出现。

2．编译预处理

所有以 "#" 开头的代码，称为编译预处理。例如，程序清单的第一行代码为

#include <iostream>

编译预处理

每次启动编译器时，先运行预处理器，预处理器找到所有以 "#" 开头的代码行并进行处理。include 是一条预处理指令，意思是 "后面跟的是一个文件名，请找到该文件并将其加入"。

本例中包含的文件是 iostream，该文件是系统定义的一个 "头文件"，它设置了 C++的 I/O 相关环境，并定义了输入/输出流对象 cout 和 cin 等。本例中应用了 cout 对象将字符输出到屏幕，因此需要将 iostream 文件使用#include 预处理指令引入。

1998 年批准的标准 C++使用 namespace(命名空间)标准。iostream 是一个标准函数库，cout 是标准库函数提供的一个对象，标准库函数在 namespace 说明书中被指定为 "std" 命名空间。因此如果想要在代码中使用标准库函数，就必须加入代码 "using namespace std;"，这句代码的意思是使用标准命名空间 std 中的函数。

3．程序主体

正式的程序从代码 "void main()" 开始，它包含一个名为 main()的函数，也称为主函数，每个 C++程序有且仅有一个 main()函数。函数是指能实现一个或多个功能的代

码块。函数通常都是由其他函数调用的，而 main()函数比较特殊，程序在开始运行时会自动调用 main()函数。

main()前面的 void 表示函数返回值的类型，标识出程序执行结束后将向操作系统返回什么，是一个整数还是一个实数。这里使用 void 表示不返回任何信息。

主程序 main()通常还有另外一种写法：

```
int main()
{
    cout<<" Hello World!"<<endl;
    return 0;
}
```

int main()表示函数要返回一个整数，与此对应的是语句"return 0;"，代表它返回值为 0，一般来说，返回值为 0 代表程序运行正确。

所有的函数都以左大括号{开始，右大括号}结束，位于大括号{}之间的部分称为函数体。

函数体中的第二句代码"cout<<" Hello World!"<<endl;"，将一个字符串"Hello World!"显示到屏幕上。其中，cout 是标准输出流对象，"<<"是插入操作符，可以连续多次使用，"endl"代表换行符，因此代码"cout<<" Hello World!"<<endl;"的意思是使用 cout 将"<<"后面的内容显示在屏幕上。

函数体内的每一句代码后面都有一个分号";"，表示一个 C++语句的结束。

例 1-2 下面是几道简单的数学题，通过做题熟悉程序运算的计算思维方式。

(1) 按照图 1-4 的程序运算，若输入 x 的值为–1，则输出的数值为_____。

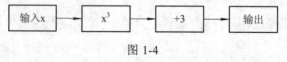

图 1-4

(2) 按照图 1-5 的程序运算，若输入 x 的值为–9，则输出的数值为_____。

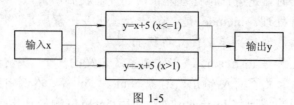

图 1-5

(3) 按照图 1-6 的程序运算，若开始输入的值 x 为正整数，最后输出的结果为 853，试求出满足条件的 x 的所有值。

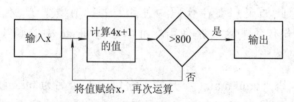

图 1-6

解

(1) 输入值为−1，则第一个运算得到的值为$(-1)^3 = -1$，第二个运算得到的值为 −1+3=2，所以最后输出的值为 2。

(2) 输入值为−9，因为−9<1，因此按照图 1-5 中上面的一条路径进行运算 y = −9 + 5 = −4，所以最后输出的值为−4。

(3) 按照图 1-6 的程序，能够完成的任务是：

输入一个正整数，比如 100，则第一次运算得到的值为 401，判断该值<800，需要将值赋给 x，再次运算，第二次运算得到的值为 1605，判断该值>800，于是输出结果为 1605。

显然这个程序不能完成题目要求的任务。如果一开始输入的 x 值为 3、13、53 或 213，则输出结果为 853。要想完成题目要求的任务，可以在这个程序的基础上做些修改，比如，计算结果等于 853 的时候再输出，再比如，可以把所有小于 215 的正整数都尝试一遍。请读者自行修改。

下面仅给出图 1-4 的 C++程序。图 1-5、图 1-6 的程序，以及例 1-2 中第(3)题所需要的程序，在学完前三章的知识后，就能够很容易地编写出实现代码了。

```
//例 1-2(1) 图 1-4 对应的 C++源程序
#include <iostream>
using namespace std;
void main()
{
    int x,y;
    cin>>x;
    y=x*x*x;
    y=y+3;
    cout<<y<<endl;
}
```

刨 根 问 底

内存模型

在学习编程时，了解内存的工作模型很重要，因为自计算机诞生以来，其工作原理一直沿用冯·诺依曼提出的"存储程序"的原理。

一个程序要执行时一定会先复制到内存，然后由 CPU 逐句(一条指令一条指令)地读取过来再执行。我们把内存抽象表示为如图 1-7 所示的形式。

每个存储单元可以存放一个字节(8 bit)数据，每个内存单元有一个唯一的地址。一般来讲，地址是顺序编址的，绝大部分计算机按字节顺序编址。CPU 按地址读取内存中的指令和数据，有时也把计算结果按地址存放到某个内存单元，称为 CPU 访问内存(进行取/存操作，读/写内存中的信息)。

如果一台计算机安装有 256 MB 内存，它有 256 × 1024 × 1024 个内存单元，如果用 7 位十六进制数表示它的地址值，那么地址范围是 0x0000000～0xFFFFFFF。C++用 0x 表示十六进制数。

图 1-7　内存的抽象表示

操作系统一般会把内存划分区域来使用，以便于管理，如代码区、数据区等。被编译成机器码的程序在执行时会被复制到内存的代码区，程序中的变量和常量会被存放到数据区。在后续编写和调试程序时，我们经常会看到某段内存区域在某时刻的"快照"。

数据区分为如下几种情况。

栈区，也叫堆栈区，用于存放程序函数中的局部变量。栈区中的变量也叫自动变量，用到某个函数时，该函数中定义的变量就保存在栈区，退出函数时，相应的变量会自动释放。栈区的操作还有一个特点—"先入后出"，即先进栈的变量后退出。

全局变量区和静态变量区是存放长期数据的区域。当一个变量被定义为全局变量或者静态变量时，从程序开始执行到结束，它都会在内存中占有固定的字节。

常量区一般是存放字符串常量的地方。

堆区，在程序执行过程中申请的内存空间属于堆区，这些申请的空间也应该在程序中释放。

下面可以通过一个程序来观察上述各种区域。

例 1-3　显示各种不同数据的地址。

解　程序如下：

```
//例1-3   显示不同数据的地址
#include <iostream>
using namespace std;
int a=10;                              //全局变量
void main()
{
    int b=20,c=30;                     //局部变量
    char *ch="Beijing";
    static int e=50;                   //静态变量
    int *p =new int(60);               //申请堆区空间
    float *f=new float(0);
    int *q =new int(60);
```

```
cout<<"全局变量 a 的地址："<<&a<<endl;
cout<<"局部变量 b 的地址："<<&b<<endl;
cout<<"局部变量 c 的地址："<<&c<<endl;
cout<<"常量区的地址："<<(void*)ch<<endl;
cout<<"静态变量 e 的地址："<<&e<<endl;
cout<<"堆区变量 p 的地址："<<p<<endl;
cout<<"堆区变量 f 的地址："<<f<<endl;
cout<<"堆区变量 q 的地址："<<q<<endl;
}
```

程序运行结果：

```
全局变量 a 的地址：00474DC0
局部变量 b 的地址：0012FF7C
局部变量 c 的地址：0012FF78
常量区的地址：0046C0D8
静态变量 e 的地址：00474DC4
堆区变量 p 的地址：00481FF0
堆区变量 f 的地址：00481FC0
堆区变量 q 的地址：00481F90
```

全局变量和静态变量位于同一个区域，先定义的放在低地址，后定义的放在高地址。局部变量则相反：先定义的放在高地址，后定义的放在低地址。

这一段的内容，现在大家不一定能够完全理解，也不需要关心这个程序是如何编出来的，关键是要逐渐熟悉程序执行过程中，数据如何在内存中发生变化。

本章小结

程序设计语言的发展过程依次经历了机器语言、汇编语言和高级语言。C++是一种与硬件无关的高级语言，它在 C 语言的基础上发展起来，全面兼容 C 语言。学习 C++语言时，不一定非要先学习 C 语言，学好 C++也就学会了 C 语言。

一个 C++程序需要经过编辑、编译和链接，才能产生可执行文件。

C++程序由函数构成，每个程序有且仅有一个名为 main()的函数，程序总是从 main()函数开始运行。

习题和思考题

1.1　在 VC 集成开发环境中，产生一个可执行的 EXE 文件的步骤是什么？

1.2　C 语言与 C++语言的关系是什么？

1.3　结构化程序设计与面向对象程序设计有什么异同点？

1.4　面向对象程序设计的基本特征是什么？

1.5　为了编辑和运行 C++程序，在 VC 环境下已经建立了一个工程 Proj01，也建立了一个 C++文件 file01.cpp。现在有一个 C++程序 input.cpp，希望调入到这个工程中编译和运行，应该如何操作？

1.6　C++是否可以输出中文字符串？仿照例 1-1 编写程序，实现在屏幕上显示"北京欢迎你"。

第2章
基本数据类型与表达式

基 本 知 识

2.1 C++的词法记号和标识符

任何高级编程语言都有自己特定的字符集,并且允许使用标识符来命名程序中的实体。本节主要介绍 C++的字符集,以及 C++中构成合法标识符的规则。

2.1.1 字符集

字符集是构成 C++语言的基本元素。用 C++编写程序时,除字符型数据外,C++能够识别的有效字符构成字符集。C++的字符集由以下字符组成。

- 英文字母:A~Z,a~z。
- 数字字符:0~9。
- 特殊字符:

  空格 !   #   %   ^   &   *   _
  +   =   -   ~   <   >   /   \
  '   "   ;   .   ,   ()   []   {}

2.1.2 关键字

关键字也称为保留字,是 C++预定义的单词,在程序中使用这些单词具有特殊的作用。下面是 C++中的关键字。

auto	bool	break	case	catch	char
class	const	const_cast	continue	default	delete
do	double	dynamic_cast	else	enum	explicit
extern	false	float	for	friend	goto
if	inline	int	long	mutable	namespace
new	operator	private	protected	public	register
reinterpret_cast		return	short	signed	sizeof

static	static_cast	struct	switch	template	this
throw	true	try	typedef	typeid	typename
union	unsigned	using	virtual	void	volatile
while					

2.1.3　标识符

标识符(Identifier)是程序员声明的单词，它命名程序正文中的一些实体，如函数名、变量名、类名、对象名等。C++标识符的构成规则如下：

(1) 不能是 C++的关键字。

(2) 第一个字符必须是大写字母、小写字母或下划线。

(3) 其他字符可以由大写字母、小写字母、下划线或数字 0~9 组成，不能包含空格和 C++字符集中其他的特殊字符。

(4) 为了方便输入，标识符的长度一般不超过 31 个字符。

例如：

合法的标识符：apple、_Student、_123、no1、max_num。

不合法的标识符：51job、max num、-abc。

使用标识符时必须注意—C++的标识符是大小写敏感的，即 abc≠ABC。

2.1.4　分隔符

分隔符用于分隔程序中的正文，在 C++中使用下列字符作为分隔符：

( )　　{ }　　,　　:　　;

这些分隔符不表示实际的操作，仅用于构造程序，比如 ";" 用来作为一句完整语句的结束。

2.1.5　空白

C++语句中经常出现空白(制表符、空格、空行等)，通常都忽略不计。

例如：

x=a+b;

也可以写成：

x = a + b;

甚至可以写成：

x = a

+　b ;

当然，这种写法虽然是允许的，但既不直观，又缺乏可读性，因此使用空白要适当。

2.2　基本数据类型

数据是程序处理的对象，数据根据其本身的特点进行分类，从而形成不同的数据类型(Data Type)。我们知道数学中有整数、实数等概念，在日常生活中使用字符的组合来表示姓名和地址，有些问题的答案只能是"是"或"否"。**不同类型的数据有不同的表示和处理方法，具有不同的运算规则。**

C++语言将数据类型分成以下两类：

● 基本数据类型，包括整型、字符型、实型、逻辑型。

● 自定义数据类型，包括数组、指针、引用、空类型、结构、联合、枚举、类。

C++中的数据类型如表 2-1 所示。

表 2-1　C++的数据类型

分　类	名　称	标　识
基本数据类型	整型	int
	字符型	char
	实型	float　单精度型 double　双精度型
	逻辑型	bool
自定义数据类型	数组	type[]
	指针	type*
	引用	type&
	空类型	void
	结构	struct
	联合	union
	枚举	enum
	类	class

自定义数据类型

　　注：表中的 type 在使用时要用具体的类型名称代替。

不同的数据类型因其特点的不同，在内存中占用的空间也不同，因而**其所能表示的数值范围也不尽相同。**内存单元的单位是字节，因此用来表示数据类型长度的单位也是字节。

在 C++中为了更加准确地描述数据类型，提供了 4 个关键字来修饰**基本的数据类型**，分别是 short、long、unsigned 和 signed。

● short 仅用来修饰 int，称为短整型，占 2 字节内存，也可直接简写为 short。

● long 仅修饰 int 和 double，在不同的编译环境中使用 long 修饰的 double 类型数据所占的内存不同。

● unsigned 用来修饰 char、short 和 int，表示该数据类型为无符号数。

● signed 用来修饰 char、short 和 int，表示该数据类型为有符号数，为默认设置。

特定数据类型在内存中占用的内存因机器的不同而不同，以目前常用的 32 位机为例，如表 2-2 所示。

表 2-2　基本数据类型描述

类　　型	长度(字节)	取　值　范　围	说　　明
char/signed char	1	−128～127	有符号字符
unsigned char	1	0～255	无符号字符
short int/short	2	−32 768～32 767	短整型
unsigned short int	2	0～65 535	无符号短整型
int/signed int	4	-2^{31}～$2^{31}-1$	整型
unsigned int	4	0～$2^{32}-1$	无符号整型
long/long int	4	-2^{31}～$2^{31}-1$	长整型
unsigned long	4	0～$2^{32}-1$	无符号长整型
float	4	-3.4×10^{38}～3.4×10^{38}	浮点型
double	8	-1.7×10^{308}～1.7×10^{308}	双精度型
long double	8	-1.7×10^{308}～1.7×10^{308}	长双精度型

　　整型 int 的长度取决于机器的字长，在 16 位机环境下，int 的长度为 2 字节；在 32 位机环境下，int 的长度为 4 字节。但是 short 和 long 表示的数据长度是固定的，任何支持标准 C++的编译器都是如此，因而**如果需要编写可移植性好的程序，应将整型数据声明为 short 或 long**。

　　float 和 double 型的数据在机器中都是以浮点数的格式存放的。对于 float 型数据，最小的数据分辨率是 $1/(2^{24}) =$ 0.000 000 059 604 644 775 390 625，也就是能保证 7 位有效数字。如果要求精度更高，要用 double 型数据。

　　这里列出的 long double 是在 Visual C++ 2015 环境下的字节数，它和 double 类型具有相同的字节数。但是在其他编译环境下，这两者可能有不同的字节数。

浮点数的存储格式

2.3　变量和常量

　　程序所处理的数据不仅分为不同的数据类型，而且每种类型的数据还分为变量和常量。程序在运行中就是通过这些变量和常量来操作数据的。

2.3.1　变量

　　在 C++中，变量(Variable)是存储信息的地方。变量的实质是内存中的一个地址空间，在这个地址空间中可以进行数据的存储和读取。

1．定义一个变量

在创建或定义变量时，需要指明该变量的数据类型和变量的名称，数据类型决定变量的存储方式和可以进行的操作，变量名称的作用就是区分不同的变量。变量一旦被定义，系统则自动为其分配应占的内存。

变量定义的格式：

数据类型　变量名 1, 变量名 2,...,变量名 n;

例如，定义一个整型变量：

int num;

其中，int 表示数据类型，num 表示变量的名称，";" 代表本句代码定义结束。

程序在执行时，遇到该变量定义语句，计算机的动作就是为 num 分配存储空间，如图 2-1 所示。

根据所指定的数据类型 int，从地址 0xXXXXXXX 开始，为变量 num 分配 4 个字节单元，共 32 bit，变量 num 的取值范围为 $-2^{31} \sim 2^{31}-1$。编程时，可以直接使用变量名 num 对存储在该内存空间的数据，也就是变量值进行存取，而变量名和地址 0xXXXXXXX 之间的对应关系由系统来管理。

同理，定义一个实型变量或字符变量等如下所示：

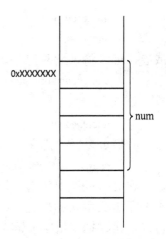

图 2-1　变量 num 的内存示意

```
unsigned int i;
float      f;
char       ch;
short      s;
```

C++还允许用户一次定义多个相同数据类型的变量，这些变量名之间使用逗号分隔。

例如：

```
double         area, length;
unsigned short     myAge, myWeight, i;
```

变量名称的定义遵循标识符定义的规则，实际上变量名称就是一种具体的标识符。在实际应用中，很多程序员喜欢使用有意义的名称来定义变量名，常用的命名约定有以下 3 种。

● UNIX 环境常用的命名法。

变量名中的字母全部为小写，如果变量名包括多个有意义的单词，则使用下划线分隔。例如 my_car、num_of_student。

● 驼峰式命名法。

因为下划线输入较为麻烦，所以一些人使用单词的第一个字母大写的方式代替下划线，例如 myCar、numOfStudent。因为这种写法的大写字母很像驼峰，所以称为驼峰式命名法。近年来微软公司多建议使用该类命名法。

● 匈牙利标记法。

匈牙利标记法(Hungarian notation)在每个变量名的前面加上若干个表示类型的字符，如 iMyCar 表示整型变量，ipMyCar 表示整型指针等。Windows 的类库和函数常用此命名法。

2．给变量赋值

使用赋值运算符"="可以将一个值赋给变量。

例如：

```
unsigned short    age;
age = 18;
```

或者，可以将以上两句合并，在定义变量的同时进行初始化：

```
unsigned short age = 18;
```

或

```
unsigned short age (18);
```

我们可以一次定义多个相同数据类型的变量，也可以一次对多个变量进行初始化：

```
char    ch1='a', ch2='b' ;
```

在 C++程序中使用变量，必须"先定义或声明，后使用"，而且只能定义一次。至于变量定义语句的位置，C++中没有要求，放在**第一次使用该变量之前的任何位置**均可以。建议把变量定义语句放在首次使用它的地方，这样可以提高程序的可读性。

变量可以被多次赋值，但每次赋值后，变量值都会被新值覆盖。

例 2-1 赋值运算符的使用。

解 程序如下：

```
//例 2-1    赋值运算符的使用
#include <iostream>
using namespace std;
void main()
{
    int    myAge = 18;
    cout<<"myAge="<< myAge<<endl;
    myAge = 20;
    cout<<"myAge="<< myAge<<endl;
}
```

运行结果：

```
myAge = 18
myAge = 20
```

3．typedef

对于 unsigned short int 这样的数据类型，如果要在程序中多次使用，则输入起来非常烦琐。C++语言提供了一个关键字 typedef，可以为类似 unsigned short int 这样长的数据类型定义一个简单的别名，也叫同义词，用来简化程序的输入。语句格式是：

  typedef 原类型名　新类型名；

例如：

  typedef unsigned short int UINT16 ;

  UINT16　i ;

程序中所有出现 UINT16 的地方，都可以看做是对 unsigned short int 的一个同义替换，因而方便了程序的编写。

注意：typedef 语句并没有定义一个新的数据类型，只是声明了原有数据类型的一个别名。

2.3.2　常量

常量(Constant)又分为符号常量和常数。符号常量(Named Constant)是用标识符表示的常量，常数(Literals)是指在程序中使用的具体数据。

1．符号常量

和变量一样，符号常量也需要声明和初始化。C++中提供了一个关键字 const，用来帮助编译器能够将常量和变量进行区分。由于常量代表一个固定的值，并且该值在程序运行过程中不能够被改变，因此要求常量在定义的时候必须同时进行初始化。

符号常量的定义格式：

  const 数据类型　常量名　=　常量值；

例如：定义一个常量

  const float PI = 3.14159 ;   //定义一个实数的符号常量

  const unsigned int myAge = 18 ;   //定义一个正数的符号常量

对于用 const 定义的常量来说，必须在定义时就初始化，不能在程序执行的整个过程中通过赋值语句来赋值，否则编译器会报错。

例如：

  const float PI;   //有错

  PI = 3.14159 ;   //有错

编程时，使用 const 定义的符号常量来替代直接使用常数有以下好处：第一，可以增强程序的可读性，因为往往从常量名就可以了解它所表示的常数的含义；第二，可以提高程序的可维护性，因为当它表示的常数值需要改变时，仅需要在符号常量定义处修改一次即可。

2．整型常数

C++中的整型常数可以使用多种数制，包括十进制、八进制和十六进制。

● 十进制：直接表示，如 123、−456、0 等。

● 八进制：以数字 0 开头的整数，如 0123 表示八进制数$(123)_8$，等于十进制数 83。八进制数的有效数字为 0～7。

● 十六进制：以 0x 或 0X 开头的整数，如 0x123 表示十六进制$(123)_{16}$，等于十进制数 291。十六进制的有效数字为 0～9 和 A～F。在 C++中，十进制数有正负之分，但八进制数和十六进制数只能表示无符号整数。整型常数默认是 int 类型。可以用后缀字母 L 或 l 表示长整型，后缀 U 或 u 表示无符号型，也可同时添加后缀 L 和 U。

例如：

123L	//长整型常数
256U	//无符号型常数

3．实型常数

实型常数有两种表示形式：小数形式和指数形式。

● 小数形式由数字和小数点组成，如 0.123、234.0、12.56 等，都是十进制小数。

● 指数形式用 aEb 的形式表示，代表数值 $a \times 10^b$。b 必须是十进制整数，a 可以是十进制整数或者小数形式的实数。如 237e5 或 237E5 都表示 237×10^5。数字 a 和 b 都不可以省略。例如：2.3E4、0.4E-2 都是合法的；E-3、2.1E3.5 都是不合法的。

在 C++中，实型常数默认为 double 型，可以用后缀字母 f 或 F 转换为 float 型，后缀 L 或 l 表示 long double 型。

例如：

12.5f	//float 型
12.5	//默认为 double 型
12.5L	//long double 型
12.5e3f	//float 型

4．字符常数

用单引号括起来的一个可显示字符表示字符常数，如'a'、'A'、'?'、'9'等。

除此以外，字符常数还可以包括一些不可显示的特殊字符，这些字符以反斜线"\"开头，表示响铃、换行、退格等 ASCII 字符。它们也要放在单引号内来使用，还可以用这种方式表示任何一个 ASCII 字符，一般称这些字符为转义字符(Escape Sequence)。C++中提供的转义字符如表 2-3 所示。

ASCII 码表

表 2-3　C++中的转义字符

字 符 形 式	ASCII 码	含 义
\a	0x07	响铃
\n	0x0A	换行
\t	0x09	制表符(横向跳格)
\v	0x0B	竖向跳格
\b	0x08	退格
\r	0x0D	回车
\\	0x5C	反斜线 \
\"	0x22	双引号
\'	0x27	单引号
\ooo	o 是八进制数	任意 ASCII 字符
\xhh	h 是十六进制数	任意 ASCII 字符

把这些字符称为转义字符，意思是将反斜杠后面的字符转变成另外的意义。例如：'a'表示普通的字母 a，'\a'表示机器的蜂鸣器响一声；'n'表示普通的字母 n，'\n'表示换行。不过，转义字符'\n'的实际效果是回车加换行。

例 2-2　输出转义字符。

解　程序如下：

```
//例 2-2　输出转义字符
#include <iostream>
using namespace std;
void main()
{
    cout<<"输出字母："<< 'a'<<'\a'<<endl;
    cout<<"输出字母："<< 'n'<<'\n';
}
```

运行结果：

输出字母：a　　(蜂鸣器响一声)

输出字母：n　　(换行)

单引号本身是字符的界定符，双引号是字符串的界定符(后面将会讲到)，因此如果需要单引号或双引号本身也必须使用反斜线将其转义。

例如：

```
cout<<'\''<<endl;               //输出一个单引号
cout<<'\"'<<endl;              //输出一个双引号
```

反斜线还可以和1～3位八进制数或以 x 开始的1～2位十六进制数结合表示 ASCII字符。

我们知道在十六进制的 ASCII 码表中，字母'a'～'z'的 ASCII 值是 61H～7AH，因此也可以使用如下两条语句替代例 2-2 中的输出，达到同样的结果。

```
cout<<"输出字母："<<'\x61'<<'\x07'<<endl;
cout<<"输出字母："<<'\x6E'<<'\x0A';
```

在内存中，字符数据以 ASCII 码存储，也可以看成是单字节整数表示，所以字符数据和整型数据之间可以互相转换。

例 2-3　同样的数据既可以按整数输出，也可以按字符输出。

解　以下程序中，整型变量 n 和字符变量 ch 的内容是一样的，但显示是不一样的。

```
//例 2-3　同样数据的不同输出
#include <iostream>
using namespace std;
void main()
{
    int    n='a';
    char   ch = 97;
    cout<<"按整数输出内容："<<n<<endl;
```

```
        cout<<"按字符输出内容: "<<ch<<endl;
    }
```

运行结果:

> 按整数输出内容: 97
>
> 按字符输出内容: a

以调试方式(Debug)运行程序,单步跟踪程序的执行,可以观察到两个变量在内存中的值都是 97,如图 2-2 所示。

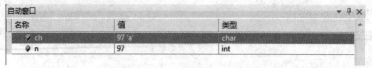

图 2-2   内存中变量的值

这个例子表明,变量在输出时,是根据其本身的数据类型进行输出的。对于变量 n,在内存中是 0x00000061,对于变量 ch,在内存中是 0x61,但是显示的结果,一个是整数 97,一个是字符 a。由此可知,由变量的数据类型决定如何解读内存中的数据。

5. 字符串常量

字符串常量是由双引号括起来的字符序列,例如"abc"、"Hello World!"等。字符串与字符不同,字符串在内存中除了存储所包含的字符外,还需要存储一个结束符'\0'。字符串与字符在内存中的存储表示如图2-3所示。

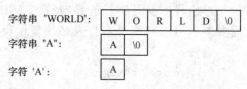

图 2-3   字符串与字符在内存中的存储表示

从图中可知,一个字符在内存中占用 1 字节的空间,但只包含一个字符的字符串在内存中占用 2 字节的空间。

6. 逻辑常数

逻辑型常数只有两个: false(假)和 true(真),在显示器上显示为 0 和 1。

2.4   运算符和表达式

前面介绍了 C++语言中各种类型数据的特点以及对应的变量、常量的定义,那么在 C++语言中这些数据又是如何处理和计算的呢?在 C++语言中将变量、常量和运算符有机结合在一起组成表达式,利用表达式可以进行复杂的运算和处理。

2.4.1   表达式

表达式(Expression)是由运算符、操作数(常量、变量)和分隔符号组成的序列,并且总能返回一个值作为表达式的结果。

例如:

```
3.2              //最简单的表达式,表达式的值为 3.2
2+3              //常量表达式,表达式的值为 5
```

```
a                        //最简单的表达式，表达式的值为变量 a 的值
x=(a+b)*c                //较为复杂的表达式
```

表达式可以嵌套，例如 y=x=a+b，该表达式先将 a 和 b 相加，然后将结果赋值给 x，再将 x=a+b 的值赋给 y。

2.4.2 语句和块

C++中所有的运算都通过表达式来实现。由表达式和结尾的";"组成一个 C++语句(Statement)；多条 C++语句通过大括号{}括起来，组成一个块语句(Statement Block)，例如：

```
{    int temp = x;
     x = y;
     y = temp;
}
```

该语句块由 3 条 C++语句组成，用来实现将 x 和 y 交换的功能。其中，x 和 y 是已经定义过的，任何时候大括号都必须成对使用，**结束语句块的大括号外不用分号**，单条语句必须以分号结尾。

2.4.3 运算符

C++中定义了丰富的运算符(Operators)，运算符具有优先级(Precedence)和结合性(Associativity)。当一个表达式中包含多个运算符时，先进行优先级高的运算，再进行优先级低的运算。如果表达式中出现多个优先级相同的运算，则运算顺序按照运算符的结合性来确定。操作符的优先级和结合性如表 2-4 所示。

表 2-4 C++运算符的优先级和结合性

优先级	运　　算　　符	结合性	备注
1	() [] -> :: .	左→右	
2	! ~ + - ++ -- & * sizeof new delete (强制转换)	右→左	一元运算符
3	.* ->*	左→右	
4	* / %	左→右	基本算术运算符
5	+ -	左→右	
6	<< >>	左→右	
7	< > <= >=	左→右	关系运算符
8	== !=	左→右	
9	&	左→右	
10	^	左→右	位运算符
11	|	左→右	
12	&&	左→右	逻辑运算符
13	||	左→右	
14	?:	右→左	
15	= *= /= %= += -= <<= >>= &= ^= |=	右→左	
16	,	左→右	

例如 1+2+3，加号自左向右结合，因此运算顺序也是自左向右，即先计算 1+2，然后将 1+2 的和再与 3 相加，结果 6 作为表达式的结果。

根据运算符对操作数的要求不同，分成一元运算符、二元运算符、三元运算符。

● 一元运算符：仅需要一个操作数的运算符，如++等。

● 二元运算符：需要两个操作数的运算符，如+、－、*、/等。

● 三元运算符：需要三个操作数的运算符，只有条件运算符"?:"。

按运算符的运算性质，运算符分成赋值运算符、算术运算符、关系运算符、逻辑运算符、位运算符、条件运算符等。

1. 赋值运算符

赋值运算符(Assignment Operator)就是"="，它的作用是使"="左边操作数的值改变为"="右边表达式的值。例如，表达式 x=3.5，就是将 3.5 赋给 x。

放在"="左边的操作数称为左值，放在"="右边的操作数称为右值。并不是所有的操作数都可以作为左值，符号常量就不能是左值，而变量就可以是左值；带运算符的表达式一般也不能作为左值。

例如：

```
float x, y;
x = 3.5;                    //正确
3.5 = x;                    //有语法错误
y = x;                      //正确
y+2 = x-10;                 //语法错误
```

凡是可以作为左值的操作数都可以作为右值，但不是所有的操作数都可作为左值。

2. 算术运算符

C++提供的算术运算符(Numeric Operators)包括"+"(加)、"－"(减)、"*"(乘)、"/"(除)、"%"(取余)、"++"(自增)、"－－"(自减)。"+"作为一元运算符时表示正数，"－"作为一元运算符时表示负数。

"/"除法运算符根据操作数的不同，运算规则也不同。整型数相除，结果还是整数。例如，5/2 得到的结果为 2。只要有一个操作数是浮点数，除法结果就是浮点数。例如，5/2.0 得到的结果为 2.5。

"%"是取余数运算符，只能对整型数进行操作，余数的正负由被除数决定。不允许对浮点数进行取余数操作。

例 2-4　"/"和"%"运算符的使用。

解　注意整数相除和实数相除的不同。

```
//例 2-4    "/"和"%"运算符的使用
#include <iostream>
using namespace std;
void main()
{
```

```
            int a=-4, b=3;
            cout<<"a="<<a<<"   b="<<b<<endl;
            cout<<"a/b=" <<a/b<<endl;
            cout<<"(float)a/b="<<(float)a/b<<endl;
            cout<<"a%b=" <<a%b<<endl;
            cout<<"b%a=" <<b%a<<endl;
        }
```

运行结果：

```
        a=-4   b=3
        a/b=-1
        (float)a/b=-1.33333
        a%b=-1
        b%a=3
```

C++中提供了两个特殊的运算符："++"(自增)和"--"(自减)，"++"表示使操作数等于操作数加 1，"--"表示使操作数等于操作数减 1。

"++"运算符根据操作数的位置不同，又分为前置(++i)和后置(i++)。

● 前置(++i)：先将操作数加 1，然后使用加 1 后的操作数。

● 后置(i++)：先使用操作数 i，然后将操作数加 1。

"--"运算符的运算规则同"++"运算符一样，--i 是先自身减 1，再使用 i；i--是先使用 i 的值，再将操作数减 1。

在 C++中可以将算术运算符和赋值运算符结合在一起进行运算，这样就得到了 5 种复合的赋值运算符：+=、-=、*=、/=和%=。

例如：

```
        x+=y        相当于        x=x+y
        x-=y        相当于        x=x-y
        x*=y        相当于        x=x*y
        x/=y        相当于        x=x/y
        x%=y        相当于        x=x%y
```

这些运算符的优先级是不一样的，级别高的先运算，级别低的后运算，同优先级的操作符自左至右运算。这些运算符的优先级由高到低依次为

● +(正号)、-(负号)、++(自增)、--(自减)；

● *(乘)、/(除)、%(取余)；

● +(加)、-(减)；

● =、+=、-=、*=、/=、%=。

例如 x*=y+8，"+"的优先级高于"*="，因此运算顺序是先计算 y+8，然后计算 x*(y+8)，最后将结果赋值给 x。也就是说，在实际计算时，可以将复合赋值运算符的右边看成是一个带括号的表达式。

在进行算术运算时，有可能会溢出。溢出是指运算结果超出了表达式的数据类型能够表示的范围。程序编译时不会发现溢出错误，运行时发生溢出也不一定给出错误

信息。

例如：

```
short int i=20000, j=30000,k;

cout<<(k=i+j)<<endl;
```

输出结果是−15536。加法运算的结果是 50000，但是这个数已经超过了短整型正数的最大值，发生了溢出，计算机按补码显示加法运算的结果。

3. 关系运算符

关系运算符(Relational Operators)有"=="(等于)、"!="(不等于)、">="(大于等于)、">"(大于)、"<="(小于等于)、"<"(小于)等 6 种。这些运算符的优先级由高到低依次为

- >=、>、<=、<
- ==、!=

由关系运算符将两个表达式连接起来，就是关系表达式。关系表达式的结果类型为 bool，值只能为 true 或 false，屏幕显示为 1 或 0。

例如：

```
int a=1, b=2, c=3;

cout<<(a==b)<<endl;              //结果为 false，输出为 0

cout<<(a!=b)<<endl;              //结果为 true，输出为 1

cout<<(a>=b)<<endl;              //结果为 false，输出为 0

cout<<(a<b)<<endl;               //结果为 true，输出为 1

bool d=a>b==c>a+5;

cout<<d<<endl;                   //结果为 true，输出为 1
```

4. 逻辑运算符

逻辑运算符(Logical Operators)有"&&"(与)、"||"(或)、"!"(非)等 3 种。这些运算符的优先级由高到低依次为

- !
- &&
- ||

除了逻辑非，逻辑运算的级别低于关系运算。

由逻辑运算符将简单的关系表达式连接起来，可构成复杂的逻辑表达式。逻辑表达式的结果类型也为 bool，值只能为 true 或 false，屏幕显示为 1 或 0。

逻辑表达式的真值表如表 2-5 所示。

表 2-5　逻辑表达式的真值表

A	B	!a	a&&b	a||b
true	true	false	true	true
true	false	false	false	true
false	true	true	false	true
false	false	true	false	false

例如：

　　int a=1, b=2, x=3, y=4;

　　bool d = a<b && x<y;　　　　　　　　　//逻辑表达式

　　cout<<d<<endl;　　　　　　　　　　　//结果为 true，输出为 1

C++规定，如果多个表达式用"&&"或"||"连接，在运算过程中，只要已经能够确定逻辑表达式的结果，还没有进行的运算将不再继续。

5. 位运算符

一般高级语言处理数据的最小单位只能是字节，但 C 语言能够对数据按二进制位进行运算，C++语言完全兼容 C 语言，因而 C++语言也具备位操作的能力。C++语言中提供了 6 个位运算符，可以对整数进行位操作，分别是按位与(&)、按位或(|)、按位异或(^)、按位取反(～)、左移位(<<)、右移位(>>)。

(1) 按位与。

按位与(&)操作的作用是将两个操作数对应的每一位分别进行逻辑与操作。

例如，计算 3 & 5：

$$
\begin{array}{r}
3：0\,0\,0\,0\,0\,0\,1\,1 \\
5：0\,0\,0\,0\,0\,1\,0\,1 \\
\hline
3 \,\&\, 5：0\,0\,0\,0\,0\,0\,0\,1
\end{array}
$$

使用按位与(&)操作可以将操作数中的若干位置 0(其他位不变)，或者取操作数中的若干指定位。

例如：

　　将字符变量 a(char)的最低位置 0：a=a & 0376;

　　取整型变量 a(int)的低字节：　　　char c= a & 0377;

(2) 按位或。

按位或(|)操作的作用是将两个操作数对应的每一位分别进行逻辑或操作。

例如，计算 3 | 5：

$$
\begin{array}{r}
3：0\,0\,0\,0\,0\,0\,1\,1 \\
5：0\,0\,0\,0\,0\,1\,0\,1 \\
\hline
3 \,|\, 5：0\,0\,0\,0\,0\,1\,1\,1
\end{array}
$$

使用按位或(|)操作可以将操作数中的若干位置为 1(其他位不变)。

例如：

　　将整型变量的 a(int)的低字节置 1：a = a | 0xff;

(3) 按位异或。

按位异或(^)操作的作用是将两个操作数对应的每一位分别进行异或操作，具体运算规则是 1^1=0，0^0=0，1^0=0^1=1。

例如，计算 3^5：

$$
\begin{array}{r}
3：0\,0\,0\,0\,0\,0\,1\,1 \\
5：0\,0\,0\,0\,0\,1\,0\,1 \\
\hline
3 \,^\wedge\, 5：0\,0\,0\,0\,0\,1\,1\,0
\end{array}
$$

使用按位异或(^)操作可以将操作数中的若干位反转。如果某位与 0 异或，结果是该位的原值；如果某位与 1 异或，则结果与该位原来的值相反。

例如：如果使 8 位二进制数 01111010 的后 4 位反转，可以将该二进制数与 00001111 进行异或操作。

$$01111010$$
$$(\wedge) \quad \underline{00001111}$$
$$01110101$$

(4) 按位取反。

按位取反(~)是一个一元运算符，它的作用是将操作数对应的每一位分别进行取反操作，具体运算规则是~1=0，~0=1。

例如，计算~5：

$$5: 00000101$$
$$\sim5: 11111010$$

通过上面介绍的几种位级运算，可以看出位运算的一个常见用法就是实现掩码运算。所谓掩码，其实就是一个位模式，表示从一个字中选出一组位。例如，掩码 0xFF 表示一个字的低位字节，若有 int 型变量 x，则位运算 x&0xFF 生成一个由 x 的最低字节组成的值，而其他字节置 0，这就相当于从 x 中选出它的最低字节。再来看掩码 0xFFFFFF00，它表示一个字除了最低字节外的其他高位字节，若使用按位取反运算，该掩码还可以表示为~0xFF。

为了帮助大家进一步理解位运算的用法，介绍一个有关子网掩码的例子。首先介绍一下子网掩码。Internet 上，每台主机都有一个唯一的 IP 地址，IP 地址划分为网络地址和主机地址。通常还会再划分一些子网，此时会将主机地址的一些较高位当作网络位来处理，而子网掩码是将对应于网络地址和子网地址的位都设为"1"，对应于主机地址的位都设为"0"，这样按照前面介绍的位运算，将 IP 地址与子网掩码进行"&"运算，就可以得到 IP 地址所属的子网。

IP 地址格式转换

例 2-5 设主机 A 的 IP 地址为 IPa，子网掩码设置为 MASKa，主机 B 的 IP 地址为 IPb，子网掩码设置为 MASKb。当主机 A 向主机 B 发送 IP 包时，如何判断主机 B 是否与自己在同一子网中？当主机 A 和主机 B 通信时，两主机又如何确认对方和自己在同一子网中？

解 IPa 与 IPb 进行异或操作，若两 IP 地址某对应位不同，则结果的对应位为 1，否则为 0。若 A 认为和 B 在同一子网，即子网地址应相同，则异或操作结果的子网地址部分对应的所有位都应为 0，即 (IPa^IPb)&MASKa==0，或者表示为 (IPa&MASKa)==(IPb&MASKa)。若两主机都认为对方和自己属于同一子网中，则两个子网地址应相同，即有

(IPa&MASKa)==(IPb&MASKa) && (IPa&MASKb)==(IPb&MASKb)

或者

(IPa^IPb)&(MASKa|MASKb)==0。

(5) 左移位和右移位。

　　左移位(<<)运算符和右移位(>>)运算符都是二元运算符,其中运算符左边是要移位的操作数,右边的操作数是左移或右移的位数。

　　左移:按照指定的位数将操作数向左移动。左移后,低位补 0,移出的高位舍弃。

　　右移:按照指定的位数将操作数向右移动,右移后,移出的低位舍弃。如果是无符号数,则高位补 0;如果是有符号数,则高位补符号位或 0,在 Visual C ++ 2015 环境下高位补符号位。

　　例如:

```
char a= -8;                          //内存中使用补码表示
 a =a>>2;
 cout<<"a="<<(int)a<<endl;
```

　　运行结果:

```
 a = -2
```

　　右移在内存中的操作如下。

```
 a=-8
```

　　右移位的存储表示如图 2-4 所示。

图 2-4　右移位的存储表示

　　如果变量改为无符号数,右移位后再输出:

```
unsigned char a= 248;                //内存中二进制数还是 11111000
a =a>>2;
cout<<"a="<<(int)a<<endl;
```

　　运行结果是 62。因为是无符号数,右移后最高位补 0。

　　在 C++中可以将位运算符和赋值运算符结合在一起进行运算,因此 C++还提供了另外 5 种复合赋值运算符:&=、|=、^=、<<=和>>=。

　　例如:

```
x&=y      等价于    x = x&y
x|=y      等价于    x = x|y
x^=y      等价于    x = x^y
x<<=y     等价于    x = x<<y
x>>=y     等价于    x = x>>y
```

　　这些位运算符的优先级由高到低依次为

- ~
- <<, >>
- &
- ^
- |

- &=，|=，^=，<<=和>>=

6．条件运算符

条件运算符语法格式为

    表达式 1?(表达式 2):(表达式 3);

运算结果是：如果表达式 1 的值为真，则返回表达式 2 的值，否则返回表达式 3 的值。

例如：

    x = a<b ? a : b;

条件运算符是一个三元运算符，操作数由"?"和":"隔开，该表达式用来判断 a 是否小于 b，如果 a<b 为真，则将 a 的值赋给 x，否则将 b 的值赋给 x。

例如：

    int x=0, y=1;

    cout<<(x>y?x:y)<<endl;

运行结果是在屏幕显示 1。

7．逗号运算符

逗号表达式的语法格式为

    表达式 1，表达式 2，…，表达式 n;

C++顺序计算表达式 1，表达式 2，…，表达式 n 的值，并将最后一次计算的结果作为逗号表达式的结果。例如：

    int a,b,c;

    a=1,b=2,c=a+b;

按照运算顺序，先为 a 和 b 赋值，然后计算 c=a+b 的值，表达式的值等于 3。

又如：

    int a,b,c,d;

    d=(a=1,b=2,c=a+b,a+b+c);

    cout<<d<<endl;

运行结果是在屏幕显示 6。

8．数据类型转换

当表达式中出现多种数据类型的混合运算时，往往需要进行类型转换。表达式中的类型转换分成两种：隐式类型转换和强制类型转换。

(1) 隐式类型转换。

各种二元运算符在进行运算时都要求两个操作数的数据类型一致。如果类型不一致，则系统自动对数据进行转换(隐式类型转换)，在算术运算中，这种转换尤为明显。转换的基本原则是将精度较低、范围较小的类型转换成精度较高、范围较大的类型，如图 2-5 所示。

对于同一种精度的无符号数和有符号数，在进行算

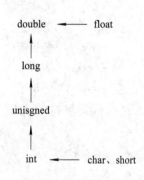

图 2-5　隐式类型转换

术运算时，有符号数向着无符号数方向进行隐式类型转换。

逻辑运算符要求参与运算的操作数为 bool 类型，如果是其他类型，则系统自动将其转换成 bool 类型，转换规则是：0 为 false，非 0 为 true。

赋值运算符要求"="左右两边的操作数数据类型相同，如果类型不一致，则自动将右边的操作数类型向着左边的操作数类型转换。

例如：

```
int i=3.15;
cout<<i<<endl;
```

运行结果的屏幕显示是 3。

(2) C 风格的强制类型转换。

C 风格的强制类型转换是通过类型说明符和括号来实现的显式转换，其语法格式为

```
(数据类型名)表达式
```

或

```
数据类型名(表达式)
```

例如：

```
int i=97;
cout<<(char)i<<endl;
float f=3.15;
cout<<(int)f<<endl;
```

结果将输出字符 a 和整数 3。这是由于将浮点数转换为整数，数据精度受到损失。

如果强制由高精度的数据类型转换至低精度的数据类型，数据精度将受到损失。从这个意义上说，强制类型转换是一种不安全的类型转换。

(3) C++的强制类型转换运算符。

C++中给出了另一种强制类型转换运算符 static_cast，使用格式是

```
static_cast<类型名>(表达式)
```

它会将表达式(包括变量、常量)的类型转换为指定的类型。如上面的例子可改为

```
int i=97;
cout<<static_cast<char>(i)<<endl;
float f=3.15;
cout<<static_cast<int>(f)<<endl;
```

基本数据类型之间的强制转换都是允许的。但是，有些类型转换，如不同指针类型的转换，是不允许的。遇到这种情况时，用 C 风格的类型转换，编译时不会报错；而用 static_cast，在编译时就会报错。建议在 C++编程时要用 static_cast，而不是 C 风格的强制类型转换。

2.5　C 语言的输入/输出

程序的输入/输出(Input/Output，I/O)为用户提供了与计算机进行交互的功能。用户

可以通过程序的输入功能将执行意图和需要处理的数据传递给计算机，而计算机又通过程序的输出功能将处理结果告知用户。I/O 是程序的基本组成部分，但是，任何程序设计语言都没有输入输出语句，必须使用现成的软件包。

标准输入设备一般指键盘，用于向程序输入数据；标准输出设备一般指显示器，用于显示程序的执行结果。

2.5.1　基本输出

使用 putchar 操作向显示器输出一个字符，待输出的字符写在小括号里。

例 2-6　字符输出。

解　使用 putchar 如下：

```cpp
//例 2-6.cpp
#include<stdio.h>
void main()
{
        char c='A';
        putchar(c);
        putchar('\n');
        putchar('A');
        putchar(65);
}
```

运行结果：

　　A

　　AA

使用 printf 操作向显示器输出数据，其中，print 的意思是打印输出，f 代表 format，意思就是将数据按照一定的格式输出。

例 2-7　字符串输出。

解　使用 printf 如下：

```cpp
//例 2-7.cpp
#include<stdio.h>
void main()
{
        printf("hello world!\n");

}
```

程序说明：

(1) 小括号里的内容为参数列表。

(2) 双引号里的内容照原样输出。

例 2-8　输出整数和小数。

解　使用 printf 如下：

```
//例 2-8.cpp
#include<stdio.h>
void main()
{
        int age = 19;
        printf("I am %d.\n", age);
        printf("PI=%f, I am %d.\n", 3.14159, age);
}
```

运行结果：

```
I am 19.
PI=3.141590, I am 19.
```

程序说明：

(1) 小括号里的内容为格式控制串和参数列表，用逗号分割，参数列表中的多个参数也用逗号分割。

(2) %d 表示输出整数，例子中用变量 age 的值替换，显示到屏幕。

(3) %f 表示输出小数，例子中用常量 3.14159 替换，显示到屏幕。

(4) 双引号里的其他内容照原样输出。

2.5.2　基本输入

使用 getchar 操作从键盘读入一个字符。

例 2-9　字符输入。

解　使用 getchar：

```
//例 2-9.cpp
#include<stdio.h>
void main()
{
        char c;
        c = getchar();
        printf("输入字符：%c\n", c);
}
```

运行结果：

```
A
输入字符：A
```

使用 scanf 操作进行格式化输入，其中，scan 的意思是输入扫描，f 代表 format。

例 2-10　输入整数和小数。

解　使用 scanf：

```
//例 2-10.cpp
#include<stdio.h>
void main()
```

```
    {
        int age;
        float weight;
        scanf("%d %f", &age, &weight);
        printf("age=%d, weight=%f.\n", age, weight);
    }
```

运行结果：

> 19 55
>
> age=19, weight=55.000.

程序说明：

(1) &是取地址运算符，这样才能把键盘输入的值保存到相应的变量里。

(2) scanf 的格式控制串里不要加多余的空格或'\n'。

(3) scanf 的格式控制串里也可以写成"%d,%f"，运行时，一次性地输入两个数，用逗号分割，以回车结束。

在 printf 和 scanf 的格式控制串中，使用格式转换说明符指明了输入/输出数据的类型信息。表 2-6 给出了常用的转换说明符及其意义。

表 2-6　常用的转换说明符

类型字符	含　义
d	十进制数
o	八进制数
x	十六进制数
u	无符号十进制数
i	整型
f	实型的小数形式
e	实型的指数形式
g	f 和 e 的较短形式
c	字符
s	字符串
l 或 h	放在任何整数转换说明符之前，用于输入/输出 long 或 short 类型数据
l 或 L	放在任何浮点转换说明符之前，用于输入/输出 double 或 long double 类型数据

2.6　C++的输入/输出

C++中没有定义如何向屏幕输出数据，也没有定义如何将数据通过键盘输入程序，但这些功能显然是不可缺少的，因此标准的 C++提供了一个包含输入/输出的 iostream 库，用来达到此目的。iostream 类库中包含许多用于输入/输出的类，关于这些类的说明及各类之间的关系可参见附录。

　　iostream 库中含有一个标准输入流对象 cin 和一个标准输出流对象 cout，分别用来实现从键盘读取数据，以及将数据在屏幕上输出。

2.6.1　标准输入流

　　标准输入流(cin)负责从键盘读取数据，使用**提取操作符**(Extraction Operator)"＞＞"就可以将从键盘键入的数据读入到变量中，其语法格式为

　　　　cin＞＞变量 1＞＞变量 2＞＞…＞＞变量 n;

这些变量的数据类型不必一致，变量个数可以是一个，也可以是多个，使用键盘输入数据时，数据之间使用空格或回车分隔即可。下面的例子说明 cin 如何读取一个变量：

　　　　int i;

　　　　cin＞＞i;

此时用户可以从键盘输入任意一个整数，cin 通过"＞＞"将该数值赋给整型变量 i。

　　在通过 cin 输入数据时，运算符"＞＞"可以识别后面变量的数据类型，不需要另外说明输入数据是什么类型，但是要求实际键入的数据和变量的类型一致。如果数据类型不匹配，则变量赋值不正确。如果从键盘输入一个字符给整型变量，则赋值结果为一个随机数。

　　例 2-11　计算从键盘输入的两个整数的和。

　　解　使用 cin 可以一次输入多个变量。

```
//例 2-11  计算从键盘输入的两个整数的和
//例 2-11.cpp
#include<iostream>
using namespace std;
void main()
{
    int sum=0,value1,value2;
    cin>>value1>>value2;          sum=value1+value2;
    cout<<"sum is: "<<sum<<endl;
}
```

运行结果：

　　1 2

　　sum is：3

2.6.2　标准输出流

　　标准输出流(cout)负责将变量或常量中的数据输出到屏幕，使用**插入操作符**(Insertion Operator)"＜＜"就可以将变量或常量的数据显示在屏幕上。

　　例如：

　　　　cout<<"Hello world!\n";

该语句将字符串"Hello world!"显示在屏幕上。

插入运算符"<<"能够自动识别后面数据的类型并进行显示，不需要另外说明输出数据的类型，并且可以从左到右一次显示多个变量，如例 2-12 所示。

例 2-12 cout 的使用。

解 程序如下：

```
//例 2-12   cout 的使用
#include <iostream>
using namespace std;
void main()
{
        int a,b;
        char ch;
        cout<<"请按顺序输入两个整数和一个字符：\n";
        cin>>a>>b>>ch;
        cout<<"a="<<a<<"   b="<<b<<"   ch="<<ch<<endl;
}
```

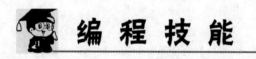

例 2-12 的另一种写法

运行结果：

请按顺序输入两个整数和一个字符：

1 2 a	//键盘输入
a=1 b=2 ch=a	//屏幕输出

编 程 技 能

📖 等于号和双等于号

C++中，等于号用于赋值运算，比如：

```
int a=5;
```

表示把整数常量 5 赋值给整型变量 a。再比如：

```
a = a+3;
```

表示把变量 a 的当前值加上 3，然后再赋值给变量 a。

C++中，双等于号用于关系运算，判断两个数是不是相等，如果相等，计算结果为 true，显示到屏幕上为 1；否则为 false，显示为 0。

```
#include <iostream>
using namespace std;
void main()
{
```

```
        int a=5, b=10;
        cout<<(a==b)<<endl;              //结果为 false，输出为 0
    }
```

但是要注意，不能用双等于号判断两个浮点数是否相等，因为浮点数在计算机中存储时不是精确存储。

 ## sizeof 运算符

C++中提供了一个操作符 sizeof(数据类型)，用于确定某种数据类型的长度。下面的代码可以打印各种数据类型的长度，也可以打印变量所占用的字节数。

```cpp
#include <iostream>
using namespace std;
void main()
{
        cout<<"char    : "<<sizeof(char)<<"字节\n";
        cout<<"int     : "<<sizeof(int)<<"字节\n";
        cout<<"float   : "<<sizeof(float)<<"字节\n";
        cout<<"double：  "<<sizeof(double)<<"字节\n";
        cout<<"bool    : "<<sizeof(bool)<<"字节\n";

        int a=5;
        cout<<"变量 a   : "<<sizeof(a)<<"字节\n";
}
```

在 32 位机上输出结果如下：

```
char  ：1 字节
int   ：4 字节
float ：4 字节
double：8 字节
bool  ：1 字节
变量 a  ：4 字节
```

 ## 输出格式控制

例 2-13 使用 printf 输出时，可以指定显示宽度。

解 程序如下：

```cpp
//例 2-13.cpp
#include <stdio.h>
```

```
void main()
{
    printf("number: %4d, OK\n", 3);
    printf("number: %4d, OK\n", 33);
    printf("number: %4d, OK\n", 333);
}
```

运行结果：

```
C:\Windows\system32\cmd.exe
number:       3, OK
number:      33, OK
number:     333, OK
```

还可以使用%04d 来控制显示宽度，当位数不足 4 位时，前面填 0 显示。

例 2-14　控制显示宽度。

解　程序如下：

```
//例 2-14.cpp
#include <stdio.h>
void main()
{
    printf("number: %04d, OK\n", 3);
    printf("number: %04d, OK\n", 33);
    printf("number: %04d, OK\n", 333);
}
```

运行结果：

```
C:\Windows\system32\cmd.exe
number: 0003, OK
number: 0033, OK
number: 0333, OK
```

使用 printf 输出小数时，可以指定小数点后的位数。

例 2-15　指定小数点后的位数。

解　程序如下：

```
//例 2-15.cpp
#include <stdio.h>
void main()
{
    printf("x = %.2f\n", 3.14159);
}
```

运行结果：

```
x = 3.14
```

C++的 I/O 流类库提供了一些操纵符(Manipulators)，直接嵌入在输入/输出语句中以实现输入/输出的格式控制，这些操纵符的说明包含在头文件 iomanip 中。

1．设置域宽

我们可以使用空格或 "Tab" 键来强行控制输出间隔，还可以使用 setw(int n)操纵符来控制输出间隔。

例如：

        cout<<'s'<<setw(8)<<'a'<<setw(8)<<'b'<<endl;

其输出结果为

        s   a   b

C++中提供了另外两个操纵符：setiosflags (ios::left)和 setiosflags (ios::right)，专门用来设置输出数据左对齐或右对齐。用 cout 输出数据默认的对齐方式是右对齐，不论输出数字还是输出字符都是右对齐。如果设置为左对齐，显示效果则完全不同。

例如：

        cout<<setiosflags(ios::left)<< 's'<<setw(8)<<'a'<<setw(8)<<'b'<<endl;

其输出结果为

        sa   b   //b 的右边还有 7 个空格

除了 setw()操纵符外，其他操纵符一旦设置，则对其后的所有输入/输出都产生影响，直到重新设置才改变格式。只有 setw()操纵符只对其后输出的第一个数据有效，对其他数据没有影响，所以如下代码：

        cout<< 's'<<setw(8) <<'a'<<'b'<<endl;

其输出结果为

        s   ab

setw()的默认为 setw(0)，意思是按实际输出。如果输出的数值占用的宽度超过 setw(int n)设置的宽度，则按实际宽度输出，不会损失数据的精度。

例如：

        int a=12345678;

        double b=123.45678;

        cout<<setw(5)<<a<<"   "<<setw(5)<<b<<endl;

输出结果：

        12345678   123.457

程序中设置的输出宽度是 5，整数 a 还是按本身的输出宽度 8 位输出，实数 b 本身是 8 位数字，但是按 6 位输出，因为实数默认的最大输出宽度是 6 位。

2．设置填充字符

setw 用来设置显示的数据宽度，默认使用空格来填充间隔。C++中使用 setfill(char c)操纵符来设置其他字符作为间隔的填充。

例如：

        cout<<setfill('*')<<setw(5)<<'a'<<endl;

输出结果：

        ****a

一般来说，可以将 setw(int n)和 setfill(char c) 两个操纵符结合起来，完成一些复杂图形的输出。

例 2-16 打印图案。

解 程序如下：

```
//例 2-16.cpp
#include <iostream>
#include <iomanip>
using namespace std;
void main()
{
        cout<<setfill('*')
            <<setw(2)<<'\n'
            <<setw(3)<<'\n'
            <<setw(4)<<'\n'
            <<setw(5)<<'\n'
            <<setw(6)<<'\n'
            <<setw(7)<<'\n'
            <<setw(8)<<'\n';
}
```

每一次输出都要输出一个'\n'，也要占用一个输出的位置，所以每次输出'*'的数目，都比设置的宽度少一个。

运行结果：

```
*
**
***
****
*****
******
*******
```

3. 设置浮点数的显示

C++默认输出浮点数的有效位为 6 位，但单独使用 setprecision(int n)可以控制显示浮点数的数字个数。

例 2-17 控制显示浮点数的数字个数。

解 程序如下：

```
//例 2-17.cpp
#include <iostream>
#include <iomanip>
using namespace std;
```

```
void main()
{
        float f=17/7.0;
        cout<<f<<endl;
        cout<<setprecision(0)<<f<<endl;
        cout<<setprecision(1)<<f<<endl;
        cout<<setprecision(2)<<f<<endl;
        cout<<setprecision(3)<<f<<endl;
        cout<<setprecision(6)<<f<<endl;
        cout<<setprecision(8)<<f<<endl;
}
```

直接输出或者设置精度为 0，都是输出 6 位有效数字。若设置其他精度，则按所设置的精度输出相应位数的有效数字。

运行结果：

```
2.42857
2.42857
2
2.4
2.43
2.42857
2.4285715
```

setiosflags(ios::fixed)操纵符是用定点方式表示浮点数，将 setprecision(int n)和 setiosflags (ios::fixed)结合，可以使用 setprecision(int n)控制小数点右边小数的位数。

例 2-18 控制显示小数位数。

解 程序如下：

```
//例 2-18.cpp
#include <iostream>
#include <iomanip>
using namespace std;
void main()
{
        float f=17/7.0;
        cout<<setiosflags(ios::fixed);
        cout<<f<<endl;
        cout<<setprecision(0)<<f<<endl;
        cout<<setprecision(2)<<f<<endl;
        cout<<setprecision(3)<<f<<endl;
        cout<<setprecision(4)<<f<<endl;
}
```

当设置为定点格式时，若不设置精度，则显示 6 位有效小数，包括整数部分后，总的有效数字可以超过 6 位。

运行结果：

2.428571

2

2.43

2.429

2.4286

setiosflags (ios::scientific)操纵符使用指数方式显示浮点数，将 setprecision (int n) 和 setiosflags (ios::scientific)结合，可以使用 setprecision (int n)控制指数表示法的小数位数。

例 2-19　控制显示指数表示法的小数位数。

解　程序如下：

```cpp
//例 2-19.cpp
#include <iostream>
#include <iomanip>
using namespace std;
void main()
{
        float f=170/7.0;
        cout<<setiosflags(ios::scientific);
        cout<<f<<endl;
        cout<<setprecision(2)<<f<<endl;
        cout<<setprecision(3)<<f<<endl;
        cout<<setprecision(4)<<f<<endl;
}
```

运行结果：

2.428572e+001

2.43e +001

2.429e +001

2.4286e +001

用科学记数格式显示实数时，e 前面总是带有一位整数的实数。在没有设置精度时，显示 6 位有效的小数位。

注意：在使用操纵符将小数截短显示时，将进行四舍五入处理。

 # 使用 string 类型处理字符串

通过前面的学习可知，C++的基本数据类型中并没有字符串数据类型，那么它又如何进行字符串的处理呢？一种方法是使用字符数组或者字符指针来处理，这是 C 语言的方法，由于 C++完全兼容 C 语言，因此在 C++中也可以使用这种方法，本书的后续章节将对这种方法作详细介绍。还有一种方法，就是使用 C++标准模板库(STL)中提供的 string 类型来进行字符串的处理。string 类型支持长度可变的字符串，相比之下，使用第二种方法更方便、更安全。下面从应用的角度，介绍一些 string 类型的基本操作。如果还想了解有关它的更多操作，可参见附录。

1. string 对象的定义和初始化

string 类型并不是 C++语言的基本数据类型，它是在标准库中定义的，是一种标准库类型，所以用户程序要使用 string 类型，必须把相关的头文件 string 包含进来。这样，就可以像前面学过的定义 int 型的变量一样来定义 string 类型的变量，我们称之为 string 对象。关于类和对象的概念将在第 7 章进行详细介绍。

例如：

```
string str1;             //定义 string 对象 str1
string str2("Hello");    //定义 string 对象 str2，并用字符串常量对其进行初始化
string str3=str2;        //定义 string 对象 str3，并用 string 对象 str2 对其进行初始化
```

string 对象的初始化还有其他方法，可参见附录。

在此要注意，前面介绍过字符串常量会自动添加'\0'作为结束符，但将字符串常量存放到 string 对象中时，只存放字符串本身，不包括'\0'结束符，所以上例中虽然字符串常量"Hello"中有 6 个字符，但 string 对象 str2 中的字符只有 5 个。编程时需要区分它们的使用方法。

2. string 对象的输入/输出

string 对象的输入/输出操作与基本类型数据的输入/输出操作类似，可以直接使用流对象 cout、cin 以及"<<"和">>"运算符来处理 string 对象。

例 2-20　string 对象的输入/输出。

解　程序如下：

```
//例 2-20.cpp
#include<iostream>
#include<string>
using namespace std;
void main()
{
    string s1,s2;
    cout<<"请输入两个字符串：\n";
    cin>>s1>>s2;
    cout<<s1<<","<<s2<<endl;
}
```

运行结果：

```
Hello world!                    //键盘输入
```

Hello,world!   //屏幕输出

3. string 对象的赋值

string 类型可以使用赋值运算符"="实现 string 对象的赋值，和基本数据类型一样方便易用。可以把一个字符串常量赋值给一个 string 对象，也可以把一个 string 对象赋值给另一个 string 对象。

例如：

```
string str1,str2;
str1="Happy";
str2=str1;
```

4. string 对象的连接

string 类型重新定义了运算符"+"，用于实现字符串的连接，两个 string 对象可以很方便地通过运算符"+"连接起来。

例如：

```
string str1("Happy");
string str2(" Birthday\n");
string str3=str1+str2;              //str3 存放的字符串是"Happy Birthday\n"
```

另外，string 类型还重新定义了运算符"+="，它可以实现把一个 string 对象追加到另一个 string 对象的末尾。

例如：

```
str1+=str2;                         //str1=str1+str2
```

5. string 对象的比较

string 类型定义了关系运算符"=="、"!="、">"、">="、"<"、"<="，用来比较两个 string 对象的大小，这些关系运算符实际上比较的是两个 string 对象的字符，也就是字符的 ASCII 码值。

例 2-21 string 对象的比较。

解 程序如下：

```
//例 2-21.cpp
#include<iostream>
#include<string>
using namespace std;
void main()
{
    string str1="Hello",str2="hello";
    string str3="Hello",str4="hello!",str5="Hi";
    cout<<(str1!=str2)<<endl;
    //true，虽然第一个字符是同一个字母，但字母大小写的 ASCII 码值不同
    cout<<(str1==str3)<<endl;
```

//true，长度及所有字符均相同

cout<<(str1<str5)<<endl;

//true，比较的是第一个不同字符的 ASCII 码值

cout<<(str2>str4)<<endl;

//false，当长度不相同，且较短的 string 对象和较长的 string 对象前面的字符

//完全匹配时，较长的 string 对象大

}

运行结果：

1

1

1

0

以上简单介绍了 string 对象的基本使用。从中可以看到，因为 string 类型支持长度可变的字符串，使得我们在字符串的处理过程中不用担心操作过程中字符串是否会超长等问题，而且可以直接使用熟悉的运算符进行字符串的处理。使用 string 类型处理字符串是安全、直观和方便的，是一种很好的方法。

刨 根 问 底

磁盘文件是什么

在实际应用中，经常需要将处理后的数据保存到磁盘文件中，或是从磁盘文件中读取数据进行处理，而不是简单地从键盘读取数据，把运行结果显示到屏幕上。这里所说的文件(Files)，指的是磁盘文件，它是根据特定目的而收集在一起的相关数据的集合。

一个程序需要从文件中读取数据，与从键盘读取数据是类似的。可以把键盘想像成一个特殊的文件，文件名固定叫"键盘"，文件里的内容很多，从键盘敲击的字符数字都是文件里的内容。

一个程序把运行结果输出到屏幕显示，与写入到一个文件也是类似的。显示到屏幕的运行结果在窗口关闭后就丢失了，再想看看结果就需要再执行一次程序，还不如把结果保存到一个文件里。可以把显示器想像成一个特殊的文件，文件名固定叫"显示器"。

从操作系统管理的角度来看，"键盘"就是一个文件，不过只能从该文件读取数据，是个输入文件；"显示器"也是一个文件，不过只能往该文件写入数据，是个输出文件。而磁盘文件即可以作为输入文件，也可以作为输出文件。从程序、程序员、编程的角度，也要这样来看待文件、键盘和显示器的关系。

在计算机世界里，所有的数据最终都是以二进制的数字存储的。与内存的存储类似，文件的数据最终也都是用数字表示的。

例如，在 D:\盘下新建一个文本文件 abc.txt，然后在里面输入几个字符 hello world，保存这个文件。然后用 VC2015 的二进制编辑器打开它，该界面为十六进制的显示模式，如图 2-6 所示。

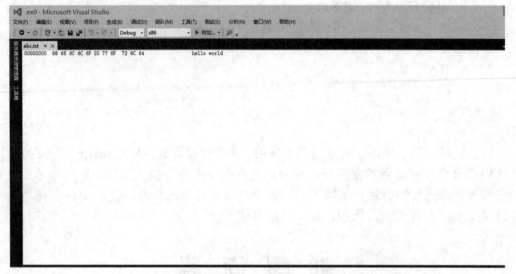

图 2-6　abc.txt 文件的存储显示

可以发现，文件内容和内存中一致，存储的是字符的 ASCII 码。

根据文件中数据的不同组织形式，一般把文件分为文本文件和二进制文件。

在文本文件中，每个字节存放一个 ASCII 码，表示一个字符，因此可以很方便地使用文本编辑软件来查看它的内容，所以文本文件比较直观，便于阅读。

二进制文件则是把内存中的数据按照它在内存中的存储形式原封不动地输出到磁盘文件中。和文本文件相比，二进制文件不能使用文本编辑软件查看，因此不便于阅读，但由于读/写二进制文件是直接使用数据的二进制形式进行的，不需要像读/写文本文件那样要进行二进制形式与 ASCII 码之间的转换，因此输入/输出的速度会更快。

这里主要介绍 C++语言对文本文件的读/写操作，C++语言的其他操作请参见附录中关于 I/O 流类的介绍。另外，C 语言的文件读/写操作过多地使用结构体、函数、指针，需要理解相关概念后才能使用好 C 语言的文件读/写操作，所以相关方法也请参见附录。

C++通过流对象进行输入/输出。前面学习了标准设备的输入/输出，使用的是流对象 cin、cout，并且它们已分别和标准设备键盘、显示器建立了关联。当要对磁盘文件进行操作时，也要使用流对象，此时使用的是文件流对象。和 cin、cout 不同，文件流对象需要我们自己来定义，并且还要指定它和哪个磁盘文件建立关联。

使用标准库的 ifstream 类和 ofstream 类来定义文件流对象，其中 ifstream 类提供文件的读操作，ofstream 类提供文件的写操作。

例如：

　　　　ofstream ofile("odata.txt");

该语句定义了 ofstream 类的文件流对象 ofile，并指定它和磁盘文件 odata.txt 关联。此后，ofile 的使用与 cout 类似。

　　定义了文件流对象后，就可以使用插入运算符"<<"和提取运算符">>"进行文件的读/写了。

　　例如：

　　　　ofile<<i<<endl;　　//把变量 i 的值写入文件

　　在指定文件流对象和磁盘文件关联的同时，还可以指定文件打开模式。另外，也可以先定义文件流对象，然后通过调用它的 open()成员函数来完成上述工作，有关 open()成员函数的使用及文件打开模式的介绍可参见附录。

　　文件读/写完毕后，可以调用 close()成员函数关闭文件，该操作会解除已建立的文件流对象和磁盘文件之间的关联，之后文件流对象还可以和其他磁盘文件再建立新的关联。

　　例如：

　　　　ofile.close();

　　以上简单介绍了文件读/写操作的基本方法。还要注意，因为 ifstream 类和 ofstream 类是在头文件 fstream 中声明的，如果程序中要用到它们，则需要把头文件 fstream 包含进来。下面给出一个文件读/写的实例。

　　例 2-22　读取保存在文件 idata.txt 中的两个整数，计算它们的和，并显示在屏幕上。

　　解　定义 ifstream 类的对象，进行文件的读操作。

```
//例 2-22　读取保存在文件 idata.txt 中的两个整数，计算它们的和，并显示在屏幕上
#include<iostream>
#include<fstream>
using namespace std;
void main()
{
    ifstream ifile("idata.txt");
    int sum=0,value1,value2;
    ifile>>value1>>value2;
    sum = value1+value2;
    cout<<"data: "<<value1<<", "<<value2<<endl;
    cout<<"sum is: "<<sum<<endl;
}
```

　　运行结果：

　　　data: 10, 20

　　　sum is: 30 //idata.txt 文件中存放的数据是 10　20

字符串输入流

　　可以把本例和例 2-11 作一个比较，这样有助于更好地理解和掌握如何进行文件的读/写操作。

本章小结

C++语言的基本数据类型包括 int、char、bool、float 和 double，不同数据类型的变量和常量占用的内存空间大小不同，表达方式也不同。

C++语言提供了丰富的运算符，包括算术运算符、赋值运算符、逻辑运算符、关系运算符、位运算符和条件运算符等。不同运算符的优先级和结合性是不同的。根据各自的运算规则，组成不同类型表达式，能够处理各种复杂的运算。

C/C++语言使用输入/输出软件包里的功能进行基本输入/输出，从键盘读取各种类型的数据，并按不同格式要求显示在屏幕上，还可以从磁盘文件读取数据，或是把数据写入磁盘文件进行保存。

使用 C++标准模板库(STL)中提供的 string 类型可以安全、方便地进行字符串的处理。

习题和思考题

2.1　下列变量名不合法的有哪些？为什么？

　　A12-3　　123　　m123　　_ 123　　While

2.2　下列表达式不正确的有哪些？为什么？

　　A. int a='a';　B. char c=102;　　　　C. char c="abc";　D. char c='\n';

2.3　32 位机中，int、float、double 类型在内存中各占多少字节？在 VC2015 环境下，long double 变量在内存中占用多少字节？

2.4　字符串"ab\\\n"在机器中占多少字节？

2.5　若有以下定义：

　　char a; int b;

　　float c; double d;

则表达式 a*b+d−c 值的类型是什么？

2.6　a 为整型变量，列举出可以表达数学关系 1<a<5 的 C++表达式。

2.7　分析常量和变量的异同点。

2.8　关系运算符有哪些？逻辑运算符有哪些？

2.9　下列的转义字符中哪个是错误的？为什么？

　　'\\'　　'\''　　　'\089'　　'\0'

2.10　若定义了 int a = 1,b = ,c = 3,d = 4;，则表达式 a + d>c + b?a + b:c < d?a + c:b + d 的值是多少？

2.11　若定义了 double t; 则表达式 t = 1, t + 5, t++ 的值是多少？

2.12　若定义了 double x,y; 则表达式 x =2, y = x + 5 / 2 的值是多少？

2.13　写出下列程序的运行结果。

(1)
```cpp
#include <iostream>
using namespace std;
void main()
{
    int a1,a2;
    int i=5,j=7,k=0;
    a1=!k;
    a2=i!=j;
    cout<<"a1="<<a1<<'\t'
        <<"a2="<<a2<<endl;
}
```

(2)
```cpp
#include <iostream >
using namespace std;
void main()
{
        int a=0;
        cout<<a++<<endl;
        cout<<++a<<endl;
        int b=10;
        cout<<b--<<endl;
        cout<<--b<<endl;
        cout<<a+++b<<endl;
}
```

(3)
```cpp
#include <iostream >
using namespace std;
void main()
{
    short i=65536;
    cout<< i<<endl;    //在 16 位机上运行
}
```

(4)
```cpp
#include <iostream >
#include <iomanip >
using namespace std;
void main()
{
        cout<<setfill('*')
            <<setw(5)<<1<<endl
            <<setw(5)<<12<<endl
```

```
            <<setw(5)<<123<<endl;
        cout<<setiosflags(ios::left)
            <<setw(5)<<1<<endl
            <<setw(5)<<12<<endl
            <<setw(5)<<123<<endl;
}
```

2.14 两个程序执行的结果分别是什么？为什么？

程序 1：

```
void main()
{
    short k=1000,p;
    p=k*k;
    cout<<p<<endl;
}
```

程序 2：

```
void main()
{
    short k=1000,p;
    p=k*k/k;
    cout<<p<<endl;
}
```

2.15 以下程序的执行结果是什么？为什么？如果数据定义为 double 类型，结果又将如何？

```
void main()
{
    float a=5.0000001,b=5.0000002;
    cout<<setprecision(8) <<b-a<<endl;
}
```

2.16 写出下列程序的运行结果，并解释这些位运算实现的操作。

```
#include<iomanip>
using namespace std;
void main()
{
    int x=0x98FDECBA;
    cout<<hex<<uppercase;
    cout<<(x|~0xFF)<<endl;
    cout<<(x^0xFF)<<endl;
    cout<<(x&~0xFF)<<endl;
}
```

2.17　分析程序的运行结果。

```
#include <iostream>
using namespace std;
void main()
{
    int n;
    cin>>n;
    cout<<"Dec    "<<n<<endl;
    cout<<"Hex    "<<hex<<n<<endl;
    cout<<"Oct    "<<oct<<n<<endl;
}
```

2.18　从键盘读取两个字符串，把它们连接起来后输出，要求连接后的字符串用空格隔开。

第3章
控制语句

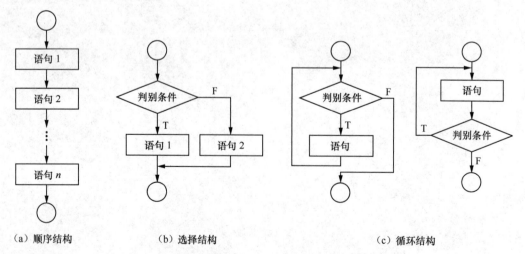 基 本 知 识

3.1 算法的基本控制结构

程序设计离不开算法，算法需要适当的表示。本节将介绍程序的 3 种基本结构、算法的概念，以及算法的表示方式。

3.1.1 程序的 3 种控制结构

任何程序都可分解为 3 种基本控制结构：顺序结构、选择结构和循环结构。

顺序结构(Sequential Structure)是指计算机在执行语句进行操作时，按语句的编写顺序执行的语句结构。图 3-1(a)所示为顺序结构示例，一般的变量定义语句、赋值语句、函数调用语句等都属于顺序结构。

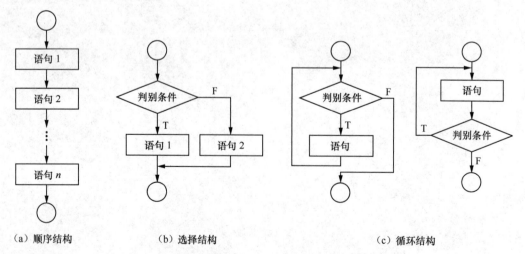

（a）顺序结构　　　　　　（b）选择结构　　　　　　（c）循环结构

图 3-1　程序的 3 种基本控制结构示意图

选择结构(Selection Structure)是指根据给定条件的真假而选择不同语句执行的语

句结构，多用于处理根据条件满足与否，选择执行不同操作的问题。图 3-1(b)所示为一种选择结构示例。C++中用于实现选择结构的语句是 if-else 语句和 switch 语句。

循环结构(Loop Structure)是指在一定条件下重复执行指定语句的语句组，用于处理需要重复执行某些操作的问题。图 3-1(c)所示为两种循环结构示例：一种是先判别循环条件是否满足，如果满足，就执行指定的语句；另一种是先执行指定的语句，再判断循环条件是否满足，如果满足，就继续循环。C++中用于实现循环结构的语句是 for 循环语句、while 循环语句和 do-while 循环语句。

3.1.2　算法及其表示

使用计算机解决问题就是让计算机按照特定顺序执行一系列操作来完成任务。针对要解决的问题安排的一系列特定的计算机操作，即是解决问题的算法。简单地讲，算法应该包括：① 计算机执行的操作；② 计算机执行操作的顺序。

算法(Algorithm)是解决特定问题的方法和具体步骤。通常，可以先用伪代码或流程图表述算法，并逐渐完善；然后，用计算机语言实现算法，形成能够解决问题的程序。算法的表示方法有多种，下面介绍两种常见的算法表示方法。

1．伪代码表示法

伪代码采用类似计算机语言的分句格式，以少量关键词和自然语言形式描述算法。

对于"顺序结构"，就直接用自然语言描述每一步的操作。例如：

> 输入圆的半径；
>
> 计算圆的面积；
>
> 输出圆的面积；

对于"选择结构"，可使用 if-else 关键词。例如：

> if 输入的圆半径大于 0
>
> > 计算圆的面积，并显示；
>
> else 显示"输入数据错误"；

对于"循环结构"，可使用 while-do 关键词。例如：

> i=1；
>
> while (i 小于等于 30) do
>
> > {累加一个学生的成绩；
> >
> > i 等于 i+1；
> >
> > }

伪代码表示法中，可以使用{}来包含要连续完成的一组操作。

伪代码虽然不是计算机语言，但便于程序设计者掌握和使用，有助于完成算法的构思和完善。形成用伪代码表示的算法后，编程者很容易将伪代码表示的算法转换为用一种计算机语言实现的程序。在学习流程控制语句之后，将以实例说明如何用伪代码表示算法，以及如何将伪代码转换成程序。

2．流程图

流程图也可以直观地表示算法和程序的执行流程。

流程图是用专用的图形符号的组合表示算法或程序，也可以表示部分程序。常用的构成流程图的符号有椭圆、长方形、菱形和小圆等，将这些符号用箭头有序连接，即可形成程序执行的流程图。

具体图形符号如图 3-2 所示，其中开始框和结束框(近似椭圆框)相同，当用于表示流程开始时，在框内写上"开始"；当用于表示流程结束时，在框内写上"结束"。执行框(矩形框)可表示计算、输入和输出等操作，一个矩形框中可以写一个或多个操作。判断框(菱形框)表示判定条件，判断条件要写在框内。联系框(小圆形)用于流程图的转接处，将流程图连接起来，在连接点处的圆内标以相同数字表示程序的同一点。例 3-1将演示如何用流程图表示一个算法。

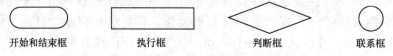

开始和结束框　　　执行框　　　判断框　　　联系框

图 3-2　流程图构成的常用符号

例 3-1　用辗转相除法求两个自然数 m 和 n 的最大公约数，假定 m≥n。

解　这里给出用伪代码和流程图表示的算法。

算法流程图如图 3-3 所示，图中使用了构成流程图的常用符号，并包含了程序的 3 种基本控制结构。

算法的伪代码描述：

1.　input m,n

2.　r=m%n;

3.　while (r!=0)

　3.1　m=n;

　3.2　n=r;

　3.3　r=m%n;

4.　output n;

流程图表示简单的算法时比较方便，但当算法相对复杂时，用流程图表示也比较烦琐，而用伪代码形式进行表示更为合适。

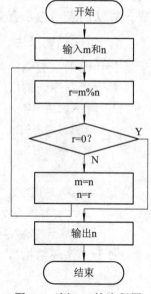

图 3-3　例 3-1 的流程图

3.2　选择结构

3.2.1　if 选择语句

选择结构完成有选择地执行不同操作的功能。用 **if-else** 语句实现选择结构的基本语法形式为

　　if(表达式)

　　　语句 1

else

    语句 2

if-else 语句的流程图如图 3-4 所示。其执行顺序是：先计算表达式的值，如果为真，则执行语句 1；否则，执行语句 2。其中，语句 1、语句 2 可以是单条语句，也可以是复合语句。复合语句是用大括号括起来的一组相关语句，也称为语句块。

根据选择问题的具体情况，可以灵活使用 if 语句的以下形式：

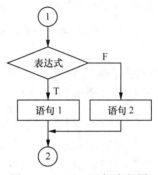

图 3-4　if-else 语句流程图

- 没有 else 分支；
- 双分支；
- 多分支；
- if 语句的嵌套。

下面将详细介绍 if 语句的几种形式。

1．没有 else 分支的形式

没有 else 分支的 if 语句的形式为

    if(表达式)

        语句

这种形式的 if 语句流程图如图 3-5 所示。该语句用于有条件地执行特定操作，即如果表达式为真，则执行下面的选择体语句(或语句块)；否则，跳过此语句(或语句块)，执行 if 语句结构下面的其他语句。例如下面的代码，如果考试成绩为 60 分及以上，则输出提示"通过"；否则，不予处理。

    if(grade>=60)

        cout<<"通过"<<endl;

例 3-2　将两个整型变量 a、b 从小到大顺序输出。

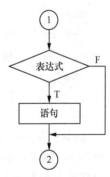

图 3-5　没有 else 的 if 语句形式

解　程序如下：

```
//例 3-2  将两个整型变量从小到大顺序输出
#include<iostream>
using namespace std;
void main()
{   int a,b,t;
    cin>>a>>b;
    if(a>b)
    {   cout<<"a>b:"<<"a="<<a<<","<<"b="<<b<<endl;
        t=a;                          //开始 a 和 b 交换
        a=b;
```

```
        b=t;
        cout<<"交换后： "<<"a=" <<a<<","<<"b="<<b<<endl;
    }
    cout<<"输入两个数从小到大排列是:"<<a<<"和"<<b<<endl;
}
```

在 if 语句中判断 a>b，若 a>b 成立则交换这两个数；否则就不用交换。两数交换时引入了一个中间变量 t，通过 3 条语句完成交换。

2．双分支形式

双分支形式的 if 语句为基本 if-else 语句形式，有两个可执行分支。根据 if 表达式结果的真假，执行不同的分支语句。

只有程序员才懂的幽默

例 3-3 判断一个整数是奇数还是偶数。

解 程序如下：

```
//例 3-3 判断一个整数是奇数还是偶数
#include<iostream>
using namespace std;
void main()
{ int a;
    cout<< "请输入一个整数"<<endl ;
    cin>>a;
    if(a%2==0)
        cout<<"输入的"<<a<<"是偶数"<<endl;
    else
        cout<<"输入的"<<a<<"是奇数"<<endl;
}
```

使用 if-else 语句时要注意以下两点。

● 如果 if-else 语句中的语句部分不是单条语句，不要忘了用大括号将它们括起来。否则，计算机只执行其中第一条语句，程序运行时会出现逻辑错误。程序的逻辑错误是指编译器检查不出来的错误，即编译时不出错，只在程序运行时才会表现为结果不正确。

● 一般对 if-else(或任何控制结构)每一个分支的语句加上大括号，这样可以减少错误，增强可读性，特别是 if 或 else 后边的语句多于一条时。

3．多分支形式

多分支的 if 语句的语法形式为

```
    if(表达式 1)
        语句 1
    else if(表达式 2)
        语句 2
    else if (表达式 3)
```

　　　　语句 3

　　...

　　else

　　　　语句 n

　　多分支的 if 语句用于实现多种选择的情况(多于两种)。执行过程为：先测试表达式 1 的真假，若为真，则执行语句 1；否则，测试表达式 2 的真假，若为真，则执行语句 2；否则，向后依次测试表达式，执行条件为真的语句分支。如果所有表达式的值皆为假，则执行语句 n 的操作，其流程图表示如图 3-6 所示。

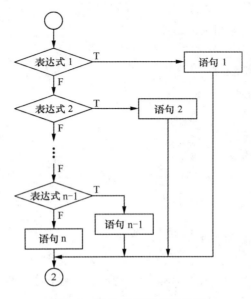

图 3-6　多分支 if 语句流程图

　　例 3-4　输入一个考试成绩，显示该成绩的等级：考试成绩大于等于 90 分输出"成绩为优"，得 80～89 分输出"成绩为良"，得 70～79 分输出"成绩为中"，得 60～69 分输出"成绩为及格"，否则，输出"成绩为不及格"。

　　解　程序如下：

```
//例 3-4　输入考试成绩，显示它的等级
#include<iostream>
using namespace std;
void main()
{ int grade;
    cout<< "请输入一个考试成绩   "<<endl ;
    cin>>grade;
    if (grade>=90)
        cout<<"成绩为优";
    else if ((grade<90)&&(grade>=80))
        cout<<"成绩为良";
```

```
        else if ((grade<80)&&(grade>=70))
            cout<<"成绩为中";
        else if ((grade<70)&&(grade>=60))
            cout<<"成绩为及格";
        else
            cout<<"成绩为不及格";
    }
```

多分支结构一般要求一个分支条件对应一组语句，各分支条件应该是独立的，例3-4的程序就满足这个条件。这时，各分支的顺序是可以任意安排的。

若将例3-4程序的主体写为

```
    if (grade>=90)
            cout<<"成绩为优";
    else if (grade>=80)
            cout<<"成绩为良";
    else if (grade>=70)
             cout<<"成绩为中";
    else if (grade>=60)
            cout<<"成绩为及格";
    else
            cout<<"成绩为不及格";
```

运行结果也正确。但是，这个程序中的各个分支条件不是独立的。只根据条件 grade>=80 不能判定成绩为"良"，这时，各分支的顺序是不能变化的；否则，运行结果将出现错误。

4．if 语句的嵌套

if 语句嵌套结构用于处理分层次的选择问题。

if 语句嵌套的形式为

```
    if (表达式 1)
        if (表达式 2)
            语句 1                   内嵌 if
        else
            语句 2
    else
        if (表达式 3)
            语句 3                   内嵌 if
        else
            语句 4
```

执行过程如下：

(1) 测试表达式 1，若为真，则进入 if 下面的内层选择结构。如果表达式 2 为真，则执行语句 1；否则，执行语句 2。执行语句 1 或语句 2 之后，流程跳出整个嵌套结构，转去执行其逻辑上的下一条语句。

(2) 如果表达式 1 为假，则进入外层 else 下面的 if 选择结构。测试表达式 3，若为真，执行语句 3；否则，执行语句 4。同样，执行语句 3 或语句 4 之后，流程跳出整个嵌套结构，向下执行下一条语句，其流程图如图 3-7 所示。

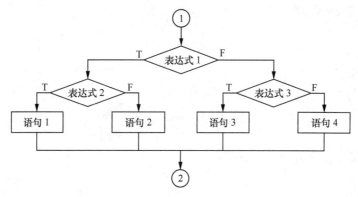

图 3-7　if 嵌套语句流程图

例 3-5　编写程序，输出 a，b，c 三个数中的最大值。

解　这里使用 if 语句嵌套来实现。

```cpp
//例 3-5
#include <iostream>
using namespace std;
void main(){
    int a,b,c;
    cin>>a>>b>>c;
    if (a>b)
    {
        if (a>c)   cout<<a<<endl;
        else         cout<<c<<endl;
    }
    else
    {
        if (b>c)   cout<<b<<endl;
        else         cout<<c<<endl;
    }
}
```

事实上，这个任务用条件运算符构造一个表达式就可以实现：

```cpp
cout<< (a>b?(a>c?a:c):(b>c?b:c ) );
```

3.2.2　switch 选择语句

switch 语句能够实现多分支的选择结构，其语法形式为

```
switch (表达式)
{
case  常量表达式 1：
    语句 1
    break；
case  常量表达式 2：
    语句 2
    break；
    ⋮
case  常量表达式 n：
    语句 n
    break；
default：
    语句 n+1；
```

switch 语句用于处理根据测试表达式的不同取值执行不同操作的多选择问题，如同一个"单刀多掷开关"。

语句执行过程是：将表达式的值依次与各 case 后面的常量表达式的值相比较。如果与第 i 个常量表达式相等(1≤i≤n)，则执行语句 i，直到遇到 break 语句，跳出 switch 结构，继续向下执行程序。如果不与任何一个常量表达式相等，则执行默认情况的语句 n + 1，然后跳出 switch 语句，继续向下执行程序，其流程图如图 3-8 所示。

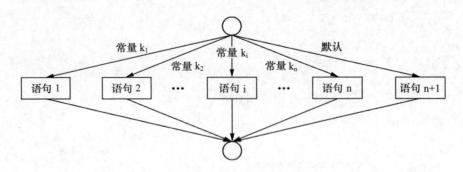

图 3-8　switch 语句流程图

switch 语句中表达式的值可以是字符型、整型，也可以是枚举型，其他类型都是不允许的，包括任何实型、指针类型等。通常这个表达式仅仅是一个变量。

case 常量表达式可以是字符型、整型或枚举型，通常也只是一个常量。各个 case 对应的常量表达式的值应该互不相同，否则，相同的值会造成矛盾的语句标识。各个 case 的先后顺序不影响执行结果，由编程者合理安排。

break 语句本不是 switch 语句必需的，它的作用只是终止语句的执行，并跳出 switch

语句。如果某个 case 下的语句中不包括 break 语句，执行到这个 case 内的语句后，就会继续其后的 case 中的语句，直到遇见 break 为止，使得几个 case 内的语句组合在一起执行。一般来说，应该在每个 case 的执行语句结束处加上 break 语句。

如果希望几个 case 可以共用一组执行语句，就可以不写 break 语句。

例 3-6　输入学生的百分制成绩 grade，输出相应的等级。90 分以上为"优秀"，80 分～90 分之间为"良好"，60 分～80 之间为"及格"，60 分以下为"不及格"。

解　使用 switch 语句实现输出任务。

```
//例 3-6.cpp
#include<iostream>
using namespace std;
void main()
{
int x;
cin>>x;
    switch(x/10)
    {
        case 10:
        case 9:cout<<"优秀"<<endl;
                    break;
        case 8: cout<<"良好"<<endl;
                    break;
        case 7:
        case 6: cout<<"合格"<<endl;
                    break;
        default: cout<<"不及格"<<endl;
    }
}
```

switch 语句例子

在 switch 语句中应该提供 default 情况，可以提醒编程者需要处理异常条件。习惯上 default 被放在 switch 结构的最后。

另外要注意，switch 语句的所有内容(所有 case)都要用一对大括号{}括起来，即使只有空语句，大括号也不能省略。而在每个 case 后面，即使有多条语句，也可以不用大括号，当然，用大括号也是可以的。

switch 语句和多分支 if 语句都能实现多分支的选择问题，但 switch 语句只能处理测试表达式与 case 常量表达式值相等的情况，而且要求表达式的值的类型只能取整型、字符型和枚举型；而多分支的 if 语句可以处理任何类型的条件比较问题。但是，switch 语句通常比多分支 if 语句的执行效率高，可读性也更好。在编程时，应该根据需要，合理地进行选择。

3.3 循环结构

在实际编程中，常常需要实现某些操作(语句)的多次执行，这些语句在多次执行过程中，只是其中某些变量的值有变化，而且是按一定的规律变化的。例如，计算并输出正弦函数在 $0\sim2\pi$ 之间的函数值，间隔为 $\pi/8$。要实现这个问题，可以写如下语句：

```
const double PI = 3.14159;
cout<<sin(PI / 8)<<endl;
cout<<sin(2 * PI / 8)<<endl;
cout<<sin(3 * PI / 8)<<endl;
cout<<sin(4 * PI / 8)<<endl;
cout<<sin(5 * PI / 8)<<endl;
cout<<sin(6 * PI / 8)<<endl;
cout<<sin(7 * PI / 8)<<endl;
cout<<sin(8 * PI / 8)<<endl;
```

显然，这个程序结构比较臃肿。但如果采用如下实现形式，程序结构将比较简练：

```
for(int k=1;k<=8;k++)
        cout<<sin(k * PI / 8)<<endl;
```

这里使用了 C++提供的 for 循环结构来实现这个需要重复执行的操作，即

```
cout<<sin(k * PI / 8)<<endl;
```

当系统重复执行这条语句时，每次执行只有 k 的值发生变化，而语句形式不变。循环结构既能解决重复执行的问题，又能使程序结构简练。

循环语句结构的主要部分是：**循环控制条件**、**循环体**和**循环控制变量**。一般循环都是有限循环，循环的执行次数由循环控制条件决定。循环控制条件控制循环操作是否执行的条件，由表达式的形式给定；循环体由需要重复执行的操作(语句)构成；循环控制变量一般用来记录循环体执行的次数。

3.3.1 while 循环语句

while 循环语句能够实现一定条件下的重复操作，是循环结构的一种实现方式，其语法形式为

```
while(表达式)
    循环体语句
```

while 循环语句用于当满足一定条件时，重复执行某些操作。语句中的表达式定义了循环控制条件，它可以是任何合法的表达式。循环体可以是一条语句(包括空语句)，也可以是复合语句。语句执行过程如图 3-9 所示，首先计算循环控制表达式的值，如果表达式为真，则执行循环体

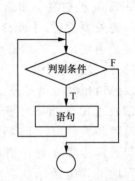

图 3-9 while 语句流程图

语句；否则，跳出循环，转去执行循环结构后面的
语句。下例使用 while 循环语句完成循环。

例 3-7 编程计算表达式 $\dfrac{1}{n}\sum_{k=1}^{n}k^2$ 的值。

解 用 sum 表示这个表达式求和部分的值，计算 sum 的值，需要重复执行计算 k^2 的值，并累加到 sum 的操作，如图 3-10 所示。程序使用 while 语句实现循环，用 mean 表示表达式的值。

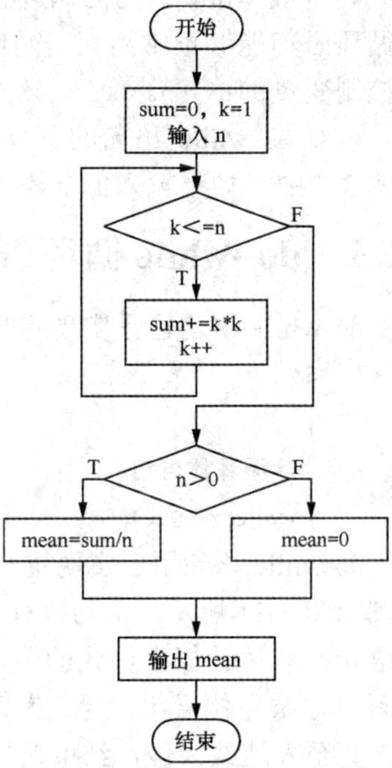

```cpp
//例3-7 计算1～n个整数平方和的均值
#include <iostream>
using namespace std;
void main()
{    int k=1,sum=0, n;
     cout<<"输入 n 的值: ";
     cin>>n;
     while(k<=n)
     {    sum=sum+k*k;
          k++;
     }
     int mean;
     if(n>0)                        //防止被 0 除
     {    mean=sum/n;
          cout <<"1~"<<n<<"的整数平方和的均值= " <<mean <<endl;
     }
     else   cout <<"输入的 n 值错误" <<endl;
}
```

图 3-10 例 3-7 流程图

程序中 k 既代表用于求和的自然数，又是循环控制变量，只要 k 不超过 n，循环就继续进行；循环体内的语句 k++不断修改 k 值，直至 k 超过 n，表达式 k<＝n 为假，循环结束。此程序要完成计算平均值的任务，必须首先计算 n 个数的平方和，程序中使用循环结构实现迭代求和，每一次执行 sum 的赋值语句，sum 就增加了一个整数的平方，直至循环结束，就计算出 sum 的值。

值得注意的是，变量 sum 是一个局部变量，如果定义时未初始化，则 sum 值是一个随机数，为了能在循环中正确计算 sum 值，在进入循环进行计算之前，一定要将 sum 赋为 0。这也是一个常见的编程技巧，**即利用循环结构实现迭代求和时，表示和的变量的初值必须赋为 0**。另外，还要注意执行除法操作之前，要检验除数是否为 0，以增强程序的健壮性。

使用循环语句需要注意以下三点：

● 循环体如果多于一句，必须采用复合语句的形式，否则只有循环体的第一条语句能够被执行，其他循环体语句不能被重复执行。

● 一般 while 语句的循环控制变量在 while 语句前被赋值，并在循环体内被修改，使循环语句能够正常结束。循环结构的循环体中应该有使循环趋于结束的语句(修改循环控制变量的语句)。

● 如果 while 语句的条件一开始就不满足，则其循环体语句就会一次也不执行。在例 3-7 中，如果输入的 n 不大于 0，循环体语句就一次也不执行。

3.3.2 do–while 循环语句

do-while 语句也是实现循环结构的一种语句形式，其语法形式为

```
do
{
    循环体语句
} while(表达式);
```

do-while 语句用于实现重复执行操作的问题，其流程图如图 3-11 所示。语句执行过程是：首先执行循环体语句；然后计算表达式的值，如果表达式为真，则重新执行循环体语句，再判断表达式的真假；如此循环，直至表达式为假，结束循环语句的执行。

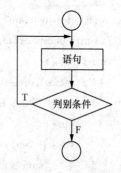

图 3-11 do-while 语句流程图

例 3-8 用 do-while 语句计算表达式 $\dfrac{1}{n}\sum\limits_{k=1}^{n}k^2$ 的值。

解 用 mean 表示这个表达式的值，用 sum 表示整数平方和。用 do-while 语句计算 sum 的值，流程图如图 3-12 所示。

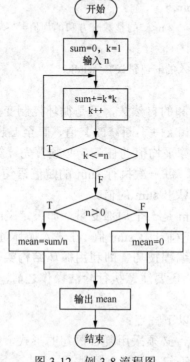

图 3-12 例 3-8 流程图

程序如下：

```
//例 3-8 计算 1~n 个整数平方和的均值
#include <iostream>
using namespace std;
void main()
{    int k(1), n, sum(0),mean;
     cout<<"输入 n 的值：";
     cin>>n;
     do
     {    sum=sum+k*k;
          k++;
     } while(k<=n);
     if(n>0)
     {    mean=sum/n;
          cout <<"1~"<<n<<"的整数平方和的均值= " <<mean <<endl;
     }
     else    cout <<"输入的 n 值错误" <<endl;
}
```

注意：do-while 语句最后要用 ";" 结束。

while 语句和 do-while 语句都能处理重复操作问题，但 while 语句的循环体有可能一次也不执行，而 do-while 语句的循环体至少执行一次。对于那些确定要执行一次或一次以上的程序，用 while 语句和 do-while 语句都是可以的。对于有可能一次循环也不执行的情况，就必须用 while 循环。

3.3.3 for 循环语句

for 循环语句也是实现循环结构的一种方式，而且是 3 种循环语句中使用频率最高、最灵活的一种，其语法形式为

  for(表达式 1; 表达式 2; 表达式 3)
    循环体语句

或写成更易理解的形式：

  for(循环控制变量赋初值;循环条件;修改循环控制变量值)
    循环体语句

for 语句用于实现循环操作，其流程图如图 3-13 所示，执行过程可用以下步骤表示。

步骤 1：计算表达式 1。

步骤 2：检验表达式 2 的真假，若为真，则执行循环体语句，流程转到步骤 3；若为假，则结束循环，流程转到步骤 4。

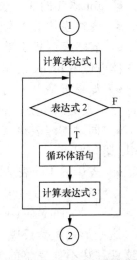

图 3-13 for 语句流程图

步骤 3：计算表达式 3(修改循环控制变量)，再转步骤 2。

步骤 4：流程转去执行 for 语句下面的语句。

例 3-9 编程计算表达式 $\frac{1}{n}\sum_{k=1}^{n}k^2$ 的值。

解 用 for 循环的实现代码如下：

```cpp
//例 3-9.cpp
#include <iostream>
using namespace std;
void main()
{    int n, sum=0;
     cout<<"输入 n 的值："; 
     cin>>n;
     for(int k=1; k<=n; k++)
         sum=sum+k*k;
     int mean;
     if(n>0)                      //防止被 0 除
     {    mean=sum/n;
          cout <<"1~"<<n<<"的整数平方和的均值= " <<mean <<endl;
     }
     else    cout <<"输入的 n 值错误" <<endl;
}
```

　　一般用 for 语句实现循环次数确定的问题，而用 while 和 do-while 语句实现循环次数事先不能确定的问题。

　　for 循环语句使用灵活，可以有多种变化形式。

● for 语句的 3 个表达式中任何一个或几个可以不写，但是 ";" 不能省略。

● 省略表达式 1 意味着循环控制变量赋初值的语句要放在 for 语句之前完成。

● 省略表达式 2 的 for 语句就会变成无限循环(死循环)，很少使用。但是可以在循环体内使用 break 语句来结束循环。

● 如果省略表达式 3，就要采用其他方式来控制循环变量，如可以通过循环体内的语句来改变循环变量的值。

● 同时省略表达式 1、表达式 3 后，for 语句就等同于 while 语句，直接采用 while 语句即可。

● 表达式 1 和表达式 3 都可以是逗号语句，这种形式在编程时经常会用到。例如：

```cpp
 for(sum=0, k=1; k<=10; k++)
         sum=sum+k*k;
```

　　这些形式虽然反映了 for 语句的灵活性，有时也能少写几条语句，但是程序的可读性往往不如完整的 for 语句，一般还是使用完整的 for 语句形式的程序其可读性更好。

例 3-10 计算 1～10 的阶乘。

解 这个问题循环次数确定，适合用 for 循环语句实现，可以省略表达式 1 和 3。

```
//例 3-10  计算 1 到 10 的阶乘
#include<iostream>
using namespace std;
void main()
{    int n=0;                          //循环变量初始化在这里完成
     unsigned long factorial(1);
     for(; ++n<=10;)                   //表达式 2 也完成表达式 3 的功能
     {    factorial*=n;
          cout<<n<<"!="<<factorial<<endl;
     }
}
```

读者可以用完整的 for 语句编写以上程序，比较两者的可读性。

程序中，表示阶乘的变量 factorial 初始化为 1，基于两个原因：①0 的阶乘为 1；②这里是使用循环来迭代计算阶乘值的。如果一个变量表示若干数的乘积，而且这个乘积是利用循环过程迭代计算的，则**表示乘积的变量的初值要在循环开始前赋为确定值**，具体值要根据题目而定，防止表示乘积的变量初值为随机数或 **0**，这是常用的编程技巧。

3.4 break 语句和 continue 语句

break 和 continue 语句都是流程控制语句，能够实现一定条件下程序流程的改变。break 语句的语法形式为

```
break;
```

continue 语句的语法形式为

```
continue;
```

break 和 continue

break 语句只用于循环结构的循环体或 switch 语句结构的各个分支中。用于循环结构，能使流程从循环体跳出，去执行循环结构后面的语句；用于 switch 语句结构，使每个分支语句执行之后，流程能正确结束 switch 语句的执行，转到 switch 语句结构的后面语句。

例 3-11 读程序，给出程序的输出结果。

```
//例 3-11.cpp
#include <iostream>
using namespace std;
void main()
{   int i, sum=0;
    for( i=1; i<=100; i++)
```

```
    { if(i%3==0) break;
        sum=sum+i;
    }
    cout<<sum<<endl;
}
```

解 运行结果：3

程序运行过程如表 3-1 所示。当 i=1，累加到 sum，sum=1；当 i=2，累加到 sum，sum=3；当 i=3，执行 break 跳出循环。所以，程序的输出结果为 3。

表 3-1 例 3-11 的程序运行过程分析

i	Sum
1	1
2	3
3	跳出循环

continue 语句多用于循环结构的循环体中，与 if-else 语句配合使用，可实现当满足一定条件时，提前结束本次循环(即跳过该语句之后的循环体的其他语句)，并根据循环控制条件是否满足来决定是否进行下一轮的循环。

例 3-12 计算 1～100 中不包括 3 的倍数的整数和。

解 这是一个整数求和的问题，但是要不包括 3 的倍数。只要对于 3 的倍数，用 continue 语句跳过循环体中的求和语句即可。

```
//例 3-12  计算 1～100 之间不包括 3 的倍数的整数和
#include <iostream>
using namespace std;
void main()
{   int i, sum=0;;
    for( i=1; i<=100; i++)
    { if(i%3==0) continue;
        sum=sum+i;
    }
    cout<<"1-100 之间不包括 3 的倍数的整数的和是："<<sum<<endl;
}
```

程序执行结果：

```
1-100 之间不包括 3 的倍数的整数的和是：3367
```

在 while 和 do-while 循环语句中，continue 语句使控制直接转到条件表达式，判断循环是否继续。要注意，循环控制变量的变化仍然要执行。在 for 语句中，continue 语句使控制转去执行修改循环控制变量的语句，再判断循环是否继续执行。在 while 语句中，就要用语句来保证循环控制变量的变化。

编程技能

随机数

随机数产生函数 rand()可以用来产生一个 0～RAND_MAX 之间的随机数,但它并不是真正的随机数生成器,常被称为伪随机数,所以在使用 rand()之前,一般要先使用 srand()函数为随机数序列设置种子。

例 3-13 假设某个盒子里有红色、黄色、蓝色、绿色和白色球若干,每次从中取出一个球,并记录(输出)球的颜色。使用随机数产生函数 rand()模拟随机取球过程,设数字 1、2、3、4、5 分别表示上述 5 种球的颜色,数字 0 使模拟取球过程结束。统计出每种球出现的次数。

随机数

解 每次取出的球的颜色不同,就要输出表示球颜色的不同字符串,是多选择问题,故使用 switch 语句实现输出任务。

```cpp
//例 3-13   模拟取球程序
#include<iostream>
#include<cstdlib>
#include <ctime>
using namespace std;
void main()
{    int count1(0), count2(0), count3(0), count4(0), count5(0);    //初始化为 0
     srand( (unsigned)time( NULL ) );                             //用时间作为随机数种子
     int color=rand()%6;                                         //随机产生整数 0～5
     while(color)                                                //当随机数不为 0
     { switch(color)                                             //开始多分支
         {case   1:
             cout<<"红球  "<<endl;
             count1++;
             break;
         case   2:
             cout<<"黄球"<<endl;
             count2++;
             break;
         case   3:
             cout<<"蓝球  "<<endl;
```

```
                count3++;
                break;
        case  4:
                cout<<"绿球"<<endl;
                count4++;
                break;
        case  5:
                cout<<"白球"<<endl;
                count5++;
                break;
        default:
                cout<<"颜色码不正确" <<endl;
        }
        color=rand()%6;                                   //再产生一个随机数
    }
    cout<<"每种球的次数(红, 黄, 蓝, 绿, 白): "              //显示各种球出现的次数
        <<count1<<","<<count2<<","<<count3<<","<<count4<<","<<count5<<endl;
}
```

还可以计算每种颜色的球出现的概率，读者不妨尝试编程实现。

 # 结构嵌套

实际的程序中往往出现控制结构的嵌套，包括选择结构嵌套、循环结构嵌套，以及循环结构和选择结构的相互嵌套。

1．if 语句的嵌套

在 if 嵌套语句中，往往会有几个条件来决定执行哪一个分支语句。例如，在图 3-7 中，是在表达式 1 为真和表达式 2 为假时执行语句 2。

嵌套的 if 语句总是可以改写为多分支 if 语句，改写后往往会多使用一对或几对 if-else 关键词。

例 3-14 设单位阶跃函数为

$$f(t) = \begin{cases} -1 & (t < 0) \\ 0 & (t = 0) \\ 1 & (t > 0) \end{cases}$$

编写程序，输入一个 t 值，输出对应的 f(t)值。

解 这里使用 if 语句嵌套来实现阶跃函数。

```
//例 3-14  实现阶跃函数程序
#include<iostream>
```

```
using namespace std;
main()
{    int x, y;
     cout<<"input x:";
     cin>>x;
     if (x>0)
          y=1;
     else
     {    if (x<0)
               y=-1;
          else                              //x=0
               y=0;
     }
     cout<<"f(x)=" <<y<<endl;
}
```

使用嵌套 if 结构时，if-else 可能不是成对出现的。这时要注意哪个 if 和 else 是配对的关系。C++规定：**从最内层开始，else 总是与其前面最近的(未曾匹配的)if 配对**。但是，有的程序本身的逻辑和 C++的规定并不一致，就要采取措施保证程序逻辑的正常执行。请看下面的例题，如果外层 if 的内嵌 if 语句没有对应的 else 分支，应该把内嵌 if 语句放入花括号中，成为复合语句。

例 3-15 请给出图 3-14 所示的 3 段程序的输出。

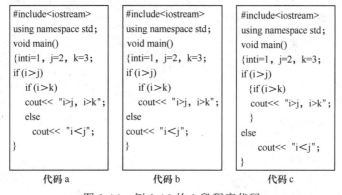

```
#include<iostream>
using namespace std;
void main()
{inti=1, j=2, k=3;
if (i>j)
   if (i>k)
   cout<< "i>j, i>k";
   else
     cout<< "i<j";
}
         代码 a
```

```
#include<iostream>
using namespace std;
void main()
{inti=1, j=2, k=3;
if (i>j)
    if (i>k)
    cout<< "i>j, i>k";
else
cout<< "i<j";
}
         代码 b
```

```
#include<iostream>
using namespace std;
void main()
{inti=1, j=2, k=3;
if (i>j)
   {if (i>k)
   cout<< "i>j, i>k";
   }
else
     cout<< "i<j";
}
         代码 c
```

图 3-14 例 3-15 的 3 段程序代码

解 3 段程序都是想根据变量 i、j、k 的值来显示它们之间的关系：是"i>j，i>k"或者是"i<j"。

对于代码 a，程序将不输出任何信息。程序中的 else 将和最近的 if 配对。使得程序中第 1 个 if 没有 else 来配对。当第 1 个条件 i>j 不成立时，就直接结束程序，没有任何输出。

代码 b 只是在形式上和代码 a 有所不同。第 1 个 if 和 else 有相同的缩进，以表示编程者的意图：这一对 if-else 才是配对的。但是程序运行结果和代码 a 相同：没有任何输出。这说明：改变语句的缩进，并不能改变程序的执行顺序，只是对改进程序的可读性有好处。

代码 c 将第 2 个 if 语句用{}扩起来，明确表示这个 if 是没有 else 和它配对的。这就使得程序中的 else 只能和第 1 个 if 配对。程序将输出 i<j，结果正常。

一般在编写嵌套 if 语句结构时，对于内层的 if 语句要用大括号{}括起来，以清楚地表示哪个是 if-else 结构，哪个是单独的 if 结构。这样既可保证程序的正常执行，也可改善程序的可读性。

嵌套 if 语句总是可以改写为多分支 if 语句。一般来说，功能相同的嵌套 if 语句的代码长度会短一些，而多分支 if 语句的可读性会好一些。

2. 循环结构嵌套

循环结构嵌套是一个循环结构的循环体内又包含另一个循环语句的结构。使用循环嵌套可以构成多重循环结构。实际编程中，经常使用嵌套循环结构来解决较复杂的循环问题。循环嵌套既可以是某一种循环语句的嵌套，也可以是 while、do-while 和 for 等 3 种循环语句的相互嵌套。

例 3-16　使用循环语句实现打印国际象棋棋盘图形。

解　打印该图形需要双重循环，外循环控制打印的行数，内循环控制每行的打印情况。内循环和外循环都需要循环 8 次。奇数行和偶数行显示的白格和黑格刚好错开，程序中需要进行相应的控制，如利用(行号+列号)%2 是否为 0 进行判别。对于白格的显示，可直接打印空格，对于黑格的打印，可直接利用符号编码中的方块元素特殊符号。

```
//例 3.16  打印国际象棋棋盘图形
#include <iostream>
using namespace std;
int main()
{
    for (int j=0;j<8;j++){
        for (int i=0;i<8;i++)
        {
            if ((i+j)%2) cout << "■";
            else cout <<"    ";
        }
        cout << endl;
    }
    return 0;
}
```

使用循环嵌套结构需注意以下两点。
- 嵌套的循环不能出现交叉。

● 不要随便在内层循环修改外层循环控制变量的值。如果非修改不可，一定要谨慎。

3. 循环结构和选择结构的相互嵌套

循环结构和选择结构可以相互嵌套，可以是循环结构的循环体包含选择结构，或是选择结构的任意一个分支包含循环结构。实际编程中多使用这些嵌套结构实现较复杂的算法，值得注意的是要分清内外层次，尤其是不同层次的循环控制变量。

例 3-17 编写一个判断整数 m 是否为素数的程序。

解 设整数 $k = \sqrt{m}$，如果 m 能被 2～k 中任何一个整数 i 整除，则 m 不是素数，提前结束循环，此时 i 必然小于或等于 k；如果 m 不能被 2～k 中的任何整数整除，则 m 为素数，在完成最后一次循环后，i 还要加 1，i = k + 1，然后终止循环。在循环之后判别 i 的值是否大于或等于 k + 1，若是，则表明未曾被 2～k 中任一整数整除过，因此输出"是素数"。

素数

```cpp
//例 3-17   判断整数 m 是否为素数
#include <iostream>
#include <cmath>
using namespace std;
void main()
{    int   m, i;
     cout <<"输入一个整数：\n";               //输入整数 m
     cin >>m;
     double k=sqrt(double(m));                //处理
     for(i=2; i<=k+1; i++)                    //找 m 的因数
     {    if(m%i==0)
                 break;
     }
     if(i>=k+1)                               //判断 m 是否被小于 m 的数整除
         cout <<m <<" 是素数。"<<endl;          //输出判断结果
     else
         cout <<m <<" 不是素数。\n";
}
```

程序中使用了标准函数 sqrt(x)。函数 sqrt(x)的参数 x 是 double 型的，函数返回 x 的平方根(double 型)。使用函数 sqrt(x)需要包含数学库函数的头文件 cmath。

例 3-18 计算小于 100 的非素数之和。

解 这个例题要做两件事，第 1 个是对 100 以内的数判定是否为素数，第 2 个是对非素数求和。

在判别 num 是否为素数时，这次换一个方法：将 num 除以从 2 开始的数，直到除以 num-1，如果都不能除尽(余数不为 0)，num 就是素数。为了减少除法运算的次数，可以将除数的最大值取为 num/2。

当 num 不是素数时，不需要求和，用 continue 语句跳过本次循环。注意，num 还

是要继续加 1，程序中以跳过 while (++ num< = 99)语句来实现。

```cpp
//例 3-18   计算 100 以内非素数之和
#include <iostream>
using namespace std;
void main()
{ int sum = 0;                                    //非素数的和
  int num = 2;                                     //从 2 开始处理
  //判别是不是质数
  cout<<"素数包括：";
  while (num++<=99)
  {        bool isPrime = true;                    //是否素数的标志
      //测试 num 是否素数
      for (int divisor = 2; divisor <= num / 2; divisor++)
      { if (num % divisor == 0)
        {     isPrime = false;                     //如果这个 num 不是素数
            break;                                 //不需要继续循环了
        }
      }
      //对非素数求和
      if (isPrime) {cout<<num<<' '; continue;}     //若 num 不是素数，则跳出本次循环
      sum+=num;                                    //对非素数求和
  }
  cout<<"\n 100 以内非素数的和等于"<<sum<<endl;
}
```

程序运行结果：

100 以内非素数的和等于 3989

刨 根 问 底

跟踪程序的执行

编程时程序有逻辑错误，但程序员又很难定位错误所在，这时往往需要调试程序，设置断点是调试程序最常用的技巧。断点是调试器设置的一个代码位置，当程序运行到断点时，程序中断执行，回到调试器。调试时，只有设置了断点并使程序回到调试器，才能对程序进行在线跟踪。下面介绍简单调试的步骤。

1．添加断点

在头文件或源文件的当前行(光标所在行)设置断点，从菜单栏选择"调试→切换断点"或"调试→新建断点"命令，也可以直接按下快捷键"F9"。设置断点成功后，该行的最左侧会有一个红色的圆点，如图 3-15 所示。

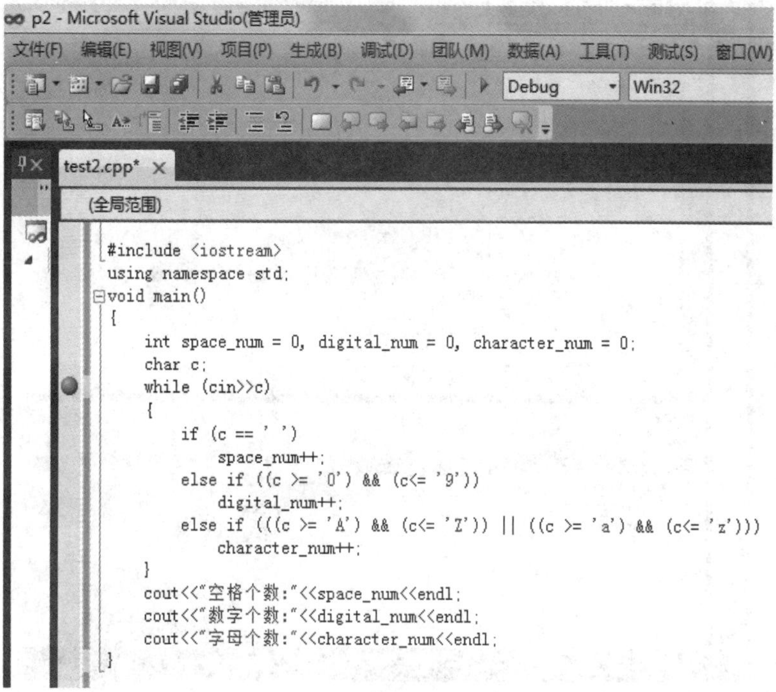

图 3-15　设置断点

2．跟踪运行

从菜单栏选择"调试→启动调试"命令或按下快捷键"F5"，程序进入调试运行状态，执行到断点处会停下来，如图 3-16 所示。

可以继续跟踪，从菜单栏选择"调试→逐语句"命令或按下快捷键"F11"，进行单步跟踪，每次执行一条语句。也可以从菜单栏选择"调试→逐过程"命令或按下快捷键"F10"，则每次执行一条语句，遇到函数调用语句，直接得到函数运行结果，不会跟踪进入函数体。如果"逐语句"跟踪已经进入函数体，又觉得没必要跟踪函数的运行，可以从菜单栏选择"调试→跳出"命令或按下快捷键"Shift + F11"，退出函数回到调用处。

3．查看运行状况

跟踪运行的目的是想在程序执行过程中停下来，查看运行状况。当程序在断点处停下来或单步停下来时，可以单击下侧窗口的"局部变量"标签，查看所有变量的值，也可以查看堆栈、线程等状况。如果想把自己要关注的变量放在一个监视窗口里，可以在变量上单击鼠标右键，从弹出的快捷菜单里选择"添加监视"，如图 3-16 所示，然后单击"监视"标签查看自己所关注的变量。

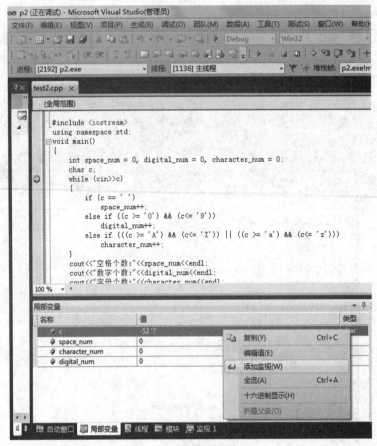

图 3-16　查看运行状况

前面介绍的仅仅是简单的调试方法，任何时候都可以根据需要使用第一步、第二步或第三步，直到找到逻辑错误所在。

使用快捷键，比起单纯使用鼠标进行点选操作，可以大大加快编程调试速度。下面列出常用的快捷键。

F5：调试运行，遇到断点就停下来；

Ctrl + F5：开始执行(不调试)；

Shift + F5：停止调试；

Ctrl + Shift + F5：重启调试；

F9：切换断点；

Ctrl + F9：启用/停止断点；

Ctrl + Shift + F9：删除全部断点；

F10：单步执行(跨过函数)；

F11：单步逐句执行；

Ctrl + F10：运行到光标处。

例 3-19　输入一串字符，分别统计出其中空格、数字和英文字母的个数。

版本一：使用提取运算符一个字符一个字符地读取，然后判断字符的 ASCII 码是否为空格、数字或者字母，给相应的计数变量加 1。

```cpp
#include <iostream>
using namespace std;
void main()
{
    int space_num = 0, digital_num = 0, character_num = 0;
    char c;
    while (cin>>c)
    {
        if (c == ' ')
            space_num++;
        else if ((c >= '0') && (c<= '9'))
            digital_num++;
        else if (((c >= 'A') && (c<= 'Z')) || ((c >= 'a') && (c<= 'z')))
            character_num++;
    }
    cout<<"空格个数:"<<space_num<<endl;
    cout<<"数字个数:"<<digital_num<<endl;
    cout<<"字母个数:"<<character_num<<endl;
}
```

按照图 3-15 和图 3-16 所示设置断点并调试运行，如果输入：

abc 123

接下来，每次按 F10 执行一行语句，可以看到变量 c 读取到键盘输入字符'a'，并运行到 character_num++；如图 3-17 所示。该语句还没执行，所以 character_num 的值仍然为 0，再按一次 F10 就会变为 1。

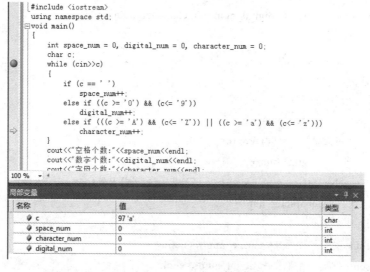

图 3-17　跟踪运行

接着跟踪运行，会发现：在读取键盘输入的"abc"之后，character_num 的值为 3，接下去再读取一个字符时，忽略了空格字符，读到的字符是'1'，如图 3-18 所示。

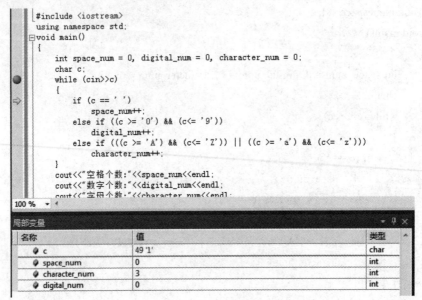

```
#include <iostream>
using namespace std;
void main()
{
    int space_num = 0, digital_num = 0, character_num = 0;
    char c;
    while (cin>>c)
    {
        if (c == ' ')
            space_num++;
        else if ((c >= '0') && (c<= '9'))
            digital_num++;
        else if (((c >= 'A') && (c<= 'Z')) || ((c >= 'a') && (c<= 'z')))
            character_num++;
    }
    cout<<"空格个数:"<<space_num<<endl;
    cout<<"数字个数:"<<digital_num<<endl;
    cout<<"字母个数:"<<character_num<<endl;
```

名称	值	类型
c	49 '1'	char
space_num	0	int
character_num	3	int
digital_num	0	int

图 3-18　跟踪运行发现忽略了空格字符

因为提取运算符会以空格和回车作为分割符，不以它们行为输入信息，所以版本一的代码需要修改。

版本二：使用 cin.get()一个字符一个字符地读取，然后判断字符的 ASCII 码是否为空格、数字或者字母，给相应的计数变量加 1。

```
#include <iostream>
using namespace std;
void main()
{
    int space_num = 0, digital_num = 0, character_num = 0;
    char c;
    while (c=cin.get())
    {
        if (c == ' ')
            space_num++;
        else if ((c >= '0') && (c<= '9'))
            digital_num++;
        else if (((c >= 'A') && (c<= 'Z')) || ((c >= 'a') && (c<= 'z')))
            character_num++;
    }
    cout<<"空格个数:"<<space_num<<endl;
    cout<<"数字个数:"<<digital_num<<endl;
```

```
        cout<<"字母个数:"<<character_num<<endl;
    }
```

仍然输入：

abc 123

与刚才一样跟踪运行，会发现：在读取键盘输入的"abc"之后，character_num 的值为 3，接下去再读取一个字符时，读取到了空格字符，如图 3-19 所示。

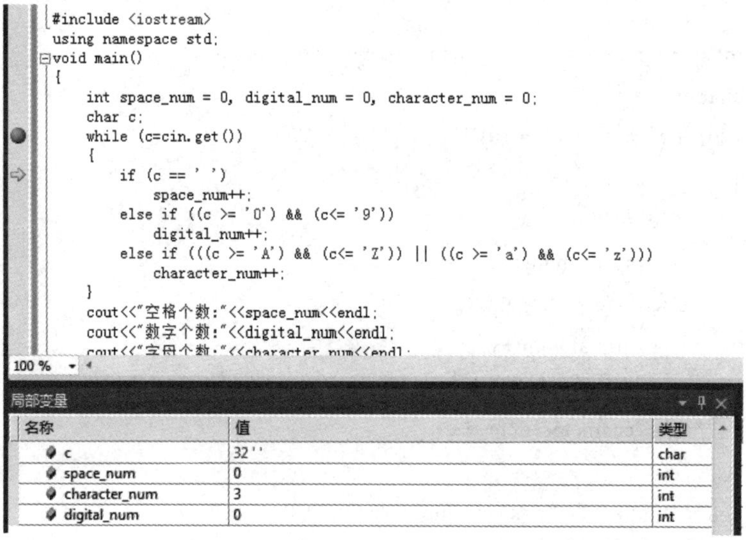

图 3-19　使用 cin.get()读取空格字符

但是，接着运行程序会发现，程序无法结束，c=cin.get()总是 TRUE，并不以回车结束，因为"回车换行"的 ASCII 码为 13 和 10，跟踪程序运行会发现读取到了 ASCII 码为 10 的键盘输入，如图 3-20 所示。

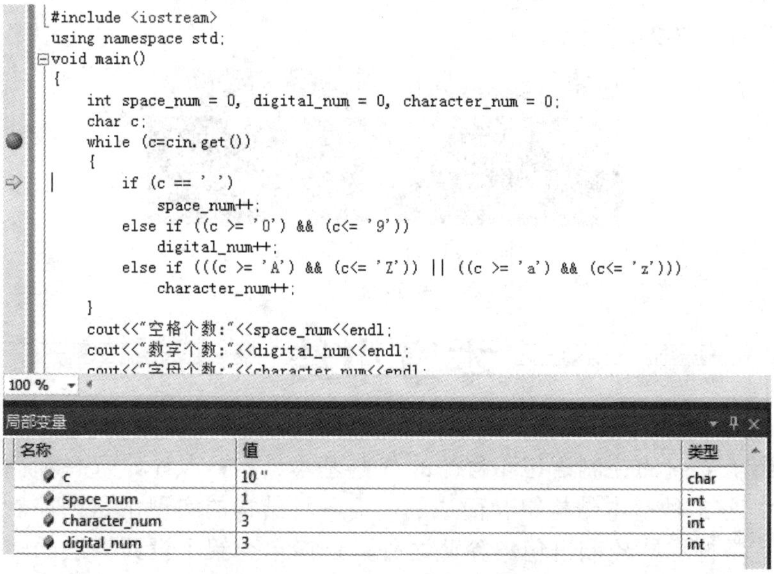

图 3-20　换行符的 ASCII 码为 10

如果程序的功能是统计一行字符中空格、数字、字母的个数，以回车换行结束，那么，程序可以修改为：读取的字符 ASCII 码为 10 就结束循环。

版本三：

```cpp
#include <iostream>
using namespace std;
void main()
{
    int space_num = 0, digital_num = 0, character_num = 0;
    char c;
    while ((c=cin.get()) != 10)
    {
        if (c == ' ')
            space_num++;
        else if ((c >= '0') && (c<= '9'))
            digital_num++;
        else if (((c >= 'A') && (c<= 'Z')) || ((c >= 'a') && (c<= 'z')))
            character_num++;
    }
    cout<<"空格个数:"<<space_num<<endl;
    cout<<"数字个数:"<<digital_num<<endl;
    cout<<"字母个数:"<<character_num<<endl;
}
```

仍然输入：

abc 123

运行结果如图 3-21 所示。

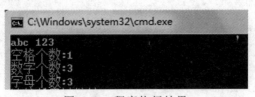

图 3-21　程序执行结果

本章小结

本章介绍了 C++的控制语句和程序的 3 种基本结构：顺序、选择和循环结构。任何程序都是由这 3 种基本结构组合而成的，而各种结构的实现由这些控制语句完成，所以必须熟练掌握这些控制语句。除此之外，还简单介绍了设计算法的辅助方法，即流程图和伪代码，它们既能描绘和完善算法，又能增强算法的可读性，成为文档的一部分。用伪代码表示算法时，最初的伪代码可能只是一句描述程序功能的句子，然后本着自顶向下逐步完善的思路，形成可以对应翻译成编程语言的伪代码。流程图和伪代码是两个很有用的工具。有了这些基础，就可以设计实现一定功能的子程序(函数)。

习题和思考题

3.1　程序的 3 种基本控制结构是什么？

3.2　C++用于构成选择结构的语句有哪些？构成循环结构的语句有哪些？

3.3　以下程序执行的结果是什么？

```
void main( )
{ int   x = 3;
        do{ cout<<(x-=2)<<"   ";
        }while(!(--x));
}
```

3.4　以下程序执行的结果是什么？

```
void main( )
{    int a,b,c,x;
     a=b=c=0;
     x=35;
     if(!a) x--;
     else if(b)
            if( c ) x=3;
            else   x=4;
     cout<<x<<endl;
}
```

3.5　以下程序执行的结果是什么？

```
void main( )
{    int   a =2 , b = - 1 , c = 2 ;
     if( a < b )
     if ( b < 0 )   c = 0 ;
     else   c++ ;
  cout<<c<<endl;
}
```

3.6　写出下列程序的运行结果。

```
(1) #include <iostream.h>
    void main()
    {    int j=10;
         for( int i=0; i<j; i++)
```

```
              {      j=j-2;
                     cout<<"i="<<i<<"j="<<j<<endl;

              }
      }
(2)   #include "iostream.h"
      void main()
      {      int   i=1;
             while (i<=15)
             if (++i%3!=2)
                     continue;
             else
                     cout<<"i="<<i<<endl;

      }
(3)   #include   <iostream.h>
      void main()
      {      int   x=1, y=0, a=0, b=0 ;
             switch(x)
             {case   1 :
                     if (y==0)   a=a+1;
                     else   b=b+1;
                     break;
              case   2 :
                     a=a+1;b=b+1; break;
              case   3 :
                     a=a+1; b=b+1;
              }
             cout<<"a="<<a<<", b="<<b<<endl;

      }
```

3.7   写出下面每一段代码的输出结果。

A)

```
for (i=0,k=1;i<10;i++)
  if (i%5)
    k=i*10;
  else
    cout<<"k:"<<k;
```

B)

```
for (i=0,k=1;i<10;i++){
   if (i%5!=0)
   k=i*10;
```

```
    }
    cout<<"k:"<<k;
C)
for (i=0,k=1;i<10;i++){
    if (i%5)
        k=i*10;
        cout<<"k:"<<k;
}
D)
for (i=0,k=1;i<10;i++)
    if (i%5){
        k=i*10;
        cout<<"k:"<<k;
    }
```

3.8 分别从键盘输入 3 个整数，按下列条件输出：

(1) 按从大到小输出；

(2) 按从小到大输出；

(3) 先输出最大值，再输出最小值。

3.9 编程求 1! + 2! + 3! + 4! +…+ 15!。

3.10 任意输入一个 4 位整数的年份，判断该年是否是润年。

3.11 编写欧几里得算法并进行测试。欧几里得算法即使用辗转相除法求解两个自然数 m 和 n 的最大公约数，假定 m≥n。

3.12 分别使用 for、while、do-while 等 3 种循环语句实现打印下列图形。

```
* * * * * * * *
 * * * * * * *
  * * * * *
   * * *
    *
```

3.13 编程实现：找出 100～500 之间有哪些数其各位数字之和是 5。

3.14 下列程序通过 for 语句重复相加 0.01 共 10 次，最后判定相加结果和 0.1 是否相等。请运行程序得到结果，并解释。

```cpp
void main()
{
    float a=0.1,b=0.0;
    for(int i=0;i<10;i++)
    b=b+0.01;
    cout<<b<<endl;
    if(a==b)
    cout<<"相等"<<endl;
    else
```

```
        cout<<"不相等"<<endl;
    }
```

3.15 计算从键盘输入的若干个整数的和。

3.16 读取保存在文件 idata.txt 中的若干个整数,计算它们的和,并显示在屏幕上。

3.17 把从键盘连续读取的多个字符串,连接成一个字符串,并输出到屏幕。每个字符串之间用空格隔开。

3.18 设计一个程序,验证进入程序密码的正确性。仿真让用户输入 6 位数字的密码,且提供 3 次输入机会,输入正确则显示"欢迎使用财会报表程序",否则显示"密码错,重新输入!"。连续输入 3 次错误后,则显示"拒绝使用财会报表软件"并结束程序。

3.19 设计一个程序,求出 100 到 999 以内的所有"水仙花数"。"水仙花数"是指一个三位数,其各位数字的立方和恰好等于该数本身。例如 370=3*3*3+7*7*7+0,在 999 以内共有 4 个水仙花数。

第4章
数组及自定义数据类型

基 本 知 识

4.1 数组

在实际编程中，经常遇到一组数据的表示问题，例如一个班某一门课程的成绩，此时如果定义单个变量来表示这类数据就很不实际了，将无法想象程序中变量的个数及命名方式，最合适的定义方式是用数组来表示这组数据。

4.1.1 数组定义及初始化

1. 定义数组

数组(Array)用于表示具有一定顺序关系且类型相同的若干变量的集合，组成数组的变量称为该数组的元素。定义一维数组的语法形式如下：

> 类型标识符　数组名[常量表达式];

其中，"类型标识符"可以是任何合法的类型标识符；"数组名"是程序员对该数组的命名，数组的命名规则同变量命名；方括号中的"常量表达式"用于说明该数组中元素的个数，亦可称为数组长度或数组的大小。

数组的定义和变量的定义方法基本相同，唯一的区别是需要在紧跟数组名的方括号内指出数组元素的个数。例如，要表示有 5 个同学的小组的 C++成绩，定义一个整型数组如下：

> int　score [5];

这样的语句将使系统给该数组分配一段能够存放 5 个整型变量的连续内存空间，数组名表示该内存空间的起始地址，该数组的各元素在内存空间中的存储示意图如图4-1所示。

数组各元素用数组名及下标(或称索引值)来标识，score[0]，score[1]，…，score[4]分别表示数组的第 1～5 个元素。C 语言和 C++语言中，元素的下标从 0 开始计，数组名表示数组在内存中的起始地址，可以将元素的下标理解为元素存放位置相对于数组名的偏移量，第 i 个元素(0≤i≤4)score[i]的起始地址相对于数组的起始地址偏移了 i 个 int 型变量所占空间(因为这个元素前面存储了 i 个 int 型变量)。每个元素可以视为一个同类型的变量，如 score[i]可以视为一个整型变量。注意，数组元素的最大下标比元素个数少 1，数组 score 最大下标对应的元素是 score[4]，而不是 score[5]。

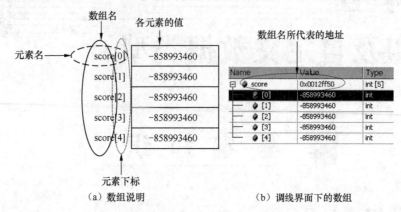

（a）数组说明　　　　　　　　　（b）调线界面下的数组

图 4-1　score 数组元素在内存中存放示意图

程序运行时，遇到数组定义语句就为这个数组分配一定数量的连续内存单元，数组元素依次占用这一连续内存空间，这段内存空间起始地址的外部标识就是数组名。**数组名是一个地址常量，禁止给数组名赋值**。数组的每个元素占用空间大小与同类型变量占用的内存大小一样，例如，字符型数组的每个元素占用一个字节，整型(int)数组的每个元素占用 4 个字节(32 位机)，其他类型可类推。整个数组占用的内存空间是其全部元素所占空间的总和。如果数组有 N 个元素，它所占的字节数可以通过以下方式得到：sizeof(数组名)或 N*sizeof(数组类型)。

2．数组初始化

在定义数组时，直接给出赋给数组元素的值，称为数组初始化。数组初始化形式如下：

类型标识符　数组名[常量表达式] = {以逗号隔开的初始化值};

其中，大括号内的值用于初始化数组元素，各初始化值之间以逗号分隔。为后面叙述方便，不妨称大括号及其中的初始值构成初始化列表。定义并初始化整型数组 score[5]的语句为

int score[5] = {80,70,90,95,60};

初始化列表中的数据依次赋给元素 score[0]、score[1]、score[2]、score[3]、score[4]。

初始化数组时，给定的初始化数值不能比数组元素多，但可以比数组元素少。如果少，初始化列表中的初始值将从下标 0 开始依次分配给各元素，后面没有得到初始值的元素被初始化为 0。如果使用初始化列表，则表内至少包含一个初始值，否则编译将出现错误。如果没有初始化列表，即只定义不初始化，一般在函数内部定义的自动局部数组，其各元素的值是随机值，如图 4-1 所示，使用时需要重新给数组元素赋值。如果在初始化列表中给定数组元素的全部值，可以省略中括号中元素个数常量表示式。上述 score 数组的初始化也可以写成：

```
int score[] = {80,70,90,95,60};
```

此时，编译器自动计算出数组元素的个数为 5，给 score 数组分配能够存放 5 个 int 型数据的连续空间。

4.1.2 访问数组元素

用数组存储一组数据，其中每个数称为数组元素。数组中的每一个元素都相当于一个相应类型的变量，凡是允许使用该类型变量的地方，都可以使用数组元素。

数组元素是用下标来区分的，指定要访问的数组元素的语法形式为

数组名[下标表达式]

其中，"下标表达式"可以是常量、变量或表达式，其值大于或等于 0，小于数组的大小。

例 4-1 输入 10 个学生的成绩，找出最高分，以及相应的序号(从 0 开始)。

解

(1) 定义数组 score，从键盘录入成绩。

(2) 查找数组中的最大值，这是一个检索问题，最简单的算法是顺序查找。

```cpp
//例 4-1 查找数组最大值
#include <iostream>
using namespace std;
void main(){
    int score[10];
    for (int i=0;i<10;i++)
        cin>>score[i];

    int num = 0;
    int max = score[0];
    for (int i=1;i<10;i++)
    {
        if (score[i] > max)
        {
            max = score[i];
            num = i;
        }
    }
    cout<<"max="<<max<<"   num="<<num<<endl;
}
```

在访问数组元素时需要注意以下三点。

(1) 数组元素的下标表达式的结果必须为 0 或正整数。

(2) 数组元素的下标值不得超过数组声明时所限定的上下界。

数组元素下标的下界是 0，上界是相应维数大小减 1。例如定义数组：

```
int a[10];
float f[50];
```

其中，a 数组可使用的有效下标为 0～9，f 数组可使用的有效下标为 0～49。

(3) 如果访问数组元素时，使用的下标不是有效范围内的值，会造成"越界访问"错误。由于编译器在编译程序时不会检查这种错误，所以编程人员要特别小心，尽可能杜绝这类错误发生。使用面向对象程序设计技术的读者可以定义下标不能越界的数组，也就是 C++中的 vector 类，相关内容可参见附录。

4.1.3 字符数组

char 型的数组称为字符数组，通常用来存储字符串，所以，可以用字符串常量给字符数组赋值。

定义并且初始化字符数组：

```
char chArray[] = "hello world!";
```

则该数组在内存中的存储示意图如图 4-2 所示，字符串中每个字符占用一个字节，加上字符串常量最后的结束符('\0'字符)，数组需要的字节数要比显示的字符数多一个。上述语句定义并初始化的字符数组，结束符是编译器自动添加的，如果在中括号内指定数组的大小，需要考虑结束符占用的内存空间。

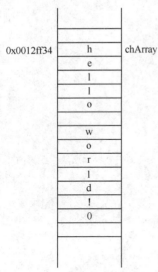

（a）内存占用　　　　　　　　　　　　（b）调试界面下的字符数组

图 4-2　字符数组 chArray 存储示意图

1. 初始化字符数组

初始化字符数组有两种方法，一种是用双引号内的字符串常量初始化字符数组，例如：

```
char array[10]={"hello"};
```

也可以省略大括号，简化为

```
char array[10]= "hello";
```

用这种方法初始化时，系统自动在数组最后一个元素后面补'\0'(结束符)。

另一种是用字符常量来初始化字符数组，例如：

　　　char array[10]={ 'h', 'e', 'l', 'l', 'o', '\0'};

该方法将初始值一一列举在初始化列表中，这种方法通常用于输入不容易在键盘上生成的不可见字符。例如，下面的代码中初始化值包含两个制表符：

字符数组与字符串的区别

　　　char array[10]={ '\a', ' \t', ' \b', ' \t', '\0'};

注意，此种方式下，编程者要自己添加字符串结束符('\0')，同时不要忘记为最后的'\0'留出空间。如果用来初始化的串值是"hello"，那么相应的数组大小至少为 6。

2．字符数组的赋值

如果在定义字符数组的时候没有初始化，那么给字符数组赋值有两种方法。一种是使用 4.1.2 节介绍的访问数组元素的方法，一个字符一个字符地赋值，例如：

　　　char array[10];

　　　array[0]= 'h';

　　　array[1]= 'e';

　　　array[2]= 'l';

　　　array[3]= 'l';

　　　array[4]= 'o';

　　　array[5]= '\0';

另一种方法是使用 C 的库函数 strcpy(字符数组 1, 字符串 2)，它是"字符串复制函数"，作用是将字符串 2 复制到字符数组 1 中，例如：

　　　char str1[10] = " ", str2[]= "hello";

　　　strcpy(str1, str2);

或

　　　strcpy(str1, "hello");

需要注意：

(1) 字符数组 1 要足够大，能容纳被复制的字符串。

(2) 不能用赋值语句将一个字符串常量或字符数组直接给字符数组赋值，如下面的语句是不合法的：

　　　str1="hello"; //错！！！因为数组名是地址常量

4.1.4　多维数组

1．多维数组的定义

之前我们定义的数组都只有一个索引(下标)，称为一维数组，数组还可以有多个索引值，这样的数组称为多维数组。定义多维数组的语法形式如下：

　　二维数组：类型标识符　数组名标识符[常量表达式 1][常量表达式 2];

　　三维数组：类型标识符　数组名标识符[常量表达式 1][常量表达式 2][常量表达式 3];

　　n 维数组：类型标识符　数组名标识符[常量表达式 1]...[常量表达式 n];

实际问题中存在大量多维数组的实例，例如，10 行 6 列的教室就座情况，若用 bool 型数组表示，可定义二维数组 seat：

    bool seat[10][6];

一幅大小为 128×256 的黑白照片，用无符号字符型数组表示，可定义二维数组 image：

    unsigned char image[256][128]; //256 行，128 列

一个三元一次线性方程组的系数矩阵，用 float 型数组表示，可定义二维数组 matrix：

    float matrix[3][3];

再如，学生的课表，每周有 5 天课，每天有 8 节课，可以定义二维数组 table：

    char table[5][8];

二维数组元素的下标从左至右称为行、列。

现实生活中的三维数组也不乏其例，一本 200 页、每页 32 行、每行 40 字的书，可定义字符型三维数组 book 来表示：

    char book[200][32][40];

三维数组元素的下标由左至右可称为页、行、列或层、行、列。一个长方体可以用三维数组表示，如图 4-3 所示，可定义数组 cuboid：

    char cuboid[6][4][3];

其中的小长方体可视为数组的元素。更高维的数组本书不作介绍。

在定义多维数组时，首先要根据所要表示的对象内容，选择合适的数据类型(数组的类型，也就是数组元素的类型)；其次确定数组的维数，即几维数组(有几维就有几对中括号)；最后确定每一维的大小(中括号内)。要特别注意：数组每一维的大小必须用常量表达式声明，否则，编译会出错。这也是 C 和 C++数组的一大缺陷：数组的使用不够灵活。

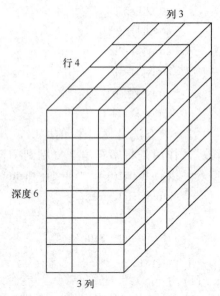

图 4-3　三维数组图示

2．初始化多维数组

如同一维数组，可以在定义多维数组时提供用于初始化数组元素的初始值，对多维数组进行初始化，可以提供数组元素的全部初始值，也可以只提供部分元素的初始值，这些初始值位于大括号内，构成初始值列表。多维数组初始化时需要使用嵌套的括号，下面是多维数组初始化语句示例：

    int a[2][4]={{4, 3, 2, 1}, {1,2,3,4}};   //①

    double d[3][4]={{1.0, 2.0, 3.0, 4.0}, {5.0, 6.0, 7.0, 8.0}, {9.0, 10.0, 11.0, 12.0}}; //②

其中，语句①将第一个内嵌大括号中的数据分别赋给数组 a 的第 1 行(行下标为 0)各元素，即 a[0][0]、a[0][1]、a[0][2]、a[0][3]，将第二个内嵌大括号中的数据依次赋给数组

a 的第 2 行(行下标为 1)各元素；语句②初始化元素的次序依次是第 1 行各元素、第 2 行各元素、第 3 行各元素，二维数组元素的行下标为左下标，列下标为右下标，每行按列下标从小到大的次序进行初始化。上面两条语句使用括号嵌套，以区分不同行的初始值。可以省略内层的括号，只要程序好读即可，例如用换行的方式：

```
int a[2][4]={ 4, 3, 2, 1, 1, 2, 3, 4 };                    //③
double d[3][4]={1.0, 2.0, 3.0, 4.0,
                5.0, 6.0, 7.0, 8.0,
                9.0, 10.0, 11.0, 12.0};                    //④
```

语句③将初始化数据写在同一行内，由于数据较少，不影响可读性；语句④将 3 行数据分成 3 行写，一目了然，既好读，又不会影响内存空间的占用，更便于检查数据是否写错。

　　与一维数组相同，对于多维数组的初始化，也可以只给出部分值，如上述语句③，如果改为

```
int a[2][4]={ 4, 3}; //⑤
```

则只有 a[0][0]、a[0][1]分别得到初始值 4 和 3，其余各元素的值为 0。可利用此特性将一些用作计数器的多维数组初始化为 0。例如，定义并初始化二维整型计数器 counts：

```
int counts[512][256] = {0};
```

这是将多维数组元素置 0 的最简便方法之一。

　　例 4-2　如图 4-4 所示，编程实现用字符构成一棵树的图形。

　　解　图 4-4 中的树可以用一个二维字符型数组表示，并可按照图中的形式初始化二维数组。

```
//例 4-2　用二维数组画图形
#include "iostream"
using namespace std;
void main()
{      char tree[][7]={
               {' ',' ',' ','*',' ',' ',' '},
               {' ',' ','*','*','*',' ',' '},
               {' ','*','*','*','*','*',' '},
               {' ','*','*','*','*','*',' '},
               {' ',' ',' ','^',' ',' ',' '},
               {' ',' ',' ','^',' ',' ',' '},
               {' ',' ',' ','^',' ',' ',' '}
        };
        for(int i=0;i<7;i++)
        {       for(int j=0;j<7;j++)
                    cout<<tree[i][j];
                cout<<endl;
        }
```

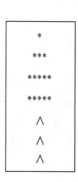

图 4-4　例 4-2 字符树示意图

多维数组初始化

```
        }
```

说明：为方便检查，本例中将二维数组的初始化数据按行列出。

3．访问多维数组的元素

如同访问一维数组的元素，访问多维数组的元素时，只要指定要访问的数组元素的具体下标值即可，语法形式为

数组名[下标表达式 1]…[下标表达式 n]

其中，下标表达式的个数同数组维数，"下标表达式 i"(1≤i≤n)可以用常量、变量或表达式，其值大于或等于 0，小于数组对应维的大小，即

0≤下标表达式 i 的值<第 i 维的大小

下面的代码定义并访问数组的元素。

```
        const int    M = 8, N = 4;
        char    matrix[M][N];
        for (int i=0; i<M; i++)
        {
                for (int j=0; j<N; j++)
                {
                        cin>>matrix[i][j];                      //给元素赋值，写操作
                }
        }
```

上述代码通过键盘输入二维数组 matrix 的所有元素值，需要遍历数组(对数组的每个元素只访问一遍，不漏访问，也不重复访问)，一般遍历二维数组使用两层 for 循环比较合适，外层循环控制变量为数组元素的行下标，内层循环控制变量为数组元素的列下标。三维数组的遍历问题，依据三维数组在内存中的映像，读者可类推。

4.2　枚举类型

在现实生活中常遇到这样的情况，三原色为红、绿、蓝，或称为 Red、Green、Blue，一个星期有七天，称为星期一、星期二……、星期日，或称为 Sunday，Monday，Tuesday，…，Saturday，它们的特点是只取有限种可能值。

在计算机中编程时，例如一个星期的 7 天，可以用整型数来代表，那么变量值为 8 就应该是不合法的，这样的情况在编程时不方便，容易出错，程序的可读性也差。C++中的枚举类型就是专门用来解决这类问题的。

4.2.1　枚举类型定义

用户可以自己定义一种数据类型，把这种数据类型变量的可能值一一列举出来，就可以使用这种数据类型来定义变量了。这种新的数据类型属于枚举类型(Enumerated Type)，声明形式为

enum 新的数据类型名称 {变量值列表};

例如：

enum weekday {sun, mon, tue, wed, thu, fri, sat};

这里定义了一种新的数据类型 weekday，类型可以取的值为所指定的 7 种，其中，sun, mon,…, sat 等称为枚举元素或枚举常量。

枚举常量在机器内部仍然用整型数 0～6 来代表，但程序处理起来会比较明确。

4.2.2 枚举变量定义及使用

下面定义一个 weekday 类型的变量：

weekday day;   //也可以在 weekday 前写 enum

那么，变量 day 的取值范围是什么？它的取值范围为类型定义时，变量值列表中列举出来的 7 种标识符，把这些标识符看做符号常量。例如：

day = sat;

枚举类型应用说明如下：

(1) 在类型定义之后，枚举元素按常量处理，不能对它们赋值。例如，下面的语句是非法的：

sun=0;   //sun 是枚举元素，此语句非法

(2) 枚举元素具有默认值，它们依次为：0，1，2，…。例如，上例中 sun 的值为 0，mon 的值为 1，tue 的值为 2，…，sat 的值为 6。

(3) 也可以在类型声明时另行指定枚举元素的值，例如：

enum weekday {sun=7, mon=1, tue, wed, thu, fri, sat};

声明的结果是 sun 的值为 7，mon 的值为 1，以后顺序加 1，sat 的值为 6。

(4) 枚举值可以进行关系运算，但不能进行其他运算。

(5) 枚举值可以直接赋给整型变量，但整数值不能直接赋给枚举变量；若需要将整数值赋给枚举变量，应进行强制类型转换。例如：

day=(weekday)3;

这时，把取值为 3 的枚举元素(wed)赋给 day。

例 4-3 读入 0～6 之间的一个数代表今天，输出十天后是星期几。

解 用枚举类型表示一星期的 7 天，today 和 thatday 都是新定义的枚举类型的变量。

```
//例 4-3  枚举类型表示一星期的 7 天
#include <iostream>
using namespace std;
enum weekday {sun,mon,tue,wed,thu,fri,sat};
void main()
{    cout<<"今天是星期(请输入一个数 0-6): ";
    int n;
    cin>>n;
    if (n<0 || n>6)
    {
```

```
            cout<<"input error"<<endl;
            return;
    }

    weekday today = (weekday)n;
    weekday thatday = weekday((today+10)%7);
    switch (thatday)
    {   case sun:
                cout<<"十天后是星期日."<<endl;
                break;
        case mon:
                cout<<"十天后是星期一."<<endl;
                break;
        case tue:
                cout<<"十天后是星期二."<<endl;
                break;
        case wed:
                cout<<"十天后是星期三."<<endl;
                break;
        case thu:
                cout<<"十天后是星期四."<<endl;
                break;
        case fri:
                cout<<"十天后是星期五."<<endl;
                break;
        case sat:
                cout<<"十天后是星期六."<<endl;
                break;
        default:
                cout<<"error!"<<endl;
    }
}
```

4.3　结构类型

　　在很多情况下，需要将一些不同类型的数据组合成一个整体，例如，一个学生的学号、姓名、年龄、成绩等，虽然它们分别属于不同的数据类型，但它们之间是密切相关的，因为每一组信息属于一个人。这时就需要声明一个结构型数据类型，由各种数据类型(可以是基本数据类型或已声明的自定义数据类型)的数据组成一个集合。

4.3.1　结构类型的定义和初始化

结构(struct)和数组有些类似，它们都是一些值的集合，不同的是，数组是具有同样类型的值的集合，而组成结构的各个值可以具有不同的数据类型，而且每个值都有独立的名字。

结构的声明形式如下：

```
struct 结构类型名
{ 数据类型说明符 1 成员名 1;
    数据类型说明符 2 成员名 2;
    ⋮
    数据类型说明符 n 成员名 n;
};
```

例如：

```
struct student
{   long num;                       //学号
     char name[20];                 //姓名
     char sex;                      //性别
     int age;                       //年龄
     float score;                   //成绩
     char addr[30];                 //住址
};        //注意，必须以分号结束结构的定义
```

结构和数组的区别

其中，struct 是 C++的关键字，表示一个结构类型定义的开始，student 是结构类型的名字，是由程序员自己确定的，接下来由一对大括号括起来的内容是组成结构的各个组成成分，称为结构的成员。这里定义了一种新的数据类型 student，它的地位等价于 int、float。

4.3.2　结构变量的定义和使用

1．结构成员的访问

在定义结构类型之后，就可以将它当成一般的数据类型来使用了，下面定义一个 student 类型的变量：

```
student s1;
```

其中，s1 代表一个学生，"name"是该结构的一个成员，要访问结构的成员，需要使用**圆点操作符"．"**。它是双目操作符，它左边的操作数是结构变量名，右边是结构的成员名。引用形式为

```
结构变量名.成员名
```

例如要输出 s1 的姓名，可以使用以下语句：

```
cout<<s1.name;
```

在使用结构变量的成员时，视每个成员为对应类型的变量，即按对应变量使用即可。

结构变量除了赋值运算外，不能整体进行操作，只能通过每个结构变量的成员的操作，完成对结构变量的操作。

2．结构变量的初始化

结构变量的初始化有如下两种方法。

(1) 在结构变量定义的同时设置初始值。例如：

```
student    s2={20041118, "Li Li", 'F',18,90, "Xi tu cheng lu 10"};
```

(2) 在程序中，单独给结构变量的各个成员赋值。例如：

```
s1.num=20041118;

strcpy(s1.name, "Li Li");
```

例 4-4 结构类型的声明，变量的定义和初始化。

解 定义结构变量可以在结构类型声明之后，也可以同时进行，甚至可以同时设置初始值。定义新的结构数据类型 student，同时定义变量和初始化变量。

```
//例 4-4  结构类型的声明，变量的定义和初始化
#include <iostream>
#include <iomanip>
using namespace std;
struct student                          //声明新的数据类型
{      long num;                        //学号
       char name[20];                   //姓名
       char sex;                        //性别
       int age;                         //年龄
}stu={20041118,"Li Li",'F',18};
void main()
{      cout<<setw(8)<<stu.num<<setw(10)<<stu.name<<setw(3)<<stu.sex
            <<setw(3)<<stu.age<<endl;
       cout<<"size of stu:"<<sizeof(stu)<<"bytes"<<endl;
}
```

运行结果：

```
20041118        Li Li  F 18
size of stu:32bytes.
```

结构体除了可以由不同的基本数据类型的成员构成外，也可以包含已经定义过的结构体类型的变量，即形成结构体定义的嵌套。请看下面的例子。

例 4-5 访问带有结构体类型的结构体成员。

解 天气状况包括日期、温度和风力。日期用一个结构体表示，温度和风力是两个变量。定义新的结构数据类型 weather，把今天的天气状况显示到屏幕。

```
//例 4-5  结构体定义的嵌套
#include <iostream>
```

```
using namespace std;
struct date
{       int year;
        int month;
        int day;
};
struct Weather
{ date     today;
    double temp;                        //温度
    double wind;                        //风力
};
void main()
{
    Weather today_weather={2010,11,30,10.0,3.1};
    cout<<today_weather.today.year<<"年"
        <<today_weather.today.month<<"月"
        <<today_weather.today.day<<"日的天气是：";
    cout <<"温度："<<today_weather.temp;
    cout <<"度，风力："<<today_weather.wind<<"级"<<endl;
}
```

运行结果：

　　2010 年 11 月 30 日的天气是：温度：10 度，风力：3.1 级

3．结构变量的赋值运算

　　属于同一结构类型的各个变量之间可以相互赋值，这一点和数组不同，C++规定，不能直接进行数组名的赋值，因为数组名是一个常量，而结构类型的变量可以赋值。例如：

```
student   s1, s2;
s1=s2;                              //可以进行结构变量的直接赋值
```

　　不同结构的变量不允许相互赋值，即使这两个变量可能具有同样的成员。例如，又定义了一个结构 graduatestudent：

```
struct graduatestudent            //声明新的数据类型
{       long num;                 //学号
        char name[20];            //姓名
        char sex;                 //性别
        int age;                  //年龄
};
```

　　它和前面定义的结构 student 具有一样的成员数和成员类型，但是属于这两个结构的变量是不能相互赋值的。例如：

```
student    stu={20041118,"Li Li",'F',18};
graduatestudent    gstu;
gstu=stu;                        //不允许！类型不匹配！
```

4.4 联合类型

有时需要使几个不同类型的变量共用同一组内存单元，这时可以声明一个联合型(Union)数据类型，语法形式为

```
union 联合类型名
{       数据类型说明符 1 成员名 1;
        数据类型说明符 2 成员名 2;
        ⋮
        数据类型说明符 n 成员名 n;
};
```

联合类型变量定义的语法形式为

联合类型名 联合变量名;

在某时刻，只能使用多个成员的其中之一，联合成员的引用形式为

联合变量名.成员名

例如：

```
union uarea
{ char c_data;
   short s_data;
   long l_data;
}ux;
```

新的数据类型 uarea 属于联合类型，它有 3 个成员，这 3 个成员共用内存空间。分配给 uarea 类型的变量 ux 的内存空间如图 4-5 所示。

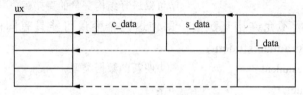

图 4-5 联合型变量的内存示意图

如果在主程序中这样写：

```
ux.s_data=10;                //在该内存空间存放 10
ux.l_data=20;                //在该内存空间存放 20
```

最终结果将是：20 覆盖了先存入的 10。

联合类型可以不声明名称，称为无名联合，常用作结构类型

结构和联合的区别

的内嵌成员。

例 4-6 设有若干个人员的信息，其中有学生和教师。从键盘输入相关人员的信息。

解 学生的信息包括编号、姓名、性别、职业、班级，教师的信息包括编号、姓名、性别、职业、职务。学生和教师所要保存的信息有一项不同，用内嵌无名联合，分别表示学生的班级和教师的职务。

```cpp
//例 4-6   联合体的简单应用
#include <iostream>
using namespace std;
struct person
{       int num;
        char name[10];
        char sex;
        char job;                               //人员的类别
        union                                   //无名联合作为结构体的内嵌成员
        {       int classes;                    //为学生存放班级
                char position[10];              //为教师存放职称
        };
} p[2];
void main()
{       int i;
        for (i=0;i<2;i++)
        {       cin>>p[i].num>>p[i].name>>p[i].sex>>p[i].job;
                if (p[i].job == 's')
                        cin>>p[i].classes;
                else if (p[i].job == 't')
                        cin>>p[i].position;
                else
                        cout<<"input error!"<<endl;
        }
        for (i=0;i<2;i++)                        //按学生或教师显示信息
        {       if (p[i].job == 's')
                        cout<<p[i].name<<" is a student of class "<<p[i].classes<<"."<<endl;
                else if (p[i].job == 't')
                        cout<<p[i].name<<" is a teacher, he is a "<<p[i].position <<".\n";
        }
}
```

运行结果：

9910401　zhang　m　s　104✓   //输入信息

2355　wang　f　t　prof✓

zhang is a student of class 104.　　　　　　　　//输出信息

wang is a teacher, he is a prof.

联合型变量的特点如下：

(1) 同一段内存用来存放几种不同类型的成员，但在某一时刻只能存放其中一种，而不能同时存放几种。

(2) 联合变量中起作用的成员是最后一次存放的成员，在存入一个新的成员后，原有的成员就会失去作用。

(3) 联合变量的地址和它的各个成员的地址是同一地址。

(4) 不能对联合变量名赋值，也不能在定义时初始化。

(5) 不能用联合变量作为函数参数或返回值。

下面是联合类型的一个巧用例。

在实际基于 TCP/IP 的 socket 编程过程中，经常用 sockaddr_in 结构以方便填写地址信息。sockaddr_in 结构中的 sin_addr 成员的类型是 in_addr，该结构定义如下：

```
typedef struct in_addr {
    union {
    struct { u_char s_b1, s_b2, s_b3, s_b4; } S_un_b;
    struct { u_short s_w1, s_w2; } S_un_w;
    u_long S_addr;
    } S_un;
} IN_ADDR;
```

可以看到，in_addr 结构实际上是一个联合，通常利用这个结构将一个点分十进制格式的 IP 地址转换为 u_long 类型，并将结果赋给成员 S_addr。例如，读入 IP 地址 120.0.0.0(相应变量的成员 $s_b1=0$，$s_b2 = 0$，$s_b3 = 0$，$s_b4 = 120$)得到相应的 S_addr 值是 2013265920。

编 程 技 能

字符数组与字符串

下面的例子展示字符数组的使用。

例 4-7　从键盘输入一行或多行字符串，用字符数组存储，并统计所输入的字符串中 26 个字母出现的次数。

解

(1) 定义符号常量 N 表示数组的大小。

(2) 定义字符数组 buffer[N]，存储输入的一行字母。

(3) 定义 int 型数组 counts[26]，统计字母出现的次数。

(4) 允许输入多行，而每行输入，都要统计字母出现的次数，使用两层循环完成。

(5) 最后要结束输入，可使新的一行输入的第一个字符为回车。

```cpp
//例 4-7　输入 26 个英文字符的分布统计
#include <iostream>
using namespace std;
void main()
{    //数组及变量定义；
    const int N = 80;
    char buffer[N];
    int k =0;
    const int NUM = 26;
    int counts[NUM] = {0};
    char letters[NUM];
    int i = 0;
    do //循环输入每一行字符
    {
        cout<<"enter a string:\n";
        cin.getline(buffer, N,'\n');    //获得一行输入字符串
        k = 0;
        while (buffer[k] != '\0')       //对于输入的每一行字符，统计字符出现的次数
        {
            if(tolower(buffer[k])>='a'&& tolower(buffer[k])<='z')
            {
                i =tolower( buffer[k]) - 'a';
                counts[i]++;    //counts[tolower( buffer[k]) - 'a']++;   //用此行可代替前两句
            }
            k++;

        }
    } while (buffer[0]!='\0');
    cout<<"the statistics result:"<<endl;
    for (i=0; i<NUM; i++)        //输出统计结果
    {
        letters[i] = (char)('a'+i);
        if (counts[i]>0)
        {
            cout<<letters[i]<<":     "<<counts[i]<<endl;
        }
    }
}
```

说明：

(1) 这段代码可划分成 3 段：数组及变量定义、循环结构接收字符串、结果输出。编程时，要在函数体不同段的开始加以注释，以增强程序的可读性；实际编程环境下，不同段落之间应该有空行。

(2) 使用嵌套的循环结构，外层循环负责控制字符串输入；内层循环负责统计每行字符串中各字母出现的次数。

(3) 库函数 tolower() 将大写字母转换为小写字母，函数原型为

    int tolower(int c);

(4) I/O 流类成员函数 getline()，从输入流中提取字符串，直到遇到约定的结束符或达到约定的最大字符数目。这个函数必须由输入流对象来调用，如 cin.getline(参数)，函数原型为

    istream& getline(char* pch, int nCount, char delim = '\n');

函数的第一个形式参数用于存储输入字符串的起始地址，第二个形式参数表示一行中最多输入字符的个数，第三个形式参数是约定行输入结束字符。本例中用字符数组名 buffer 作为实际参数调用此函数，buffer 代表输入字符串存放空间的起始地址。

思考题：如何统计一个 txt 文件中各种字符出现的次数？

 多维数组

例 4-8 编程实现矩阵转置功能，矩阵行数为 M，列数为 N，用二维数组表示矩阵。

解

(1) 设置两个二维数组 matrix、tMatrix 分别表示原始矩阵和其转置矩阵。

(2) 访问二维数组，两层 for 循环嵌套是最合适的选择。

```
//例 4-8  矩阵转置
#include <iostream>
#include <ctime>
#include <iomanip>
using namespace std;
void    main()
{       const int M = 5;
        const int N = 6;
        int matrix[M][N];                       //矩阵
        int tMatrix[N][M];                      //转置矩阵
        srand((unsigned int) time(NULL));
        int i, j;
        cout<<"matrix:"<<endl;
        for (i=0; i<M; i++)                     //生成矩阵
        {
                for (j=0; j<N; j++)
```

```
            {
                    matrix[i][j] = rand()%100;          //给数组元素赋值
                    cout<<setw(4)<<matrix[i][j]<<"        ";
            }
            cout<<endl;
    }
    cout<<"transpose of matrix:"<<endl;
    for (i=0; i<N; i++)                              //得到转置矩阵
    {
        for (j=0; j<M; j++)
        {
                tMatrix[i][j] = matrix[j][i];        //给数组元素赋值
                cout<<setw(4)<<tMatrix[i][j]<<"        ";
        }
        cout<<endl;
    }
}
```

说明：

(1) srand()和 rand()函数是随机数产生函数(系统的库函数)，time()函数取机器当前时间，具体使用参见系统的帮助。

(2) 程序中使用 time()函数取机器时间是为了每次执行时得到不同的元素矩阵。

(3) 转置矩阵与原始矩阵的行列正好相反，所以在循环中使用时要注意各自的下标，转置矩阵的行下标是原始矩阵的列下标，转置矩阵的列下标是原始矩阵的行下标。

(4) 第二个嵌套 for 循环的循环次数是根据转置矩阵的行列数设置的。

注意：访问多维数组的元素时，切忌造成越界访问，即下标不能小于 0 或大于或等于对应维的大小，由于编译器不检查此类错误，编程者自己要格外小心。

例 4-9　编程实现计算两个 N 阶方阵乘积矩阵的功能，矩阵元素为整形，N = 5。

解　最适合表示矩阵的数据形式是二维数组，定义 a 和 b 两个二维数组表示两个方阵，定义二维数组 c 表示乘积矩阵，N 为符号常量。

```
//例 4-9   求两个 N 阶方阵乘积矩阵
#include <iostream>
#include <iomanip>
#include <ctime>
using namespace std;
void main()
{       const int N = 5;
        int a[N][N], b[N][N];                           //两个相乘的矩阵
        int c[N][N]={0};                                //乘积矩阵
        int i, j, k;
        srand((unsigned int)time(NULL));
```

```
//生成矩阵 a 和 b
for(i=0; i<N; i++)                                    //行循环
{
        for(j=0; j<N; j++)                           //列循环
        {
                a[i][j] = rand() % 100;
                b[i][j] = rand() % 100;
        }
}
//显示矩阵 a，再显示矩阵 b
cout<<"matrix a:"<<endl;
for(i=0; i<N; i++)
{
        for(j=0; j<N; j++)
        {
                cout<<setw(5)<<a[i][j];
        }
        cout<<endl;
}
cout<<"matrix b:"<<endl;
for(i=0; i<N; i++)
{
        for(j=0; j<N; j++)
        {
                cout<<setw(5)<<b[i][j];
        }
        cout<<endl;
}
//计算乘积矩阵 c，并显示
for(i=0; i<N; i++)
{
        for(j=0; j<N; j++)
        {
                for( k=0; k<N; k++)                  //求 c 的一个元素
                c[i][j] += a[i][k] * b[k][j];
        }
}
cout<<"matrix c:"<<endl;
for(i=0; i<N; i++)
{
```

```
for(j=0; j<N; j++)
{
        cout<<setw(10)<<c[i][j];
}
cout<<endl;
}
}
```

说明：

(1) 访问二维数组的元素时，使用 for 循环的嵌套是最简单的；整个代码由 5 个 for 循环嵌套完成，第一个嵌套 for 循环是准备 a 和 b 的数据，第二、三个输出 a 和 b 的元素，第四个实现矩阵相乘的功能，第五个输出乘积矩阵 c。

(2) 由于矩阵 c 的元素 $c[i][j]=\sum\limits_{k=0}^{N-1}a[i][k]\times b[k][j]$，用循环实现求和，需要将 c 的每个元素都初始化为 0。

 ## 冒泡排序

排序问题是日常生活中的一类常见问题，排序算法是计算机程序设计要面对的一大类算法。如果一维整型数组 iArray 中存放的数据"杂乱无章"，需要把它们变得有序(从小到大或从大到小)，最直接的想法是：从数组中找出最大的数，把它与 iArray[0] 交换，再从数组中找出次大的数，把它与 iArray[1]交换，以此类推。有没有更好的方法呢？能否加快排序速度，减少操作次数呢？各种排序算法就是要研究解决这个问题的，冒泡排序是其中一种算法。

例 4-10　用冒泡排序法对整型数组中的元素按照从小到大进行排序。

解　(1) 排序算法是算法研究中的经典问题，其空间和时间复杂度不尽相同，冒泡排序即是其中较经典的算法。其思路是：将相邻两个数比较，通过交换把小的调到前头，如图 4-6 所示。

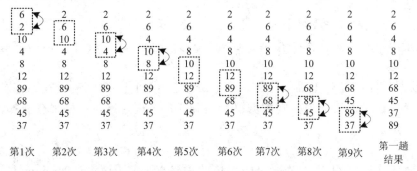

图 4-6　冒泡排序

(2) 经过一趟的比较与交换之后，最大的数已"沉底"，小的数会向上"浮起"。如此进行几趟，数组会变得有序。

冒泡排序

```
//例 4-10 冒泡排序
#include <iostream>
#include <iomanip>
using namespace std;
int main()
{
        const int arraySize = 10;
        int a[arraySize] = { 6, 2, 10, 4, 8, 12, 89, 68, 45, 37 };
        int i, hold;
        cout<<"Data items in original order\n";
        for (i = 0; i <arraySize; i++)
                cout<<setw(4)<<a[i];
        for (int pass = 1; pass < arraySize; pass++) // passes
                for (i = 0; i <= arraySize – 1 - pass; i++)
                        if (a[i] > a[i + 1])
                        {
                                hold = a[i];
                                a[i] = a[i + 1];
                                a[i + 1] = hold;
                        }
        cout<<"\nData items in ascending order\n";
        for (i = 0; i < arraySize; i++)
                cout<<setw(4)<<a[i];
        cout<<endl;
        return 0;
}
```

通过下列简单修改可以提高冒泡排序方法的性能。

① 第一遍之后,最大数总是数组中编号最大的元素;第二遍之后,次大数总是数组中编号次大的元素等。不用每次都进行 9 次比较,而只要第二遍比较 8 次,第三遍比较 7 次等。

② 数组中的数据可能已经有正确的排序,为什么一定要进行 9 遍比较呢?每遍之后检查是否有所交换。如果没有交换,则数据已经正确排序,程序终止;如果有交换,则至少还要再进行一遍。

所以:

(1) 减少内层循环次数,可以考虑将内层循环的循环变量范围变成 0～bound,bound 为上轮发生交换的位置。

(2) 减少外层循环次数,如果上一轮未发生交换,说明数组已经有序,结束外层循环即可。

```
//例 4-10   冒泡排序的改进
#include <iostream>
#include <iomanip>
using namespace std;
int main()
{
    const int arraySize = 10;
    int a[arraySize] = { 2, 6, 4, 8, 10, 12, 89, 68, 45, 37 };
    int i, hold;
    int   pos, bound;
    cout<<"Data items in original order\n";
    for (i = 0; i <arraySize; i++)
            cout<<setw(4)<<a[i];
    pos = arraySize-1;
    while(pos) // passes
    {
            bound = pos;
            pos = 0;
            for (i = 0; i <bound; i++)
            {
                    if (a[i] > a[i + 1])
                    {
                            hold = a[i];
                            a[i] = a[i + 1];
                            a[i + 1] = hold;
                            pos = i;
                    }
            }
    }
    cout<<"\nData items in ascending order\n";
    for (i = 0; i < arraySize; i++)
            cout<<setw(4)<<a[i];
    cout<<endl;
    return 0;
}
```

运行结果：

Data items in original order

   6   2   10   4   8   12   89   68   45   37

Data items in ascending order

    2   4   6   8   10   12   37   45   68   89

此时冒泡趟数 pass = 4。

 # 结构数组

定义结构数组，必须先声明一个结构类型，然后就可以像定义基本数据类型的数组一样定义结构类型的数组。例如，先定义了结构类型 student，要定义 30 个学生的数组，写法如下：

```
struct student                 //声明新的数据类型
{      long num;               //学号
       char name[20];          //姓名
       float score;            //成绩
};
student    classA[30];
```

数组的每个元素都是 student 结构类型的变量，用 classA[i]来表示。要访问第 1 个学生的成绩，可以用 classA[0].score，要访问第 10 个学生的学号，可以用 classA[9].num。

在定义时就给结构数组初始化，需要用大括号将数组的各个元素分开，例如：

```
student    classA[5]={{20041118,"Li Li",89.5}，{20041119,"zhang san",68}};
```

注意，classA[2]～classA[4]的成员的初值都是 0。

例 4-11　公司有 6 个员工，把他们按工资由低到高排序。

解　每个员工都有一些基本信息，如姓名、工作证号、工资等，可以声明一个 Employee 结构类型。公司肯定有多个员工，应该作为数组处理，也就是结构数组，按工资排序可以采用"冒泡排序法"。

```
//例 4-11 员工信息按工资排序
#include <iostream>
using namespace std;
struct Employee
{      char name[20];
       unsigned long id;
       float salary;
};
Employee allone[6]={{"zhang",   12345, 3390.0},
                    {"wang", 13916, 4490.0},
                    {"zhou", 27519, 3110.0},
                    {"meng", 42876, 6230.0},
                    {"yang", 23987, 4000.0},
                    {"chen",   12335, 5110.0}};
```

```
        void main()
        {   Employee temp;
            for(int pass=1; pass<6; pass++)                         //排序
                {
                    for(int j=0; j<=5-pass; j++)                    //一轮比较
                        {
                            if(allone[j].salary > allone[j+1].salary)   //比较工资成员
                            {
                                temp = allone[j];                   //结构变量的交换
                                allone[j] = allone[j+1];
                                allone[j+1] = temp;
                            }
                        }
                }
            for(int k=0; k<6; k++)                                  //输出
                {
                cout<<allone[k].name<<"    "<<allone[k].id<<"    "<<allone[k].salary<<endl;
                }
        }
```

运行结果：

zhou	27519	3110
zhang	12345	3390
yang	23987	4000
wang	13916	4490
chen	12335	5110
meng	42876	6230

刨 根 问 底

字符数组的输入和输出

　　字符数组的输入是给数组各元素赋值的过程，既可以在循环中通过 cin 一个一个地输入，也可以通过 cin 整串输入，或者调用 I/O 流类的成员函数输入，例如使用 getline() 函数输入一行字符。下面是几条语句示例。

```
        char buffer[80];
        for(int k=0; k<10; k++)
```

```
    {
        cin>>buffer[k];                          //①
    }
    buffer[10]='\0';
    cin>>buffer;                                 //②
    cin.getline(buffer, 80, '\n');               //③
```

语句①接收逐个输入的字符，赋给元素 buffer[k]；语句②接收键盘输入的整个字符串，遇到空格或回车结束；语句③接收从键盘输入的一行字符，遇到回车或达到 80 个字符结束，并且能够接收空格——视空格为字符。

字符数组的输出，既可以像其他类型数组元素那样逐元素输出，也可以通过数组名输出。例如，下面的语句输出字符数组 buffer 中的字符串：

```
    cout<<buffer;
```

但若 buffer 不是 char 型的，就不能这样输出数组中各元素的值。

例 4-12　只有字符数组名能用 cout 输出数组里的数据。

解　定义整型数组、浮点数组、字符数组，用 cout 输出数组。

```
//例 4-12.cpp
#include <iostream>
using namespace std;
void main()
{
    int a[5]={11,12,13,14,15};
    float b[5]={0.1,0.2,0.3,0.4,0.5};
    char c[5]={"Hi"};
    cout<<a<<endl;
    cout<<b<<endl;
    cout<<c<<endl;
}
```

程序运行结果：

```
0048F864
0048F848
Hi
```

除了字符数组，其他类型的数组要输出数组元素的值，必须用循环语句一个元素一个元素地输出；而数组名只能代表数组的存储地址。

C 语言的字符数组输入输出程序

多维数组在内存中的存放

只需指定下标,即可访问任何数组的元素,但必须深入理解数组在内存中的形式,这对编写高级应用程序很有用处。

一维数组在内存中从数组名所代表的起始地址开始,按下标次序存储,如果定义:

    int d1[5];

则该数组在内存中的存储映像如图 4-7(a)所示,数组的第 i 个元素在内存中的起始位置相对于数组名所代表的地址偏移了 i 个 int 型变量空间大小。

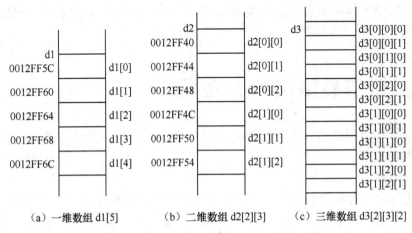

(a)一维数组 d1[5]　　　　(b)二维数组 d2[2][3]　　　(c)三维数组 d3[2][3][2]

图 4-7 数组在内存存储映像示意图

二维数组在内存中从数组名所代表的起始地址开始,按行优先依次存储,如果定义:

    int d2[2][3];

则该数组在内存中的存储映像如图 4-7(b)所示,数组的第 i 行第 j 列元素在内存中的起始位置相对于数组起始地址偏移了"行号 × 列数 + 列号"个 int 型变量空间大小,例如,元素 d2[i][j] 的起始地址可以表示为:&d2[0][0] + (i × 3 + j),其中 &d2[0][0] 表示数组的起始地址,(i × 3 + j) 是该数组元素相对于起始地址偏移的单元数,具体的地址值计算要考虑每个单元的字节数。

三维数组在内存中从数组名所代表的起始地址开始,按页、行、列依次存储,即按使数组元素最右边的下标值最快地变化来存储。如果定义:

    int d3[2][3][2];

则该数组在内存中的存储映像如图 4-7(c)所示,数组的第 k 页第 i 行第 j 列元素在内存中的起始位置相对于数组起始地址偏移了"页号 ×(行数 × 列数)+ 行号 × 列数 + 列号"个 int 型变量空间大小,例如元素 d3[k][i][j] 的起始地址为:&d3[0][0][0] + (k × 3 × 2 + i × 2 + j)。

注意,二维数组实际上是一维数组的一维数组。如图 4-7 所示,二维数组 d2 可视为有 2 个元素 d2[0] 和 d2[1] 的一维数组,而 d2[0] 和 d2[1] 都是一维数组,各有 3 个元素。

对于多维数组，编程时指定数组元素的下标，即可访问到相应的元素，而不必关心它的元素是几维数组。

 枚举类型的内存空间

在定义变量时要给变量分配存储空间，那么定义某个枚举类型的变量，例如：

weekday day;

这时给 day 分配几个字节的内存空间呢？从前面可以看到，枚举元素的默认值都是整数，可以给枚举元素指定值，也用整数，所以，在计算机内部处理时，把枚举类型按整型(int)对待。

 结构类型的内存空间

在定义结构类型之后，就可以将它当成一般的数据类型来使用了，下面定义一个 student 类型的变量：

student s1;

变量定义时要分配存储空间，给 s1 分配几个字节的内存空间呢？s1 代表一个学生，应该把他的学号、姓名等所有信息都保存下来，学号按 long 型分配存储空间，姓名应该分配给 20 个 char，所以，某个结构类型的变量所占的存储空间是结构中所有成员所占空间的总和(按字节计)。例如，s1 的内存分配示意图如图 4-8 所示。实际系统中存在结构变量空间对齐问题，对于 32 位机，如果某个成员所占的空间不是 4 的倍数，系统会将它调整为 4 的倍数，使得结构变量所占空间一定是 4 的倍数，所以结构变量占用空间经常会超过数据成员应该占用空间的总和。

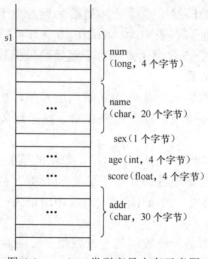

图 4-8　student 类型变量内存示意图

考虑到对齐的要求，系统会将所占空间不是 4 的倍数的成员空间调整为 4 的倍数：将成员 sex 调整为 4 字节，将成员 addr 调整为 32 字节，总共占用 68 字节。调整后的变量内存和图 4-8 所示有所不同。

本章小结

本章先介绍数组的使用，然后介绍其他几种用户自定义的数据类型。自定义类型，无论是 enum、struct，还是 union，以及后面要讲的 class，它们声明一个新的数据类型时并不分配内存，只有在定义新数据类型的变量时才进行内存分配。

用户自定义的数据类型和系统预定义的数据类型，其地位是等价的。

在数组中，称数组的分量为元素，在结构中，称结构的分量为成员；数组存储类型和意义相同的集合元素，结构类型的成员用不同的数据类型描述了一种实体的不同属性。数组名代表一个地址常量，不能对数组名直接赋值；如果要复制两个数组，必须一个元素一个元素地赋值或调用内存复制库函数 memcpy。结构名代表一个数据类型，相同类型的结构变量之间可以直接相互赋值，即使结构具有数组类型的数据成员也可以。结构变量代表一个完整的内存空间，复制结构变量就是将这块内存空间整体复制到另一个位置。

访问结构的各个成员用圆点操作符。结构的成员可以是各种数据类型，包括结构、数组、指针、引用、联合等。

结构变量所占的内存长度是各个成员所占的内存长度之和(存在 4 字节倍数对齐问题)，每个成员都有自己的内存单元；联合变量所占的内存长度等于最长的成员的长度。无论联合类型有多少成员，它们共用内存单元。

枚举类型实际上是有限个整数的集合。

可以使用 sizeof(变量名)求出各种数据类型的变量所占内存的字节数，但是对于结构和联合的成员，要将成员所占空间调整为 4 的倍数。

习题和思考题

4.1　一个数组是否可存放几个不同类型的数据？

4.2　C++如何区分一个数组中的不同元素？

4.3　何种情况下使用一个数组前，需要先初始化？为什么？

4.4　下面的定义语句，weights[5]的值为多少？

　　int weights[10]＝{5，2，4}；

4.5　下列数组初始化正确的是(　　　)。

A．char str[]={'a', 'b', 'c', '\0'}

B．char str[2]={'a', 'b', 'c'}

C．char str[2][3]={{'a' , 'b'}, {'e', 'd'}, {'e', 'f'}}

D. char str[3]={"abc"}。

4.6　如何定义一个名为 table 的 5 行 6 列整型二维表格？

4.7　数组 unsigned short int a[3][6]一共有几个元素？在 32 位处理器环境下，该数组共占用多少字节内存？

4.8　如何定义一个名为 cube 的有 4 个 10 行 20 列的字符数据的三维数组？

4.9　考虑如下语句：

    int weights[5][10];

哪个下标代表行数，哪个下标代表列数？

4.10　考虑下面这个称为 table 的整型表格：

4	1	3	5	9
10	2	12	1	6
25	42	2	91	8

下列元素所包含的数值是什么？

(1) table [2][2]；(2) table [0][1]；(3) table [2][3]；(4) table [2][4]。

4.11　如何将数组 a[10]的值赋值给数组 b[10]，可否直接写作 b = a? 为什么？应如何实现？

4.12　编程：将 1～100 的自然数存到一个有 100 个元素的整型数组中(数组的下标为 0～99)，并将数据按二进制流方式存到磁盘文件 test.dat。

4.13　编程：读取上题存储的文件 test.dat，读出的数据用数组 data[100]存储，并显示到屏幕上。

4.14　编程：一个小店主可用此程序记录顾客的一些信息。为每个顾客分配一个顾客号(从 0 开始)，定义一个数组用来记录每天每位顾客的购买额，数组下标正好与顾客号相对应。接待完当天最后一位顾客后，输出每位顾客的顾客号与购买额、总的购买额及每位顾客的平均购买额。

4.15　结构与数组的区别是什么？什么是结构数组？

4.16　结构与联合的区别是什么？

4.17　下面枚举类型中，BLUE 的值是多少？

    enum　color{WHITE,BLACK=100, RED, BLUE, GREEN=300};

4.18　编程：考虑以下结构声明。

    struct item{
            char　part_no[8];
            char　desc[20];
            float　price;
            int　stockID;
    }inventory[100];

编写语句实现下述操作。

(1) 将数组的第 33 个元素的成员 price 赋值为 12.33。

(2) 将数组的第 12 个元素的第一成员赋值为"X"。

(3) 将第 63 个元素赋值给第 97 个元素。

4.19　编程：编写一个记录 30 个学生的姓名、性别、年龄和学号的程序，要求使用结构数组表示学生信息，用 for 循环获得键盘输入数据，数据输入完毕后在屏幕上输出，并存成磁盘文件(TXT 类型)。

4.20　阅读下面的源程序，说明它实现什么功能。

源程序：

```cpp
#include <iostream>
#include <ctime>
using namespace std;
enum colorball{redball, yellowball, blueball, whiteball, blackball};
void main()
{
    srand( (unsigned)time( NULL ) );
    int count=0;
    for(int i=0; i<100; i++)
    {
        if (rand()*5/RAND_MAX == redball)
            count++;
    }
    cout<<count<<"%"<<endl;
}
```

4.21　编程：记录 5 个班级的学习成绩，每个班级有 10 个学生。可用随机数产生器模拟成绩，按表格的行列格式在屏幕上显示数据。

第 5 章
函 数

基 本 知 识

5.1 函数概述

实际项目的程序一般都比较复杂，要开发和维护大而复杂的程序，需要将整个程序自顶向下分为若干个程序模块，每个模块用来实现一个特定的功能，这就是结构化程序设计的基本思想。

C++中的模块以函数和类的形式实现。**函数(Function)是具有一定功能又经常使用的相对独立的代码段**。将相对独立的代码段写成函数，为在程序中多次调用此代码段提供了"物质基础"，每当需要执行这个代码段的功能时，只需按照函数的接口形式调用函数即可，避免编写重复的语句代码。无论是面向过程的程序设计还是面向对象的程序设计，函数都是一种实现算法的重要形式。在 C++的类中，算法是通过成员函数实现的。

函数由接口和函数体构成，函数的接口包括函数名、函数类型和形式参数表；函数体用于实现算法。函数的命名规则与变量相同，由编程者自定，一般的原则是见名知意，例如，某个函数实现计算数组均值的功能，函数名可以是 CalArrayMean。在编程过程中，最常用的函数是 C++的库函数和自定义的函数。

5.1.1 自定义函数概述

编程者在处理具体问题时，将程序中多处使用的、实现一定功能的特定代码段定义成函数，这样的函数称为**自定义函数**。在同一个程序中，一个函数只能定义一次。

定义函数是为了更方便地使用代码，一般通过函数调用来使用函数。函数调用需要指定函数名并且提供被调用函数所需的信息(即函数参数)。在函数调用过程中，把实现函数调用的函数称为**调用函数(或主调函数)**，被调用的函数称为**被调函数**。如果用 C++编写控制台程序，每当执行这个程序时，主函数 main()可能调用一些函数来完成其功能，这些被调用的函数还可能再调用其他函数完成一定功能，形成函数的嵌套调用。

这种层次结构是结构化程序设计的关键。例如要打印某一年某一月的月历，可以将整个任务分解为如图 5-1(a)所示的若干模块。其中每个模块都可以用一个函数实现，从而得到函数的调用关系，如图 5-1(b)所示，它显示了函数的嵌套关系：main()函数调用函数 1、函数 2 和函数 3，而函数 3 又去调用函数 4 和函数 5，函数 4 和函数 5 又调用了函数 6。

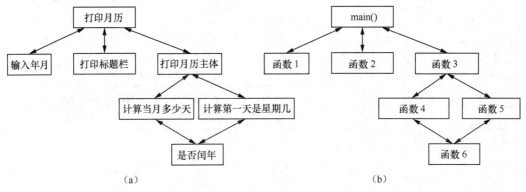

图 5-1　层次化的函数关系

5.1.2　库函数概述

C++ 标准库提供了丰富的函数集合，可以进行常用的数学计算、字符串操作、字符操作、输入/输出、错误检查和许多其他操作，这给编程者带来了很大方便，编程者应该掌握常用库函数的功能和使用，避免重复编写已经存在的库函数。最常用的库函数是数学库函数。

要熟悉 C++标准库提供的类和函数集合，不要事事从头做起，要尽可能利用 C++标准库提供的函数，以便减少程序开发的时间。这是程序设计的技巧之一。

C ++语言提供的库函数中有一些专门用于完成特定的数学运算，把它们称为**数学库函数**。这些函数能够帮助编程者实现常见的数学计算，如求绝对值、平方根等。调用函数时，需要先写库函数名，然后是一对小括号，括号中按该函数的形式参数表格式填写实际参数。例如，下列语句是计算和显示 900.0 的平方根：

    cout<<sqrt(900.0);

执行这个语句时，库函数 sqrt()计算括号中实际参数 900.0 的平方根，数值 900.0 是传给 sqrt()函数的实际参数(函数实际处理的数据)。sqrt()函数的功能是计算输入数据的平方根，只有一个 double 类型的参数，它返回 double 类型结果(即所得到的平方根)。

数学函数库中的多数函数都返回 double 类型结果。使用数学库函数，需要在程序中包含 C++标准库中的 cmath 头文件。

传给函数的实际参数可以是常量、变量或有确定值的表达式。例如，若 c = 13.0、d = 3.0 和 f = 4.0，则下列语句：

    cout<<sqrt(c+d*f);

计算并显示 13.0 + 3.0 × 4.0 = 25.0 的平方根，即 5.0。

表 5-1 所示为一些常用数学库函数，表中变量 x 和 y 为 double 类型。

表 5-1 常用数学库函数

函　　数	说　　明	举　　例
ceil(x)	将 x 取整为不小于 x 的最小整数	ceil(9.2) = 10，ceil(−9.8) = −9
cos(x)	x(弧度)的余弦	cos(0.0) = 1.0
exp(x)	指数函数 e^x	exp(1.0) = 2.71828，exp(2.0) = 7.389 06
fabs(x)	x 的绝对值	fabs(−5) = 5
floor(x)	将 x 取整为不大于 x 的最大整数	floor(9.2) = 9，floor(−9.8) = −10
fmod(x,y)	x/y 的浮点数余数	fmod(13.657, 2.333) = 1.992
log(x)	x 的自然对数(底数为 e)	log(2.718282) = 1.0，log(7.389 056) = 2.0
log10(x)	x 的对数(底数为 10)	log(10.0) = 1.0，log(100.0) = 2.0
pow(x,y)	x 的 y 次方(x^y)	pow(2,7) = 128，pow(9,0.5) = 3
sin(x)	x(弧度)的正弦	sin(0.0) = 0
sqrt(x)	x 的平方根	sqrt(900.0) = 30.0
tan(x)	x(弧度)的正切	tan(0.0) = 0

　　函数定义实现程序模块化，函数定义中声明的所有变量都是**局部变量**，只在定义它们的函数中有效。为实现函数之间的信息交换，多数函数需要有一定内容的**形式参数表**，这些形式参数也是局部变量，如表 5-1 中的 x 和 y 都是相应库函数的形式参数。

　　代码段函数化的主要目的：① 实现模块化程序设计，将项目划分成小模块分别实现，使程序开发更容易完成，更便于项目管理；② 软件复用，使用现有函数能够完成的功能不必重新定义新的代码；③ 避免程序代码的重复书写，将代码独立成函数，使得该代码可以在程序中的多个位置执行，只要调用函数即可。

5.2　函数的定义

　　一个 C++控制台程序可以由一个主函数(main()函数)和若干子函数构成。主函数main()是程序执行的开始点，由主函数调用子函数，子函数还可以再调用其他子函数。调用其他函数的函数称为**主调函数**，被其他函数调用的函数称为**被调函数**。一个函数既可以是主调函数，又可以是被调函数(main()除外)。

5.2.1　定义函数

　　每一个函数都是一个具有一定功能的语句模块，函数定义的语法形式如下：

```
返回值类型 函数名(形式参数表)
{
    函数体(变量声明和语句)
}
```

　　函数名是这个独立代码段(函数体)的外部标识符，代表这个代码段在内存中的起始地址。定义函数之后，即可通过函数名调用函数(函数体代码段)。函数名可以是任何有效标识符，一般多以反映函数功能的单词组合命名，以增强程序的可读性，但这只是一个是否具有良好编程风格的问题，不是硬性规定。

　　函数的**形式参数表**(Formal Argument Table)，简称形式参数表，具有如下形式：

　　　　(类型 1　形式参数 1，类型 2　形式参数 2，…，类型 n　形式参数 n)

其中，"类型"是各个形式参数的类型标识符，"形式参数"为各个形式参数的标识符。形式参数表示主调函数和被调函数之间需要交换的信息。**形式参数表从参数的类型、个数、排列顺序上规定了主调函数和被调函数之间信息交换的形式**。如果函数之间没有需要交换的信息，也可以没有形式参数，形式参数表内写 void 或空白。

　　函数返回值类型(Return Type)规定了函数返回给主调函数的值的类型，也称为**函数类型**。当需要函数向主调函数返回一个值时，可以使用 return 语句，将这个值返回给主调函数。需要注意的是，**由 return 语句返回的值的类型必须与函数返回值类型一致**。如果两者不一致，将进行自动类型转换(在允许转换的条件下)。如果不需要向主调函数返回值，函数可以定义成无类型的，函数类型写成 void，函数结束时也不必用 return 语句。如果函数声明时没有写返回值类型，将默认为 int 类型。

　　函数体是实现函数功能的代码部分，包括变量声明和函数功能实现两类语句。从组成结构看，函数体是由程序的 3 种基本结构(即顺序、选择、循环结构)根据函数功能组合而成的。

　　函数是由函数名、函数类型、形式参数表和函数体等 4 部分组成的，其中前 3 个部分构成函数的接口，使用时通过函数名和参数表调用函数。例 5-1 展示如何定义一个简单函数。

　　例 5-1　在 3 个浮点数中选出最大值，使用自定义函数 maximum()完成。

　　解　设计通过键盘输入 3 个浮点数，然后调用函数 maximum()得到其中的最大值，并输出到显示器。

```cpp
//例 5-1 在 3 个浮点中找出最大值
#include <iostream>
using namespace std;
float maximum(float x,  float y,  float z)        //函数定义
{   float max = x>=y?x:y;
    max = max>=z?max:z;
    return max;
}
void   main()
{   float a, b, c;
    cout << "输入三个浮点数: ";
    cin >> a >> b >> c;
    float max = maximum( a, b, c );               //调用 maximum()函数，a,b,c 为实际参数
    cout << "最大值是: " << max<< endl;
}
```

　　说明：主调函数将 3 个实际参数传递给 maximum()函数，该函数找出的最大值由 return 语句返回给 main()函数，例 5-1 中函数调用写在表达式中。

注意，C++语言不允许函数嵌套定义，所有函数的定义都是自成一体，即函数体中只包含实现其自身功能的基本语句，不可包含其他函数的定义体。

5.2.2　函数原型

函数原型(Prototype)声明告诉编译器函数名称、函数返回值类型、函数形式参数个数、形式参数类型和形式参数顺序，即函数的接口形式，编译器根据函数原型检验函数调用正确与否。函数原型声明语法形式为

　　返回值类型　函数名(形式参数表);

函数原型声明的形式就是函数的接口再加一个分号。例 5-1 中函数原型声明可以写成：

　　float maximum(float x,　float y,　float z);

这个原型声明函数 maximum() 有 3 个 float 类型参数，返回 float 类型结果。

函数原型声明中的形式参数标识符可以不同于函数定义时形式参数表中的形式参数标识符，但参数的类型、个数以及形式参数的先后次序必须与函数定义时的一致；如果考虑程序的可读性，建议读者保持两个形式参数表中形式参数标识符的同一性。

函数原型声明应该写在所有函数定义之外，表明这些函数都可以被位于原型声明之后的所有函数来调用。

程序中，如果函数定义在后，调用在先，则必须在调用函数之前进行函数原型声明；如果是函数定义在先，调用在后，则不必进行函数原型声明。

函数原型声明有可能使编译程序提前发现函数调用时参数类型不一致的错误，以免在程序运行时才发现这样的错误。

在 C++语言中，如果函数调用在先，程序必须进行函数原型声明，否则就会出现编译错误。而 C 语言程序中没有这样的强制要求。

如果程序中使用库函数，则要在源程序中包含相应的头文件(Header File，即含有该库函数原型声明的头文件)。每个标准库所对应的头文件，包含了该库中各个函数的函数原型以及这些函数所需各种数据类型和常量的定义。表 5-2 所示为程序中常用的 C++标准库头文件。

表 5-2　常用 C++ 标准库头文件

头　文　件	说　　　明
<cassert>	包含增加诊断以帮助程序调试的宏和信息
<cctype>	包含测试某些字符属性的函数原型和将小写字母变为大写字母、将大写字母变为小写字母的函数原型
<cmath>	包含数学库函数的函数原型
<cstdio>	包含标准输入/输出库函数的函数原型及其使用的信息
<cstdlib>	包含将数字变为文本、将文本变为数字、内存分配、随机数和各种其他工具函数的函数原型
<cstring>	包含 C 语言方式的字符串处理函数原型
<ctime>	包含操作时间和日期的函数原型和类型
<iostream>	包含标准输入/输出函数原型
<iomanip>	包含能够格式化数据流的流操纵运算子的函数原型
<fstream>	包含和磁盘文件读/写有关的函数原型

在程序中包含头文件，需要使用编译预处理指令 include，其语法形式为

```
#include<头文件>                //①
或  #include"头文件"            //②
```

其中，指令①用于包含系统的头文件，编译时系统会在 C++ 的系统文件目录下查找相应的头文件；指令②用于包含用户自定义的头文件，编译时系统分别在当前项目和 C++ 系统文件目录下查找相应的头文件。编程者可以编写自己的头文件，在其中声明自定义的类型、符号常量和函数原型等，自定义头文件的文件扩展名是.h。例如，自定义头文件名是 square.h，可写下列包含指令：

```
#include "square.h"
```

前面章节中已经在程序中多次包含(或称嵌入)系统文件 iostream、cmath 和 iomanip 等，包含头文件的指令一般写在源文件的开头。此外，包含标准 C++ 库的头文件需要指明所使用的命名空间，例如：

```
using namespace std;
```

表示使用命名空间 std。标准 C++ 库的多数约定与标准 C 库的约定一致，只有少数几点不同。除了宏名以外，标准 C++ 库中的名称标识符都是在命名空间 std 中声明的，使用标准库时，也必须声明相应的命名空间 std。

例 5-2　计算 3 个整数绝对值的平均值。

解　主程序中，3 个整数由键盘输入，定义函数 CalAbsMean()计算 3 个整数绝对值的平均值。

```
//例 5-2 计算 3 个数绝对值的平均值
#include <iostream>
#include <cmath>
using namespace std;
int CalAbsMean(int a, int b, int c); //自定义函数的原型声明
void main()
{    int a, b, c;
        cout<<"输入 a,b,c: ";
     cin>>a>>b>>c;
     cout<<"绝对值的均值为:"<<CalAbsMean(a, b, c)<<endl;
}
int CalAbsMean(int a, int b, int c)
{    int sum = abs(a) + abs(b) + abs(c);
     sum /= 3;
     return sum;
}
```

运行结果：

```
输入  a,b,c: -10 20 -30
绝对值的均值为:20
```

说明：

(1) 程序中用到数学库中的函数 abs()计算整数的绝对值,所以要包含 cmath 头文件。

(2) 函数 CalAbsMean()的原型声明在先，故其定义可在调用之后。

5.2.3 return 语句

return 语句使程序的执行流程从被调函数返回主调函数，有如下两种形式。
- 不返回值的形式：

return；
- 返回值的形式：

return 表达式；

使用第二种 return 语句形式的被调函数将向主调函数返回表达式的值。

例 5-3 根据输入的颜色符号，显示不同的字符串表示的不同颜色。

解 (1) 设计颜色字符串显示函数 DispColor()，此函数根据形式参数的值，输出表示颜色的信息，此函数无返回值。

(2) 主调函数接收键盘输入，并调用 DispColor()函数。

```
//例 5-3 根据输入的颜色符号，显示不同的字符串表示的不同颜色
#include<iostream>
using namespace std;
void DispColor (char   color);
void main()
{    char color;
     cout<< "选择颜色(r-read, g-green, b-blue)：";
     cin>>color;
     DispColor (color);
}
//根据输入，显示颜色字符串
void DispColor (char   color)
{    switch(color)
     {
     case 'r':
              cout<<"red. ";
              break;
     case 'g':
              cout<<"green. ";
              break;
     case 'b':
              cout<<"blue";
              break;
     default:
              break;
     }
     return;
}
```

说明：

函数 DispColor()只根据输入的形式参数显示不同的字符串，所以 return 语句不返回任何值。不返回值的 return 语句只能用于 void 类型函数。函数结束前的 return 语句也可以省略不写。

例 5-4　从输入文件中读入学生人数和每人考试成绩，统计成绩的平均值。

解　(1) 代码可分 3 个部分，即输入数据、处理数据和输出数据。

(2) 输入文件 idata.txt 的第一个数据是人数，其余是学生成绩。

(3) 输入数据包括输入人数和输入成绩两部分，人数直接在 main()函数中从输入文件 idata.txt 第一个数据读入。每人成绩在统计的时候再读入。

(4) 统计平均值，需要把所有成绩累加，然后除以 count 即得到平均值，用函数 CalMean()实现计算平均值的功能。

(5) 平均值的输出，在主调函数 main()中完成。

```cpp
//例 5-4　从输入文件中读入学生人数和每人考试成绩，统计成绩均值。
#include <iostream>
#include <fstream>
using namespace std;
int CalMean(char chFileName[]);            //函数原型声明
void main()
{      char chFileName[80]="";
       cout<<"输入文件名:";
       cin>> chFileName;                   //输入文件名
       int mean=CalMean(chFileName);       //得到平均值
       cout<<"平均值=" <<mean<<endl;
}
//计算均值，函数定义如下
int CalMean(char chFileName[])
{    int count;                            //数据个数
     int score;                           //分数
     int sum(0), mean;
     ifstream infile(chFileName);
     if(!infile)
{
     cout<<"!infile"<<endl;
     eixt(1);
     }
     infile>>count;
     cout<<"成绩个数：";
     cout<<count<<endl;
     cout<<"成绩:"<<endl;
     while(infile>>score)                 //从文件读取成绩，并累计总成绩
```

```
        {    cout<<score<<"   ";
                  sum+=score;                          //累积分数
        }
        cout<<endl;
        if(count>0) mean=sum/count;                   //计算平均值
        else        mean=0;
        return mean;                                   //将平均值返回主调函数
    }
```

运行结果：

成绩个数：10

成绩：

59 39 24 36 87 98 52 67 52 60

平均值=57

说明：

(1) 做除法运算时，一定要检查除数是否为 0，防止发生被 0 除的逻辑错误，这是必须采取的容错措施。

(2) 函数 CalMean() 只需把一个结果(平均值)返回给主调函数，使用 return 语句返回。**当被调函数只需要把一个数值结果返回给主调函数时，使用 return 语句返回最合适。**

如果使用 return 语句向主调函数返回一个值，则 return 语句必须返回一个与所在函数的函数类型一致的表达式。若表达式的结果与函数类型不一致，编译时检查两者是否可以自动类型转换，如果不能自动类型转换，则给出错误信息。

函数的返回值既可以是 C++ 语言的基本数据类型，也可以是用户自定义的类型，例如结构类型，即通过 return 语句返回一个结构变量，使用时如同一个基本类型的变量。

5.3 函数的调用

定义函数后，即可调用它完成所需的功能。通常采用的调用方式是：**函数语句、函数表达式和函数参数**等 3 种。

函数调用

1．函数语句

此种方式是将函数调用写成一条语句的形式，称为函数语句，具体语句形式为

函数名(实际参数表);

例如：

CalMean(count);

此时，函数调用从形式上就像在使用一条语句，这条语句由 3 部分组成：被调函数名、实际参数表和分号。

实际参数表可简称为**实参表**，实参表是按与被调函数形式参数表一一对应的格式组织的参数表，即参数的类型、个数和排列顺序必须与被调函数声明的形式参数表严

格一致。实际参数表的各实际参数以逗号间隔，实际参数可以是常量、变量或表达式，变量和表达式必须具有确定值。如果被调函数无形式参数，则实参表也是空的。实际编程中，从可读性考虑，一般使用变量作为实际参数。

对于以下情况，程序中可以采用函数调用语句。

(1) 主调函数只要求被调函数完成一些操作，例如显示信息，不需要被调函数返回任何信息(如例 5-3)。

(2) 需要由被调函数返回的信息多于一个，此时需要返回的信息不能通过 return 语句来获得，而是要通过参数表来获得。

函数语句中所调用的函数也可以有返回值，只是主调函数没有使用被调函数的返回值。

2．函数表达式

函数调用写在一个表达式中，最常见的形式为

　　　　变量名 = 函数名(实际参数表);

或

　　　　变量名 = 带有函数调用的表达式;

这种表达式称为**函数表达式**。使用此种调用方式，函数需要使用 return 语句向主调函数返回一个确定的值，参与它所在表达式的运算。

例如：假设函数 max(int, int)返回两个整数中的最大值，函数类型为 int 型，则语句

　　　　c = 2 * max(a, b);

中，函数 max()是表达式 2*max(a,b)的一部分，它的返回值乘 2 再赋给 c。再如：

　　　　cout<<max(a,b);

程序首先调用 max()函数，得到它返回的最大值，再输出这个最大值。当使用函数表达式时，函数**一定要通过 return 语句返回一个与函数类型一致的值**。

3．函数参数

函数参数调用方式是将函数调用写在另一次函数调用的实际参数位置，实际上是将函数的返回值作为下次函数调用的实际参数。例如，可以这样调用例 5-1 定义的函数：

　　　　m=max(d, e, max(a, b, c));

此句是将调用 max(a, b, c)的返回值作为另一次 max()函数调用的实参，实际是求 a、b、c、d、e 五个数的最大值。

本质上，函数调用语句就是一个表达式，凡是能写表达式的位置都可以写函数调用语句，发生函数调用后一定会获得该表达式的值。

函数调用的过程是程序执行流程从主调函数跳转到被调函数，执行被调函数中的代码，遇到 return 语句，再由被调函数正确返回主调函数的断点继续执行。图 5-2 显示了例 5-4 的执行过程。

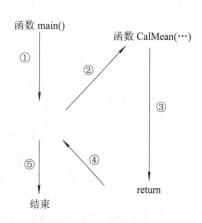

图 5-2　函数调用的执行过程

5.4 全局变量与局部变量

在程序中，根据变量定义的位置，编译器把它们区分为局部变量和全局变量。

5.4.1 局部变量

局部变量(Local Variables)包括在函数体内定义的变量和函数的形式参数，它们只能在本函数内使用，不能被其他函数直接访问。

局部变量能够随其所在函数被调用而被分配内存空间，也随其所在函数调用结束而消失(释放内存空间)，所以使用局部变量能够提高内存利用率。同时，由于局部变量只能被其所在的函数访问，这种变量的数据安全性也比较好(不能被其他函数直接读/写)。局部变量在实际编程中使用频率最高。

5.4.2 全局变量

在函数外部定义的变量就是全局变量(Global Variables)。全局变量能够被位于其定义位置之后的所有函数(属于本源文件的)共用，也就是说，全局变量的作用范围是从它定义的位置开始至源文件结束，即全局变量的作用域是整个源文件。

例 5-5 全局变量的使用。

```
//例 5-5.cpp
#include<iostream>
using namespace std;
int maximum;
int minimum;
void fun(int x,int y int z)
{   int t;
    t=x>y?x:y;
    maximum=t>z?t:z;
    t=x<y?x:y;
    minimum=t<z?t:z;
}
void main()
{   int a,b;
    cout<<"input data a,b:";
    cin>>a>>b;
    fun(a,b);
    cout<<"maximum="<<maximum<<endl;
    cout<<"minimum="<<minimum<<endl;
}
```

对于程序中的全局变量 maximum 和 minimum，在函数 main()和 fun()中无须定义即可直接使用。

全局变量在程序执行的整个过程中，始终位于全局数据区内固定的内存单元。如果程序没有初始化全局变量，系统会将其初始化为 0。

在定义全局变量的程序中，全局变量可以被位于其定义之后的所有函数使用(数据共享)，这会给编程者带来方便，但也因此带来数据安全性和程序可读性不好的缺点。在实际编程时一般不要随意使用全局变量。

5.4.3　作用域

程序中标识符的作用域(Scope of Identifiers)也就是标识符起作用的范围，标识符只能在其起作用的范围内被使用。从标识符起作用的范围上划分，作用域主要分为全局作用域和局部作用域两种。从标识符在程序中所处的位置来划分，作用域又可分为块作用域、函数作用域、类作用域和文件作用域。类作用域将在后面章节中介绍。本节介绍块作用域、函数作用域和文件作用域。

1．块作用域

在程序块内定义的标识符具有块作用域，即标识符起作用的范围为块内范围。块内定义的局部变量的作用域是从变量定义起至本块结束。

例 5-6　块作用域变量 t 的作用域范围。

```
//例 5-6.cpp
#include<iostream>
using namespace std;
void main()
{
    int    a, b;
    cout<<"input a,b: "
    cin>>a>>b;
    if (a<b)
    {
        int t;            ┐
        t=a;              │ t 的作用域      ┐
        a=b;              │                │
        b=t;              ┘                │ a 和 b 的作用域
    }                                      │
    int    c=a*a-b*b;     ┐ c 的作用域     │
    cout<<a<<"*"<<a" –"<<b<<"*"<<b  │      ┘
        <<"="<<c<<endl;   ┘
}
```

程序中，变量 t 是在 if 选择语句块内定义的局部变量，它的作用域仅限于此语句块，在此语句块之外使用 t 会出现错误。上述程序只是为了说明块作用域，否则，应该将程序再优化一下。

2．函数作用域

函数作用域是指标识符的作用域为函数，或者是从标识符定义开始到函数结束。在函数定义中，任何程序块以外所定义的变量具有函数作用域。从变量开始定义到函数结束，这些变量都可以起作用。在例 5-6 中，变量 a 和 b 具有函数作用域，变量 c 也具有函数作用域，只是它不是从函数开始的时候就定义，它的作用范围是从开始定义起到函数结束。

3．文件作用域

文件作用域也即全局作用域，指标识符的作用域为文件范围。在源文件所有函数之外声明或定义的标识符具有文件作用域，如全局变量和函数名具有全局作用域，起作用的范围是从声明或定义点开始，直至其所在文件结束。

5.4.4 可见性

考察标识符的可见性，是研究标识符在其作用域内能否被访问到的问题。标识符在其作用域内，能被访问到的位置称其为可见，不能被访问到的位置称其为不可见。

例如，全局变量具有文件作用域。在文件的每个函数中，已经定义的全局变量都可以起作用。但是，如果在某个函数中定义了和全局变量同名的局部变量，在这个函数中可以访问的只是这个局部变量，而不是全局变量，即和全局变量同名的局部变量是可见的，全局变量在这个函数内是不可见的。

C++ 规定：**内层标识符与外层标识符同名时，内层标识符可见，外层标识符不可见。**对于变量也是**内层变量屏蔽外层同名变量**，从而使外层变量不可见。

如果函数内的局部变量与全局变量同名，且在函数内一定要使用这个同名全局变量，可以用全局作用域运算符(::)指定要访问的全局变量，如下面代码所示。

例 5-7　全局作用域运算符。

```cpp
//例 5-7.cpp
#include<iostream>
using namespace std;
double pi=3.1415926;
void BallVolume(double    radius)
{       double volume=pi*radius*radius*radius*4/3;              //此处使用的是全局变量 pi
        cout<<"球的体积: "<<volume<<endl;
}
void CircleArea( float radius)
{       float pi=3.14f;
        float area=pi*radius*radius;                            //此处使用的是局部变量 pi
        cout<<"圆的面积: "<<area<<"(float)"<<endl;
```

```
        area=::pi*radius*radius;                    //此处使用的是全局变量 pi
        cout<<"圆的面积: "<<area<<"(double)"<<endl;
    }
    void main()
    {   float r;
        cout<<"输入半径: ";
        cin>>r;
        BallVolume(r);
        CircleArea(r);
    }
```

实际编程中，在有嵌套的作用域内应该尽量避免使用同名标识符，否则，会给自己造成许多不必要的麻烦。关于标识符的使用总结如下：

- 标识符应该先声明，后使用。
- 在同一作用域中，不能声明同名的标识符。
- 对于两个嵌套的作用域，如果某个标识符在外层中声明，且在内层中没有同一标识符的声明，则该标识符在内层可见；如果在内层作用域内声明了与外层作用域中同名的标识符，则外层作用域的标识符在内层不可见。

5.5　结构化程序设计

5.5.1　多文件结构

用 C++编写处理比较复杂的问题的程序时，一般采用多文件结构程序，即由多个源程序分别完成不同的子功能，这样的程序结构便于管理和维护。C++ 既支持面向过程的程序设计，也支持面向对象的程序设计。

在面向过程的程序设计中，为方便开发和维护程序，将程序的功能分成相对独立的子功能，然后用不同的源程序分别实现各个子功能。在实现每个子功能时，一般可使用两个源文件：一个是包含程序自定义类型、符号常量定义和函数声明等的头文件(*.h 文件)，一个是由实现算法的函数构成的*.cpp 文件(即由函数定义构成的文件)。

例 5-8　回到 5.1.1 小节中的问题：如何打印某一年某一月的月历？图 5-1(a)已经把问题分解为模块，现在是如何具体实现的问题。

解　各个模块中，比较困难的是如何计算某年某月的第一天是星期几，必须有一个参照点。C++中计算时间的参照点是 1800 年 1 月 1 日，那一天是星期三。可以计算出从 1800 年 1 月 1 日至某年某月 1 日总共是多少天，将其加 3 后除以 7 所得的余数就是某年某月 1 日所对应的星期数。具体程序结构图如图 5-3 所示。

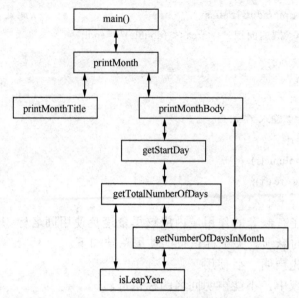

图 5-3　打印月历的程序结构图

为说明多文件结构，将程序分为 3 个源文件实现，具体程序如下：

//month.h 头文件

```
void printMonth(int year, int month);

void printMonthTitle(int year, int month);

void printMonthBody(int year, int month);

int getStartDay(int year, int month);

int getTotalNumberOfDays(int year, int month);

int getNumberOfDaysInMonth(int year, int month);

bool isLeapYear(int year);
```

//month.cpp 一些函数的实现代码

```
#include <iostream>

#include <iomanip>

#include "month.h"

using namespace std;


void printMonthTitle(int year, int month)  //打印月历头部
{    char chMonth[12][7]=        {"一月","二月","三月","四月","五月","六月","七月","八月","九月","十月","十一月","十二月"};

        cout<<endl;

        cout << setw(12)<< year << "年"<<"       ";

        cout<<chMonth[month-1]<<endl;                //打印中文月名

        cout << "-----------------------------" << endl;

        cout << " Sun Mon Tue Wed Thu Fri Sat" << endl;
```

```
    }

    void printMonthBody(int year, int month)              //打印月历主体
    {   int startDay = getStartDay(year, month);          //计算当月的第一天是一周的第几天
        int numberOfDaysInMonth = getNumberOfDaysInMonth(year, month);   //计算当月天数
        int i = 0;                                        //在当月第一天前加空格
        for (i = 0; i < startDay; i++)
            cout << "      ";
        for (i = 1; i <= numberOfDaysInMonth; i++)        //打印当月的每一天
        {   cout << setw(4) << i;
            if ((i + startDay) % 7 == 0)
                cout << endl;
        }
    cout<<endl;
    cout << "----------------------------" << endl;
    }


    int getStartDay(int year, int month)                  //计算当月的第一天是一周的第几天
    {   int startDay1800 = 3;                             //1800 年 1 月 1 日是星期三
        //1800 年 1 月 1 日至当月的总天数
        int totalNumberOfDays = getTotalNumberOfDays(year, month);
        // Return the start day
        return (totalNumberOfDays + startDay1800) % 7;//返回当月的第一天是一周的第几天
    }


    int getTotalNumberOfDays(int year, int month)         //1800 年 1 月 1 日至当月的总天数
    {   int total = 0;
        for (int i = 1800; i < year; i++)                 //1800 年至 year−1 年的总天数
        { if (isLeapYear(i))     total = total + 366;
          else    total = total + 365;
        }
        for ( i = 1; i < month; i++)                      //再加上本年前几个月的天数
            total = total + getNumberOfDaysInMonth(year, i);
        return total;
    }


    int getNumberOfDaysInMonth(int year, int month)       //计算当月的天数
    { if (month == 1 || month == 3 || month == 5 || month == 7 ||
```

```
                    month == 8 || month == 10 || month == 12)
                    return 31;
                if (month == 4 || month == 6 || month == 9 || month == 11)
                    return 30;
                if (month == 2)
                    return isLeapYear(year) ? 29 : 28;
                return 0;                              // 如果 month 值不正确
            }
            bool isLeapYear(int year)                  //判别是否闰年
            {   return year % 400 == 0 || (year % 4 == 0 && year % 100 != 0);
            }
//mainprog.cpp 主函数的实现代码
            #include <iostream>
            #include <iomanip>
            #include "month.h"
            using namespace std;

            void main()
            {   cout << "请输入年份（如 2010): ";
                int year;
                cin >> year;
                cout << "请输入月份(1－12) ";
                int month;
                cin >> month;
                printMonth(year, month);               //打印月历
            }

            void printMonth(int year, int month)       //打印一年中某月的月历
            {       printMonthTitle(year, month);      //打印月历头部
                    printMonthBody(year, month);       //打印月历主体
            }
```

在多文件结构程序中，函数的声明和函数的定义、使用分别放在 *.h 文件和 *.cpp 文件中，使用时要在 cpp 文件的最开始使用 include 关键字将要用的头文件包含进来。

5.5.2 编译预处理

编译器在编译源程序之前，先由预处理器处理预处理指令。常用预处理指令如表 5-3 所示。

表 5-3　常用预处理指令

预处理指令	格　　式	功　能　说　明
#include	#include<头文件名> #include "头文件名"	将一个头文件嵌入(包含)到当前文件
#define	#define 标识符字符串	把字符串命名为标识符(用标识符代表字符串),标识符可以表示符号常量或宏名,编写源程序时代替"字符串"出现在程序中, 编译时又被替换为"字符串"内容
#undef	#undef 标识符	撤销前面用 #define 定义的标识符
#ifdef	#ifdef 标识符 语句 #endif	条件编译。如果已定义了"标识符",则编译"语句"
#ifndef	#ifndef 标识符 语句 #endif	如果未定义了"标识符",则编译"语句"

编译预处理命令不是 C++ 语句,所以都不使用分号";"结束。

#include 命令用来将一个头文件包含到源程序中。< >中的头文件是系统提供的头文件,存放在安装 C++的系统文件夹下的 include 文件夹中。" "中的头文件是用户自定义的头文件,放在用户所建的工程(Project)文件夹中。

#define 命令用来定义一个常量标识符,或者带参数的宏,例如:

    #define M 25   //定义常量 M=25

    #define MIN(a,b) (a<b?a:b)   //定义宏 MIN(a,b)为(a<b?a:b)

在 C++中一般使用常量定义语句代替常量标识符的定义。例如:

    const int M=25;

用内联函数定义代替宏定义。例如:

 inline int MIN(int a, int b) {return a<b?a:b;}

C++定义的符号常量、内联函数的返回值都有明确的数据类型,使用起来更加准确。

#ifdef 和#ifndef 命令还是有用的,一般在头文件中会采用这样的预处理命令,例如:

    #ifndef _DEBUG_PROGRAM_H   //_DEBUG_ PROGRAM_H 表示一个任意的符号常量标识符

    #define _DEBUG_ PROGRAM_H

    #define PI 3.14.15926   ⎫
    struct Point{   ⎬ //其他语句
        int x, y;   ⎭
    };
      ⋮
    #endif

其含义是: 如果没有定义标识符_DEBUG_PROGRAM_H,就定义一个标识符_DEBUG_PROGRAM_H,并对头文件中的其他语句进行编译;否则,就忽略这个头文件中的所有语句。

按这样的结构编写头文件，可以防止头文件的重复嵌入。例如在编译、链接一个工程(Project)时，如果没有防止重复嵌入的措施，可能造成同一个头文件的多次包含，进而导致某些头文件中定义的符号常量和自定义类型等重复定义的错误。如果在定义头文件时使用了上述编译预处理命令，则系统在编译第一个头文件时，因为指定的标识符还没有定义，就定义这个标识符(如_DEBUG_PROGRAM_H)，并且编译该文件中的"其他语句"；到第二次处理包含同样内容的头文件时，发现指定的标识符(如_DEBUG_PROGRAM_H)已经定义过，头文件中的"其他语句"就不编译了，也就不会出现重复定义的错误。**这是一个常用的编程技巧，在编写头文件时都可以采用。**

另外一个编程技巧是使用条件编译，在调试程序时显示一些调试的信息。在调试完毕后，屏蔽编译条件，调试信息就不显示了。例如：

```
#define _DEBUG_MODE        // _DEBUG_MODE 是任意的标识符
…//其他语句
#ifdef  _DEBUG_MODE
cout<<x<<endl;          }  //显示调试信息的语句
cout<<y<<endl;
#endif
```

在程序调试阶段，因为指定的标识符(如_DEBUG_MODE)已经定义，所以"显示调试信息的语句"可以被编译和执行。等到程序测试正确后，不想让用户看到这些信息，可以把定义标识符(如_DEBUG_MODE)的命令注释掉，其他语句都不需要修改，调试信息就不会显示，而只显示正常的运行结果。相应的程序变为

```
//#define  _DEBUG_MODE            //取消对_DEBUG_MODE 标识符的定义
…  //其他语句
#ifdef  _DEBUG_MODE
cout<<x<<endl;
cout<<y<<endl;
#endif
```

可能有读者会问，为什么不直接删除这些显示中间结果的语句？任何软件都有维护更新和版本升级的问题，保留这些调试时关键信息的输出语句，在调试升级版本时可以节省许多精力。

例 5-9 九宫格问题。魔方阵是一个古老的智力问题，要求在一个 $n \times n$ 的矩阵中填入 $1 \sim n^2$ 的数字(n 为奇数)，使得每一行、每一列、每条对角线的累加和都相等。

解 填写 n=3 的九宫格，用二维数组 grid 存储九宫格。

(1) 由 1 开始填数，将 1 放在第 0 行的中间位置。

(2) 将九宫格方阵想象成上下、左右相接，每次往左上角走一步，会有下列 3 种情况。

① 左上角上方出界，则在最下面对应位置填下一个数字。

② 左上角左边出界，则在最右边对应位置填下一个数字。

③ 左上角已有数字，则在同一列的下一行填下一个数字。

```
//例 5-9 九宫格问题
```

```cpp
#include <iostream>
using namespace std;
const int N = 3;
#define _DEBUG_PROGRAM                     //如果注释此句，则不显示中间结果
void square(int grid[][N],int n)
{      int y=0;
       int x=(n-1)/2;
       grid[0][x]=1;                       //在第 0 行中间位置填 1
       for(int i=2; i<=n*n; i++)
       {     y = (y-1+n) % n;              //左上角位置有效行下标
             x = (x-1+n) % n;              //左上角位置有效列下标
             if ( grid[y][x]>0 )          //左上角位置已有数字
             {     y = (y+2) % n;          //在同一列的下一行填数字
                   x = (x+1) % n;
             }
             grid[y][x] = i;
       #ifdef _DEBUG_PROGRAM               //为调试程序之用
             cout<<"i="<<i<<":"<<"y="<<y<<","<<"x="<<x<<",  "<<"grid[y][x] = "<<grid[y]
[x]<<endl;
       #endif
       }
       cout<<endl;
}
void main()
{      int grid[N][N]={0};
       square(grid,N);
       for(int i=0;i<N;i++)
       {
             for(int j=0;j<N;j++)
             {     cout<<grid[i][j]<<' ';
             }
             cout<<endl;
       }
}
```

运行结果：

(1) 调试阶段。

   i=2:y=2,x=0,grid[y][x]=2

   i=3:y=1,x=2,grid[y][x]=3

   i=4:y=2,x=2,grid[y][x]=4

```
i=5:y=1,x=1,grid[y][x]=5
i=6:y=0,x=0,grid[y][x]=6
i=7:y=1,x=0,grid[y][x]=7
i=8:y=0,x=2,grid[y][x]=8
i=9:y=2,x=1,grid[y][x]=9

6 1 8
7 5 3
2 9 4
```

(2) 正式版本(即注释条件编译语句的结果)。

```
6 1 8
7 5 3
2 9 4
```

说明：如果注释定义符号常量_DEBUG_PROGRAM 的一句代码，则位于条件编译中的显示语句

```
cout<<"i="<<i<<":"<<"y="<<y<<","<<"x="<<x<<","<<"grid[y][x]="<<grid[y][x]<<endl;
```

将不参与编译，不能输出。这样处理的优势在小程序中无法充分体现，但读者只要记住有这样的方法，相信会有用武之地的。

程序越复杂，显示调试信息就越有必要：可以帮助解决程序中的逻辑错误。这些编程技巧的使用，还要通过编程的实践来体会和熟练。

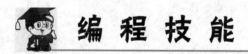

编 程 技 能

递归函数

递归函数是函数的一种特殊形式，适合实现数学上的一些递归问题。使用递归函数可以简单明了地表达算法(算法的可读性好)，但算法的效率一般不高。

C++ 允许定义递归函数(Recusive Functions)，**递归函数的函数体内有调用函数自身的语句或通过其他函数间接调用函数自身**。C++ 允许函数递归调用，递归调用是调用递归函数而形成的一种函数调用方式。函数递归调用是一类典型问题，用于实现数学中的递归运算，比较直观方便。下面以计算一个正整数的阶乘为例介绍递归函数，这是一个经典的递归调用问题。

阶乘定义公式：

$$n! = \begin{cases} 1 & (n = 0) \\ n \times (n-1)! & (n > 0) \end{cases}$$

这个公式是以递归形式给出的，所以用递归函数 factorial(n)实现 n 的阶乘计算更

直观。

例 5-10　用递归函数实现阶乘。

解　程序如下：

```cpp
//例 5-10.cpp
int    factorial( int n)
{    int    fn;
     if(n==0)
       fn = 1;
     else
       fn = n * factorial(n-1);
     return fn;
}
#include <iostream>
using namespace std;
void main()
{
     cout<<"enter a position integer:";
     int n, n_fact;
     cin>>n;
     n_fact = factorial(n);
     cout<<"the factorial of "<<n<<"is:   "<<n_fact<<endl;
}
```

递归函数

假设从键盘输入整数 3，程序依次按照图 5-4 所示箭头标号的顺序执行。

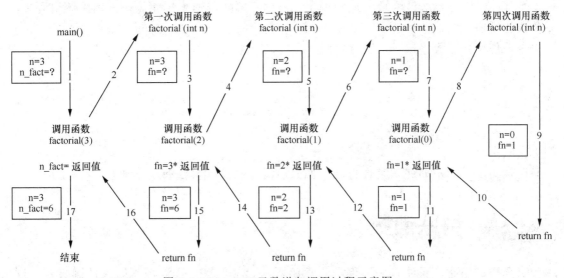

图 5-4　factorial()函数递归调用过程示意图

流程首先从 main()函数开始，此时其 n_fact 的值还未定，以实际参数 n = 3 调用

factorial()函数(main()中断点 n_fact = ?)，即第一次调用 factorial()函数，执行其 else 分支，以实际参数 n = 2 第二次调用 factorial()函数(此时第一次调用的 factorial()函数的执行并没有结束，断点 fn = ?)，同样执行 else 分支……直至以实参 n = 0 调用函数factoria()，执行 if 分支，完成递归过程，达到递归终止条件。此后流程开始回归过程，先返回第三次 factorial()函数调用的断点执行至此次调用结束，再返回第二次 factorial()函数调用的断点……逐级返回值主函数 main()，直至整个程序执行完毕。

调用递归函数解决问题时，函数实际上只知道如何解决最简单的情况(基本情况，也是使递归函数终止递归的条件)，如上面 factorial()函数计算 0!。对于基本情况，递归函数直接给出一个结果。对于非基本情况，函数在不断缩小问题规模的递归调用过程中(如上例 n = 3，2，1，0)，逐步达到函数的递归终止条件(即基本情况)；然后依据基本情况的结果，利用不同规模问题之间的递推关系，逐步由已知推出所求规模问题的解，所以递归问题的求解实际上分成以下两个阶段。

● 化简问题的递推阶段。

● 达到递归终止条件得到基本情况的结果，并逐步回推结果阶段。

由图 5-4 所示可以明显分出这两个阶段。

递归函数总是这样来处理并划分问题：函数中能处理的部分(直达已知)和函数中不能处理的部分(结果未知)；对于还不能即刻给出结果的部分，函数将简化问题，再调用递归函数，逐步达到已知结果的基本情况；从此，函数不断向前一次的函数调用返回结果，直至最终所求。这期间，递归函数中必须有 return 语句，以逐级返回必需的结果，所以递归函数包含以下两个主要部分：

● 具有更简单参数的递归调用。

● 停止递归的终止条件(递归终止条件)。

递归函数调用最适用于实现具有递归形式的数学公式(算法)，实现的代码短小，可读性强。但由于多次做函数的递归调用，对程序的执行速度影响大，占用系统资源多，多数能用递归解决的问题，也能用迭代(使用循环结构)的方法解决。例如，计算 n! 问题，可使用如下程序段：

```
n_fact=1;
for(k=1;k<=n; k++)
{
    n_fact *= k;
}
```

但迭代实现有时不如递归实现直观，而且有时寻找迭代算法有一定难度。

 # 内联函数

函数调用时，系统首先要保存主调函数的相关信息，再将控制转入被调函数，这些操作增加了程序执行的时间开销。C ++ 提供的内联函数(Inline Functions)形式可以减少函数调用的额外开销(时间空间开销)，**一些常用的短小的函数适合采用内联函数形式。**

内联函数定义形式为

```
inline 函数类型 函数名(形式参数表)
{   函数体
}
```

形式上，只需要在函数类型前加一个关键字 inline 即可。内联函数是函数的一种特殊形式。

例 5-11　使用内联函数求 3 个整数中的最大值。

解　程序如下：

```
//例 5-11  内联函数示例
#include<iostream>
using namespace std;
inline int max(int x, int y, int z)
{       return ((x>=y) ? (x>=z ? x : z) : (y>=z ? y : z));
}
void main()
{       int a,b,c;
        cout<<"enter three integers:";
        cin>>a>>b>>c;
        cout<<"Maximum is   "<<max(a,b,c)<<endl;
}
```

内联函数之所以能够减少函数调用时的系统空间和时间开销，是因为系统在编译程序时就已经把内联函数的函数体代码插入到相应的函数调用位置，成为主调函数内的一段代码，可以直接执行，不必再转换流程控制权。这样的结构自然节省了时间和空间开销，但使得主调函数代码变长。**一般只把短小的函数写成内联函数**，而且还要注意以下两方面问题：

内联函数

- 内联函数体不能包含循环语句、switch 语句。
- 内联函数要先定义、后调用，不能先声明内联函数原型，再调用、定义。

 # 重载函数

重载函数(Overloaded Functions)也是函数的一种特殊情况。为方便使用，C ++ 允许几个功能类似的函数同名，但这些同名函数的形式参数必须不同，称这些同名函数为重载函数。例如：

```
int max(int x, int y)
{       return x>y?x:y;
}
float max(float x, float y)
{        return x>y?x:y;
}
```

这是两个不同的函数，只是因同名而形成重载函数。各重载函数形式参数的不同是指**参数的个数、类型或顺序彼此不同**。

C++ 的这种编程机制给编程者带来了很大方便：不需要为功能相似、参数不同的函数选用不同的函数名，也增强了程序的可读性。

例 5-12 函数重载。

解 程序如下：

```cpp
//例 5-12.cpp
#include<iostream>
using namespace std;
int min(int x, int y)
{    return   x<y?x:y;
}
double min(double   x,   double   y)
{    return   x<y?x:y;
}
void main()
{    int   ia(10),ib(20);
     double   da(0.1), db(0.5);
     cout<<"两个整数的最小值是：   "<<min(ia,ib)<<endl;
     cout<<"两个实数的最小值是：   "<<min(da,db)<<endl;
}
```

编译器是根据函数调用时实际参数的类型选择匹配的重载函数来执行，对于上面程序中的 min(ia,ib) 调用，编译器选择形式参数为整数的 min() 函数，同样，对于 min(da,db) 调用，会选择形式参数为双精度型的 min() 函数。

重载函数常用于实现功能类似而所处理的数据类型不同的问题，如上面的程序是利用重载函数分别求整型数据和双精度型数据的最小值。更显著的应用，如两个复数的四则运算与两个实数的四则运算，内容不同，但运算名称相同，很适合用重载函数实现。

尽管重载函数机制给编程者带来方便，但在使用重载函数时需要注意下面 3 点。

(1) 编译器不以形式参数的标识符区分重载函数。如：

```cpp
int max(int a, int b);
int max(int x, int y);
```

编译器认为这是同一个函数声明两次。

函数重载

(2) 编译器不以函数类型区分重载函数。如：

```cpp
float fun(int x,int y);
int   fun(int x,int y);
```

编译器同样认为它们是同一个函数声明两次，编译出错。

(3) 不应该将完成不同功能的函数写成重载函数，破坏程序的可读性。

带默认参数值的函数

具有默认参数值的函数(Functions with Default Arguments)是 C++ 的一种特殊的函数形式，允许函数的形式参数有默认值。例如下面计算圆面积的函数：

```
double CircleArea(double radius=1.0)
{
        const    double PI=3.14;
        return    PI*radius*radius;
}
```

函数 CircleArea()即是一个有默认参数值的函数，其形式参数 radius 的默认值为 1.0。

调用具有默认参数值的函数时，如果提供实际参数值，则函数的形式参数值取自实际参数；如果不提供实际参数值，函数的形式参数采用默认参数值。例如调用 CircleArea()函数：

```
#include<iostream>
using namespace std;
void main()
{    cout<<CircleArea(10.0)<<endl;        //返回半径为 10 的圆面积
     cout<<CircleArea()<<endl;            //返回半径为 1 的圆面积
}
```

例 5-13 编写具有默认函数值的函数，计算长方体的体积。

解 以三个边长作为具有默认值的函数参数。

```
//例 5-13 使用默认形式参数值的函数编写计算长方体体积的程序
#include <iostream>
using namespace std;
int CuboidVolume ( int length = 1, int width = 1, int height = 1);
void main()
{    cout<< "默认边长(1,1,1)的立方体体积: "<< CuboidVolume ()<<endl;
        cout<< "边长为(3,6,8)的长方体体积:" << CuboidVolume (3, 6, 8)<< endl;
}
//计算直角三角形面积
int CuboidVolume ( int length, int width, int height)
{    return length*width*height;
}
```

运行结果：

```
默认边长(1,1,1)的立方体体积: 1
边长为(3,6,8)的长方体体积:144
```

默认参数值函数如果有多个参数，而其中只有部分参数具有默认值，则这些具有默认值的参数值应该位于形式参数表的最右端。或者说，形式参数表中具有默认参数值的参数右边不能出现没有默认值的参数，例如：

```
int CuboidVolume(int length=1, int width=1, int height=1);      //正确
int CuboidVolume(int length, int width=1, int height=1);        //正确
int CuboidVolume(int length, int width, int height=1);          //正确
int CuboidVolume(int length=1, int width, int height=1);        //错误
int CuboidVolume(int length=1, int width=1, int height);        //错误
int CuboidVolume(int length=1, int width=1, int height);        //错误
```

如果默认参数值函数是先声明、后定义的，则在声明函数原型时就指定默认参数值。如果函数定义在先(无需原型声明)，则在函数定义的形式参数表中指定默认值。

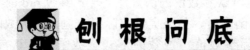

刨 根 问 底

变量的存储类型和生存期

程序运行期间，系统提供给程序的内存空间分成几个区域：代码区、全局数据区、栈区和堆区，其中代码区用于存放程序代码，全局数据区存储全局数据和静态数据，栈区存储局部变量，堆区用于动态数据的存储。

变量的存储类型和变量的生存期是两个相关的概念。

一个变量在内存中存在的时间取决于变量的存储类型，C++程序中使用的变量可分为 4 种存储类型：auto、register、extern 和 static。

1. auto 型

auto 型变量包括函数体内部定义的局部变量、函数的形式参数，称为自动变量。例如：

```
#include<iostream>
using namespace std;
int max(int x, int y) { return    x>y?x:y; }
void    main()
{
    int a,b;
    cout<<"input a,b:";
    cin>>a>>b;
    cout<<max(a,b)<<endl;
}
```

程序中 main()函数的变量 a 和 b、max()函数的变量 x 和 y 都是自动变量，其中 a

和 b 的定义语句：

```
int a,b;
```

应该写成

```
auto int a,b;
```

但一般都省略 auto 关键字。自动变量因其所在的函数被调用而存在，随其所在函数调用的结束而消失，因为自动变量存放于动态存储区(栈区)，不长时间占据固定内存，有利于内存资源的动态使用，故程序中大量使用的都是自动变量。

2．register 型

register 型变量，称为寄存器型变量，其定义形式为

```
register 类型标识符 变量标识符;
```

例如：

```
register int counter;
```

编程者这样定义变量 counter，是要把 counter 放在 CPU 的寄存器中存储，而不是把 counter 存在内存中。访问寄存器中的变量要比访问内存中的变量速度快，但由于寄存器数量有限，如果设置过多的 register 型变量，编译器将把这些变量按 auto 型局部变量处理。

3．extern 型

编写 C++ 程序处理一个实际问题时，为了便于管理和维护，整个程序可能由多个源文件构成，每个源文件完成一定功能，为一个相对独立的程序模块，集多个模块的功能完成处理任务，如此形成多文件程序结构。

在多文件程序结构中，如果一个文件中的函数需要使用其他文件中定义的全局变量，可以用 extern 关键字声明所要用的全局变量。例如下面的程序段：

```
//file1.cpp                      //file2.cpp
int x,y;                         extern int x,y;
void main()                      void fun()
{                                {
    ...                              ...
}                                }
```

程序由文件 file1.cpp 和文件 file2.cpp 构成，文件 file1.cpp 定义全局变量 x 和 y，在文件 file2.cpp 中，使用关键字 extern 说明变量 x 和 y 是其他文件中定义的全局变量后，即可共享全局变量 x 和 y。文件 file2.cpp 并没有重新定义变量 x 和 y，全局变量 x 和 y 在内存中只占用一份空间(是在 file1.cpp 中的定义分配的)。

关键字 extern 提供了多文件程序结构中不同源文件共享数据的一个途径，但实际编程中，共享数据时要注意数据的安全性问题。

4．static 型

如果声明变量时加上关键字 static，则该变量为静态变量，其定义形式为

static 类型标识符 变量标识符;

　　静态变量分为静态局部变量和静态全局变量。把 static 加在局部变量的定义前，则形成静态局部变量；把 static 加在全局变量定义前，则形成静态全局变量。静态变量在程序运行期间一直在静态存储区占有固定的存储空间。下面示例程序计算输入数据平方和的均值，程序中使用了静态局部变量。

变量类型和存储空间

　　例 5-14　使用静态局部变量，计算输入数据平方和的均值。

　　解　程序如下：

```cpp
//例 5-14.cpp
#include<iostream>
using namespace std;
int squareMean(int data)
{    static int sum(0);
     static int counter(0);
     sum+=data*data;
     counter++;
     return sum/counter;
}
void main()
{    int number(1);
     while(number!=-1)
     {    cout<<"input number:";
          cin>>number;
          cout<<"the mean of   square   is:"<< squareMean(number)<<endl;
     }
}
```

　　程序中，sum 和 counter 是函数 squareMean()中的静态局部变量，初始值为 0，且仅初始化一次。第一次调用 squareMean()函数时，sum 和 counter 分别被赋值为 data 的平方和 1，第二次调用 squareMean()函数，sum 的值为：data 平方(第一次函数调用) + data 平方(第二次函数调用)，counter 的值变成 2。在主调函数 main()利用循环结构多次调用 squareMean()的过程中，静态局部变量 sum 和 counter 都在前一次调用的结果值的基础上，按语句的执行再被赋成新值，从而 sum 记录了所有输入数据平方的和，counter 记录了输入数据的个数，sum/counter 给出了输入数据平方和的平均值。

　　静态局部变量在其所在的函数第一次被调用时，被初始化为一定的值，系统仅对它们做一次初始化。如果程序中指定初始化值，则初始化为程序指定值；如果程序在定义它们时未指定初始值，则系统将静态局部变量初始化为 0。此后静态局部变量能够保持其在前一次函数调用结束时所获得的值，直到下次函数调用时被修改。在实际编程中，如果能很好地利用静态局部变量的这一特点，可以将程序编得更精彩。

　　静态全局变量只能在其定义文件中使用，不能被多文件程序结构的其他文件访问。

除此之外,静态全局变量在定义它的文件中的用法与前面介绍的不加 static 的全局变量相同。静态全局变量的数据安全性优于普通全局变量,但不便于多文件程序结构不同文件之间的数据共享,实际编程时要根据具体问题决定是否加 static。

5. 生存期

一个变量在内存中存在的时间为变量的生存期。不同存储类型的变量其生存期不同,按生存期可以将变量分为两种:**静态生存期变量和动态生存期变量**。前面介绍的 auto 型变量和 register 型变量具有动态生存期,全局变量具有静态生存期,静态变量也具有静态生存期。具有静态生存期的变量在程序运行期间一直存在。具有动态生存期的变量取决于所在函数是否被调用,函数被调用,动态生存期的变量存在;函数调用结束,动态生存期变量消失。具有静态生存期的变量,如果定义时未指定初始值,则系统将它们初始化为 0;具有动态生存期的变量,如果未做初始化,则为随机值。在循环结构中使用具有动态生存期的变量时,要特别注意是否需要先赋值的问题,例如迭代求和(和变量初始化为 0)或乘积(积变量初始化为 1)等。

函数调用的执行机制

程序执行流程能够从主调函数到被调函数,再由被调函数正确返回主调函数的断点继续执行,是基于函数调用工作栈来实现的。

函数调用能够正确执行的物理基础是操作系统在内存中开辟了一块叫做**栈**的内存空间,栈空间的存取原则是**先进后出**。程序运行时,CPU 按程序代码逐条取指令执行;当执行函数调用语句(如例 5-4)时,中断了当前函数的执行流程(形成**断点**,例 5-4 中给 mean 赋值的操作),CPU 要转到被调函数代码段执行,执行完被调函数后,CPU 将返回主调函数的断点处继续完成该函数的执行。为了能够正确控制执行流程的变换,系统在栈空间中为函数调用建立**工作记录**,在函数的工作记录中存储主调函数的**断点地址、被调函数的形式参数和自动局部变量**等。当被调函数执行完成时,系统从其工作记录中取出断点地址,并将此工作记录退栈,CPU 将从主调函数的断点处开始继续执行主调函数的指令。

栈区和函数调用时压栈的情况如图 5-5 所示,图 5-5(a)为示例代码,图 5-5(b)为两次函数调用的压栈示意图。流程执行到语句①时,遇到被调函数 fun()语句,则 CPU 暂停当前函数的执行,系统将下一条指令(语句②)的地址(返回地址,亦称断点

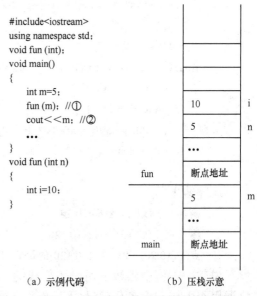

（a）示例代码　　　　（b）压栈示意

图 5-5　栈区和函数调用的压栈机制

地址)存入工作记录，CPU 转去执行被调函数 fun()，被调函数的形式参数和在被调函数内定义的变量将存入它的工作记录，如图 5-5(b)中的 i 和 n。当执行完被调函数时，系统撤销它的工作记录，使执行流程重新回到主调函数，并恢复其断点处的运行状态，从断点处开始继续执行程序的后续语句，直至结束。

下例通过计算两点之间的距离，分析函数调用时工作栈的变化。

例 5-15 从键盘输入屏幕上两点的坐标(x, y)，计算两点之间的距离。

解 (1) 两点之间的距离公式为

$$d = \sqrt{(x_2 - x_1)^2 + (y_2 - y_1)^2}$$

(2) 模块划分：在 main()函数中输入两个点的坐标，然后调用函数 CalDistance()计算两点之间的距离，最后由 main()函数输出结果。

```cpp
//例 5-15 计算两点之间的距离
#include<iostream>
#include <cmath>
using namespace std;
float CalDistance(int x1, int y1, int x2, int y2);          //函数原型
void main()
{    int x1,y1,x2,y2;                                       //两点坐标
     float dist;                                            //两点间距离
     cout<<"输入点 1 的坐标 (x1,y1):"; cin>>x1>>y1;
     cout<<"输入点 2 的坐标(x2,y2):";
     cin>>x2>>y2;
     dist=CalDistance(x1,y1,x2,y2);                         //计算距离
     cout<<"点("<<x1<<","<<y1<<")和点("<<x2
          <<","<<y2<<")间距离: "<<dist<<endl;
}
//计算距离函数
float CalDistance(int xx1, int yy1, int xx2, int yy2)
{    int dx = xx2-xx1;
     int dy = yy2-yy1;
     float dist=sqrt((float)(dx * dx + dy * dy));
     return dist;
}
```

运行结果：

输入点 1 (x1,y1)坐标:10 20

输入点 2 (x2,y2)坐标:110 120

点 1 (10,20) 和点 2 (110,120)的距离: 141.421

说明：本例中函数调用时工作栈的压栈情况如图 5-6 所示，系统首先为 main()函数调用而压栈一个工作记录(下层的)，当执行到调用计算距离函数 CalDistance()时，系

统又向工作栈中压进一个工作记录(栈顶的活动记录),CPU 转去执行函数 CalDistance()
中的代码，直到执行完毕，从栈顶活动记录中取出返回 main()函数的断点地址(main()
中给 dist 赋值一句)，并使栈顶活动记录退栈(新栈顶为 main()的工作记录)，CPU 转到
main()函数中从断点处继续执行程序。

递归调用用栈图画出来就更好理解了，如图 5-7 所示。

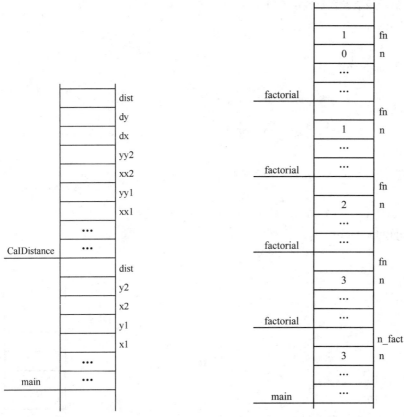

图 5-6　例 5-15 工作栈示意图　　图 5-7　factorial()函数递归调用前 10 步的工作栈示意图

 参数的传递机制

函数之间信息交换的一种重要形式是函数的参数传递，即由实际参数到形式参数
的传递。C++ 语言的函数参数传递方式分为以下两种：

- 值传递(Pass by Value)；
- 地址传递(Pass by Address)。

1. 值传递

如果函数的形式参数为普通变量，当函数被调用时，系统为这些形式参数分配内
存空间，并用实际参数值初始化对应的形式参数，将实际参数的值传递给形式参数，
这就是函数调用时参数的**值传递**。**值传递方式下，实际参数和形式参数各自占有自己**

的内存空间；参数传递方向只能由实际参数到形式参数(参数传递的单向性)；不论被调函数对形式参数做任何修改，对相应的实际参数都没有影响。

下例说明函数调用时值传递由实参到形式参数的单向性。

例 5-16 主程序中有两个整型变量，把它们的值交换次序后输出。

解 交换数据的功能用函数 swap()实现，以检验值传递的单向性。

```
//例 5-16 演示函数参数值传递单向性
#include<iostream>
using namespace std;
void swap(int a, int b);
int main()
{    int x(5), y(10);
     cout<<"x="<<x<<"      y="<<y<<endl;
     swap(x,y);
     cout<<"x="<<x<<"      y="<<y<<endl;
     return 0;
}
void    swap(int a, int b)
{    int t;
     t=a;
     a=b;
     b=t;
}
```

运行结果：

```
x=5        y=10
x=5        y=10
```

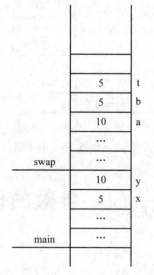

图 5-8 例 5-16 工作栈示意图

说明：在程序执行过程中，在 swap()函数执行期间，形式参数 a 和 b 的值确实交换了，a 和 b 的空间在栈中 swap()的工作记录如图 5-8 所示，函数 swap()调用结束时，该工作记录退栈，a 和 b 的空间归还系统，所做的交换随着形式参数变量的消失而无意义；另一方面，实际参数 x 和 y 分得的空间位于 main()函数的工作记录中，与形式参数的空间各自独立，在 swap()执行期间，a 和 b 值的交换对实参 x 和 y 无丝毫影响。

这个 swap()函数是说明参数值传递与地址传递的一个很好的例子，后面学习指针和引用概念后，用地址传递方式给 swap()函数传递参数即可完成交换两个参数值的任务。

2. 地址传递

C++中，不仅有存放数据的普通变量，还有存放地址的地址变量(称为指针变量，将在第 6 章介绍)。前面也说过，数组名是一个地址常量。如果函数调用时，实参使用地址变量或者地址常量，也就是传给形式参数的是地址值，则参数传递方式为**地址传递**。

地址传递和值传递有什么不同？这里先将数组名作为函数参数来进行观察。

例 5-17　用数组保存两个整型变量的值，把它们交换次序后输出。

解　交换数据的功能用函数 swap1()实现，用数组传递函数参数可以实现双向传递。

```cpp
//例 5-17 数组作为函数参数的 swap
#include<iostream>
using namespace std;
void swap1(int a[]);
int main()
{    int arr[]={5, 10};
     cout<<"x="<<arr[0]<<"      y="<<arr[1]<<endl;
     swap1(arr);
     cout<<"x="<<arr[0]<<"      y="<<arr[1]<<endl;
     return 0;
}
void    swap1(int a[])
{    int t;
     t=a[0];
     a[0]=a[1];
     a[1]=t;
}
```

运行结果：

```
x=5        y=10
x=10       y=5
```

注意：

(1) 数组名作为形式参数，只将数组的起始地址传递给了被调函数，数组的大小需要单独通过值传递的方式传给被调函数。例 5-17 中的用法是一维数组名作为形式参数，只传一个大小即可；如果是多维数组名作为函数的形式参数，则数组每一维的大小都需要传给被调函数。例如，定义求一个矩阵的转置矩阵的函数 TransposeMatrix()，矩阵用二维数组表示，函数接口如下：

变量名与数组名的区别

```cpp
void TransposeMatrix(int matrix[][N], int tMatrix[][M], int rows, int cols );
```

其中，matrix[M][N]是原始矩阵，tMatrix[N][M]是转置矩阵，M 和 N 是符号常量，rows 和 cols 分别是原始矩阵的行数和列数。

(2) 多维数组名作为形式参数，只可以省略第一维(最左边)的大小，也可以不省略。

在被调函数中访问这个形式上的数组时，切忌下标越界问题。

本章小结

本章详细介绍了关于函数的知识，重点介绍了函数的引入、定义、原型声明，函数的参数及函数调用。函数是实现算法的基本单位，函数的设计和使用是学习程序设计必须掌握的基本知识。

函数还有一些特殊的形式，如递归函数、内联函数、重载函数、具有默认参数值的函数等，掌握这些函数的正确定义和使用是非常必要的。递归函数便于实现递归问题，尤其适合解决数学上的一些递归问题。用递归函数实现算法，优点是思路简单，缺点是函数执行效率一般不高。重载函数、具有默认参数值的函数等特殊形式的函数，使得利用函数实现算法时更方便灵活。

本章介绍的变量存储类型以及标识符的作用域等概念，也是必须掌握的基础知识。

习题和思考题

5.1　C++中的函数是什么？什么叫主调函数？什么叫被调函数？二者之间有什么关系？如何调用一个函数？

5.2　函数原型中的参数名、函数定义中的参数名以及函数调用中的参数名必须一致吗？

5.3　函数由哪几部分构成？函数的接口指什么？一般函数体是由哪些基本结构构成的？

5.4　函数调用时，参数传递方式有哪几种？不同方式下形式参数的形式分别是什么？

5.5　什么情况下使用 return 语句？

5.6　下列关于 C++函数的叙述中，正确的是(　　)。

　　A．每个函数至少要具有一个参数　　　　B．每个函数都必须返回一个值

　　C．函数在被调用之前必须先声明或定义　　D．函数不能自己调用自己

5.7　下列程序运行后的输出结果是什么？

```
#define  N  20                          void main( )
fun( int a[], int n, int m)             {   int i,a[N]={1,2,3,4,5,6,7,8,9,10};
{   int i,j;                                fun(a,2,9);
    for(i=m;i>=n;i--)                       for(i=0;i<5;i++)
        a[i+1]=a[i];                            cout<<a[i];
}                                       }
```

5.8　下列程序执行后的输出结果是什么？如何理解？

```
#include <iostream>
using namespace std;
void fun(int& x, int y) { int t = x; x = y; y = t; }
void main( )
{    int a[2] = {23, 42};
     fun(a[1], a[0]);
     cout << a[0] << ", " << a[1] << endl;

}
```

5.9　编写函数把华氏温度转换为摄氏温度，公式为 C = (F − 32) × 5/9；在主程序中提示用户输入一个华氏温度，转化后输出相应的摄氏温度。

5.10　什么函数叫做递归函数？递归函数的要素是什么？什么叫递归调用？

5.11　用非递归的函数调用形式求 Fibonacci 数列第 n 项。Fibonacci 数列第 n 项计算式为

$$F(n) = \begin{cases} 1, & n = 1 \\ 1, & n = 2 \\ F(n-1) + F(n-2), & n > 2 \end{cases}$$

5.12　用递归的方法编写函数求 Fibonacci 数列第 n 项，并观察递归调用的过程。

5.13　什么叫内联函数？它有哪些特点？定义内联函数的关键字是什么？内联函数中不能包含什么语句？

5.14　下列说法正确的是(　　　)。

A．内联函数在运行时是将该函数的目标代码插入每个调用该函数的地方

B．内联函数在编译时是将该函数的目标代码插入每个调用该函数的地方

C．类的内联函数必须在类体内定义

D．类的内联函数必须在类体外通过加关键字 inline 定义

5.15　何谓重载函数？调用重载函数时通过什么来区分各同名函数？

5.16　对于带默认参数值的函数，如果只有部分形式参数有默认值，则带默认值的形式参数应该位于形式参数表的何处？为什么？

5.17　什么叫做作用域？有几种类型的作用域？

5.18　什么叫做可见性？可见性的一般规则是什么？

5.19　生存期与存储区域密切相关。试说明全局变量、静态变量、函数、自动变量(局部变量)存放在什么存储区，具有什么生存期。

5.20　什么叫外部存储类型？

5.21　以下程序运行后的输出结果是什么？

```
int fun(int   a)                    void main()
{  int b=0;                         {
   static   int c=3;                   int i,a=5;
   b++;                                for(i=0;i<3;i++)
   c++;                                   cout<<i<<" "<<fun(a)<<endl;
   return   (a+b+c);                   cout<<endl;
}                                   }
```

5.22 以下程序的执行结果是什么？

```
#include<iostream.h>                          int f(int m)
#include<iomanip.h>                           {   static int n=1;
int f(int m);                                     m/=2;
void main()                                       m=m*2;
{   int a,i,j;                                     if(m)
    for (i=0;i<2;i++)                             {   n*=m;
    {   a=f(4+i);                                      return f(m-2);
        cout<<setw(5)<<a;                          }
    }                                             else    return n;
}                                                 }
```

5.23 C++程序使用头文件的意义是什么？如何将头文件嵌入源程序？

5.24 函数 summarray()计算一个数组所有元素的和，其定义如下：

```
int        summarray(int a[], int n)
{          int  sum=0;
           for(int i=0; i<n; i++)
                    sum+=a[i];
           return sum;
}
```

现有 int a[2][3]，若求数组 a 中所有元素的和，则对 summarray()调用正确的为(   )。

A．summarray (a, 6)   B．summarray (a[0], 6)

C．summarray (&a[0][0], 6)   D．summarray (&a, 6)

第6章
指针和引用

基 本 知 识

6.1 指针

6.1.1 地址和指针变量

当定义某种类型的变量后，就可以通过变量名对变量进行访问，包括在指定的取值范围内改变它的值，以及对它进行允许的运算，这样的访问属于对变量的直接访问。

还有一类变量，存放的是变量的地址。**存放地址的变量称为指针变量，简称为指针(Pointer)。**

例如，已经定义了 int a;，存放 a 的地址的变量 pa 就是指针变量。

也可以不定义任何变量，只是指定内存从某个地址开始(如 0x00430100)的 4 个字节存放整型变量，这样的地址也可以存入指针变量。

访问指针变量时，只能看到地址，只有通过这个地址，才能访问地址单元中的内容，这样的访问称为对于内存单元的间接访问。

6.1.2 指针的定义和初始化

指针变量定义的格式为

    <类型名> *变量名 1, *变量名 2;

例如：

    int *pa1, *pa2;

    char *pch1, *pch2;

定义指针变量时的"*"有如下两个含义：

● 声明变量 pa1、pa2、pch1、pch2 都是指针变量。

● 说明变量 pa1 和 pa2 的类型是(int *)型，即指向整型变量的指针。pa1 和 pa2 所指定的地址单元中，只能存放整型数据。类似地，pch1 和 pch2 的类型是(char *)型，它们所指定的地址单元中，只能存放字符。

因此，指针变量尽管存放的都是地址，但是存在类型上的差别。**指针变量的类型就是它所指定的地址单元中存放的数据的类型**。变量 pa1 和 pa2 是指向整型的指针，变量 pch1 和 pch2 是指向字符型的指针。

指针变量在声明后，变量的值(地址)是随机的，这样的指针变量是不能安全地使用的。因为其中的随机地址可能不是有效的数据地址，所以，建议在定义指针时，如果不确定指针的指向，就要给指针赋值为 0(或者写 NULL)，表示"空指针"，不指向任何内存单元。

例如：

```
int *va1=0, *va2=0;
char *ch1=0, *ch2=0;
```

指针变量必须在初始化后才可以正确使用。指针变量的初始化就是给它分配一个有效的数据地址。

指针变量的初始化有两种方法：在定义时初始化和在定义后赋值。

定义指针变量时就进行初始化的格式是

```
<类型名> *指针变量名=&变量名;
```

其中的变量名应该是已经定义的同类型变量名。例如：

```
char ch1='Y';
char *pch1=&ch1;
```

这时，变量在内存中的示意图如图 6-1 所示。语句中的符号&是"取地址"运算符。

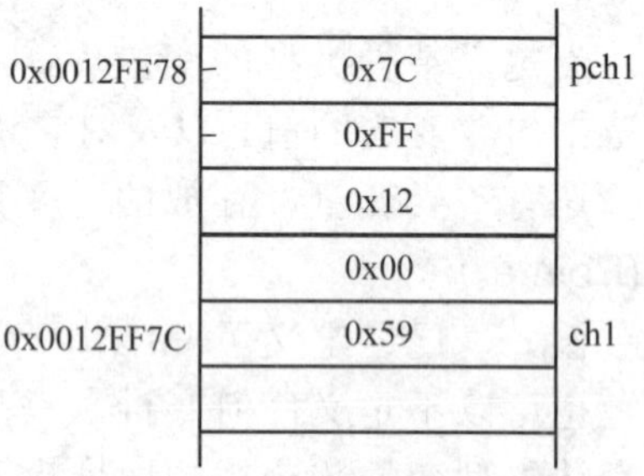

找到指针 pch1 后，可以看到其所存的地址是 0x0012FF7C，然后可以看到 0x0012FF7C 单元中是 0x59，也就是字符'Y'的 ASCII 码。后续可以通过指针间接访问该内存单元。

另一种方法是在定义指针变量后，用赋值的方式对它们进行初始化。例如：

图 6-1 指针及其所指向的变量在内存中的示意图

```
char ch1='Y', ch2='A';
char *pch1=NULL, *pch2=NULL;
pch1=&ch1;
pch2=&ch2;
```

没有初始化的指针变量是不可以使用的。编译带有这样指针变量的程序，编译系统会给出警告，而运行时会出现错误。"先初始化，后使用"是指针变量使用的一条基本原则。

例 6-1 观察指针的值和指针变量自身的地址。

```cpp
//例 6-1.cpp
#include <iostream>
using namespace std;
void main()
```

```
{       int a=10;
        int* pa=&a;
        cout<<pa<<"            "<<&pa<<endl;
}
```

屏幕将以十六进制数的格式显示 pa 所存放的 32 位地址值，以及 pa 变量本身的地址。

6.1.3　指针的使用

间接引用运算符"*"是一种一元运算符，它和指针变量连用，对指针所指向的内存单元进行间接访问。其使用的格式是

　　*指针变量

如果指针变量 pa 指向整型变量 a，*pa 就是变量 a 的内容。

例 6-2　对变量的直接访问和间接访问，写出以下程序的运行结果。

```
//例 6-2    对变量的直接访问和间接访问
#include <iostream>
using namespace std;
void main()
{ char ch1='a',*pch=0;
  int k1=100;
  pch=&ch1;                          //指针 ch 指向变量 ch1
  cout<<"*pch="<<*pch<<endl;         //间接访问
  *pch='B';
  cout<<"ch1="<<ch1<<endl;           //直接访问
  ch1=k1;
  cout<<"*pch="<<*pch<<endl;         //间接访问
}
```

程序的运行结果是：

```
*pch=a
ch1=B
*pch=d
```

这个程序表明，当指针 pch 指向变量 ch1 后，访问*pch 和 ch1 有相同的效果。改变*pch 的值，也就是改变 ch1 的值。同样，改变 ch1 的值，也就是改变*pch 的值。

指针可以进行的算术运算只有加法和减法，但是指针的加/减法和一般的算术运算有不同的含义。

指针可以和一个整数 n 做加法或者减法运算。指针 p 和整数 n 相加(相减)的含义是指向当前位置 p 的前方(后方)第 n 个数据的地址，如图 6-2 所示。

最经常见到的指针算术运算是加 1(++)和减 1(−−)运算，也就是将指针的位置向前或者向后移动一个数据单元。

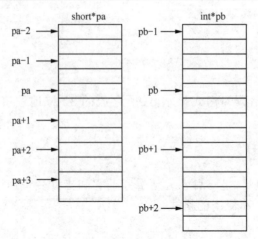

图 6-2 指针的加减运算

例 6-3 通过指针的间接访问，输出下标为偶数的数组元素的值。

```
//例 6-3  指针间接访问数组
#include <iostream>
using namespace std;
void main()
{ int k1[10]={11,24,37,44,58,66,79,86,93,108},*pk=NULL;
    pk=&k1[0];                          //数组第一个元素的地址赋值给指针 k
    for(int i=0;i<10;i=i+2)             //每次循环，指针加 2
        cout<<"k1["<<i<<"]="<<*(pk+i)<<endl;
}
```

数组与指针的区别

程序的运行结果是

```
k1[0]=11
k1[2]=37
k1[4]=58
k1[6]=79
k1[8]=93
```

程序实现将数组第一个元素(下标为 0)的地址赋值给指针 pk，通过间接引用运算 *pk 得到数组第一个元素的值，以后每次循环使得指针加 2，再用间接引用*(pk+i)，显示下一个偶数下标的元素的值。

指针和指针直接相加是没有意义的，也是不允许的。指针和指针相减是可以的，其意义是求出两个指针之间可以存放几个指定类型的数据。在例 6-3 中，如果计算 &k1[8]−&k1[3]，结果是 5，而不是两个地址值的具体差值。

注意：不允许用一个整数减一个指针。

指针的赋值运算一定是地址的赋值。用来对指针变量赋值的可以是以下参量：

- 同类型变量的地址。
- 同类型的已经初始化的指针变量。

● 向系统申请的同类型指针的地址，见 6.2 节。

注意：不同类型的指针是不可以互相赋值的。在为指针赋值时，不存在类型自动转换的机制。

相同类型的指针可以进行各种关系运算，以比较两个指针是相等还是不相等。两个指针变量相等，表示它们指向相同的内存地址。

6.2　动态内存

动态内存是在程序执行时才可以申请、使用和释放的内存，即存放动态数据的内存区域。存放动态数据的区域称为"堆"，动态内存也称为堆内存。

动态内存不能通过变量名来使用，而只能通过指针来使用。

在实际应用中，有两种情况需要使用堆内存：

(1) 需要存储大量数据时，一般申请使用堆内存。

(2) 如果需要存储一组数，数据类型相同但数据个数在编程时不确定，在运行时才能确定，这种情况无法定义数组，只能使用堆内存存储。

6.2.1　C 语言的动态内存申请和释放

C 语言通过函数 malloc()申请动态内存，通过函数 free()释放动态内存。

malloc 函数的原型为

        void * malloc(unsigned int size);

malloc 函数申请 size 个字节的内存空间，并返回指向所分配内存的 void *类型的指针。void *指针具有很好的通用性，可以通过类型转换赋值给任何类型的指针变量。如果没有申请到内存空间，则返回 NULL，例如：

        int * pn = (int *)malloc(sizeof(int));

该语句按照 int 类型数据存储空间的大小(如果 int 占 4 个字节，sizeof(int)的值为 4)分配了 4 个字节的空间，并由整型指针 pn 指向该内存空间，接下来可以通过*pn 访问该内存空间。

函数 free 的原型为

        void free(void * ptr);

free 函数释放先前 malloc 所分配的内存，所要释放的内存由指针 ptr 指向。

6.2.2　C++的动态内存申请和释放

C++中通过运算符 new 申请动态内存，通过运算符 delete 释放动态内存，方式比 C 语言简单，功能却比 C 语言强大。

动态内存申请运算符 new 的使用格式为

        new <类型名> (初值)

其中，"类型名"是所申请的内存将存放数据的类型，"初值"则是存放的数据初值，也就是可以将内存的申请和赋初值在一次操作中完成。

运算结果：如果申请成功，则返回指定类型内存的地址；如果申请失败，则返回 NULL 指针。

一般总是将动态申请的地址赋值给一个指针，例如：

```
int *pi=0;
pi = new int(10);
```

如果申请成功，指针 pi 就获得了一个有效的地址，并且使得*pi=10。

动态内存使用完毕后，要用 delete 运算符来释放。delete 运算符的使用格式为

```
delete <指针名>;
```

操作后，指针中所包含的动态内存地址就会释放，交还给系统使用。

动态内存的申请和释放应该配合使用，所以在程序中，new 和 delete 一般应该成对出现。

申请动态一维数组时，要在 new 表达式中加上申请数组的大小，其格式为

```
new <类型名>[表达式];
```

注意：在动态申请数组空间时，不可以对数组进行初始化。

例如，申请一个动态的整型数组：

```
int *piarray=0;
piarray = new int[10];
```

这样申请得到的地址的类型仍然是(int *)，只是申请了 10 个这样的整型数据空间。

释放动态数组空间要用以下语句：

```
delete []<指针名>;
```

例 6-4　在堆内存中申请空间存放大数组。

解　假设需要将近 40M 字节的空间存放整数，这时定义数组，在栈空间分配存储空间不合适，很容易造成栈溢出。在堆空间申请空间，在程序运行时动态申请，动态释放是最佳方法。

```
//例 6-4  堆内存的申请和释放
#include <iostream>
#include <ctime>
using namespace std;
void main()
{
    const int N = 10000000;
    int *parr = new int[N];    // int *parr = (int *)malloc(N * sizeof(int));
    srand(time(NULL));
    int *pm = parr;
    for (int i=0; i<10; i++)
    {
        *pm = rand()%100;
        pm++;
    }
```

```
        for (int i=0; i<20; i++)
            cout<<*(parr+i)<<endl;
        delete [] parr;    //free(parr);
    }
```

程序中用指针指向堆内存中的一组数，也通过指针进
行读写访问，只给前 10 个数赋值，输出显示前 20 个数。

new-delete 与 malloc-free 的区别

6.3　引用

引用(Reference)是 C++中新引入的概念，是 C 语言中不存在的数据类型。

引用是变量或者其他编程实体(如对象)的别名，因此，引用是不可以单独定义的。
如图 6-3(a)所示，变量 A 在内存中有自己的地址，而 A 的引用 B 实际上就是变量 A，
只是 A 的另外一个名字。作为对比，图 6-3(b)再次给出了指针和它所指向的变量的关
系。指针变量本身也有自己的地址，是可以独立存在的；而引用是不可以独立存在的。

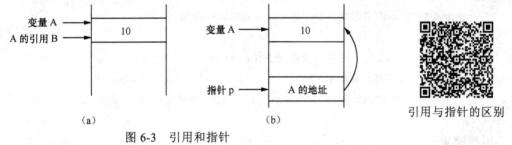

图 6-3　引用和指针

6.3.1　引用的声明

引用是通过运算符&来定义的，定义格式如下：

<类型名> &引用名 = 变量名；

其中，变量名必须是已经定义的，并且必须和引用的类型相同。例如：

int someInt；

int &refInt = someInt；

这样定义的 refInt 就是变量 someInt 的引用。引用 refInt 和变量 someInt 具有相同的地
址，对于引用 refInt 的操作也就是对变量 someInt 的操作。当然，对于变量 someInt 的
操作也就是对引用 refInt 的操作。

必须注意：引用必须在声明的同时完成初始化，不可以先声明引用，再用另一个
语句对它进行初始化。以下语句中，后两个语句都是错误的。

int someInt；

int &refInt；   //错误语句

refInt = &someInt；   //错误语句

所以，引用具有以下特点：

● 引用不能独立存在，它只是其他变量的别名。

● 引用必须在声明的同时初始化。

● 引用一旦定义，引用关系就不可以更改，即 B 若是 A 的引用，就不可能是其他变量的引用。

● 引用的类型就是相关的变量的类型，引用的使用和变量的使用相同。

6.3.2　引用的使用

例 6-5　引用的使用。观察以下程序的结果。

解　引用的使用分两个方面，即通过引用使用相关的变量，或者通过引用修改相关的变量。

```
//例 6-5 引用的使用
#include <iostream>
using namespace std;
void main()
{    int intA=10;
     int& refA=intA;
     cout<<"引用的值和相关变量值相同：refA="<<refA<<endl;
     refA=5;
     cout<<"引用变化，则相关变量也变化：intA="<<intA<<endl;
     cout<<"引用的地址和相关变量地址相同：intA 的地址＝"<<&intA<<endl;
     cout<<"引用的地址和相关变量地址相同：refA 的地址＝"<<&refA<<endl;
}
```

运行结果：

引用的值和相关变量值相同：refA=10

引用变化，则相关变量也变化：intA=5

引用的地址和相关变量地址相同：intA 的地址＝0x0012FF7C

引用的地址和相关变量地址相同：refA 的地址＝0x0012FF7C

在实际的程序中，没有必要在一个程序作用域中定义一个变量后，又定义它的引用。在程序中真正使用引用的地方是在函数调用中：或者将引用作为函数的形式参数，或者将引用作为函数的返回值。

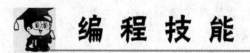

编 程 技 能

指针与函数

1. 指针作为函数参数

在程序设计中，指针和引用的主要应用之一是作为函数的形式参数。两者有很多相似之处，它们形成了 C++函数调用中的另一种调用方式：地址调用。必须从概念上理解什么是地址调用，以及它在应用上的特点。

用指针作为函数参数实现地址调用，必须满足以下条件：

● 函数的形式参数是指针变量。

● 函数的实际参数是内存的地址，具体来说可以是数组名、变量的地址、用变量地址初始化的指针。

● 形参指针类型和实参地址类型必须相同。

满足以上条件后，这样的函数调用在使用上具有以下特点。

● 实参传递给形参的是内存的地址，所以形参指针指向实参变量。

● 形参指针通过间接引用直接访问实参变量，包括改变实参变量的值。

● 函数调用后，可以保留对实参变量的操作结果，如果有多个实参，就可以有多个实参变量在函数调用中得到修改。

这种调用方式可以实现"参数的双向传递"，即实参将变量地址传递给形参指针，形参将变量变化的结果传递给变量；也可以称为"可以返回多个结果"。这些说法，对于理解地址调用的结果会有所帮助，但是，实际上并不存在从形参到实参的"返回"操作，形参指针的间接引用就是对实参变量的操作。实参变量的变化在函数调用过程中已经发生，而不是在函数执行后才发生。

第 5 章中介绍的"数组作为函数参数"就是属于这种情况。现在是用指针变量代替数组名，属于更一般的情况。

例 6-6　编写数据交换的函数。在 main()中调用这个函数，交换 main()中定义的变量。

解　如果需要通过函数调用改变主调函数中变量的值，必须采用地址调用方式。

```
//例 6-6 通过地址调用，交换调用程序的两个数据
#include<iostream>
using namespace std;
void Swap(int *a, int *b);
void main()
{       int x(10), y(5);
        cout<<"主函数变量的值：    x="<<x<<"      y="<<y<<endl;
        Swap(&x,&y);
        cout<<"返回后变量的值：    x="<<x<<"      y="<<y<<endl;
}
void Swap(int *a, int *b)
{       int t;
        t=*a;
        *a=*b;
        *b=t;
        cout<<"函数中完成了交换：*a="<<*a<<"      *b="<<*b<<endl;
}
```

程序运行结果：

        主函数变量的值：   x=10   y=5

        函数中完成了交换：*a=5 *b=10

        返回后变量的值：   x=5   y=10

下面结合内存中的变量情况，利用图 6-4 中的(a)～(d)图对 Swap()函数调用中各变量的情况作一个分析。

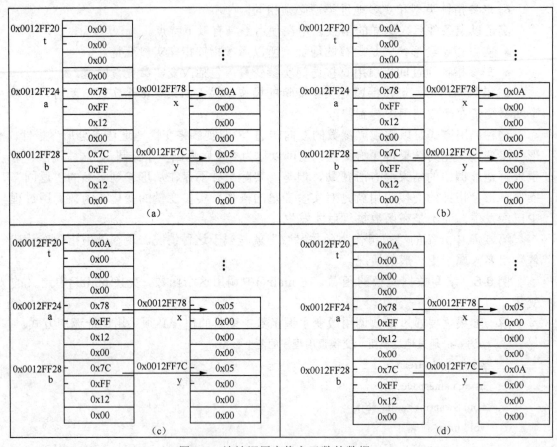

图 6-4   地址调用交换主函数的数据

首先，假设以上各变量在内存中的地址及取值如下：

x 的地址是 0x0012FF78，值是 10(十六进制为 0A)；y 的地址是 0x0012FF7C，值是 5(十六进制为 05)；指针 a 的地址是 0x0012FF24，指针 b 的地址是 0x0012FF28；t 的地址是 0x0012FF20，t 的值为 0(设初始值为 0)。

当 main()函数调用 Swap()函数时，程序中用变量 x 和 y 的地址作为实参，传递给指针 a 和 b。此时指针 a 中的内容是 x 的地址，即为 0x0012FF78；指针 b 中的内容是 y 的地址，即为 0x0012FF7C；而此时，t 的值为 0，内存情况如图 6-4(a)所示。

当程序调用运行到 Swap()内部，执行 t=*a 语句时，t 的值被赋值为指针 a 所指内容，t 值为 10(十六进制为 0A)，内存情况如图 6-4(b)所示。

程序继续往下运行，执行*a=*b；语句时，指针 a 所指地址(x)的值被赋值为指针 b

所指地址(y)的值，此时，x 值为 5(十六进制为 05)，内存情况如图 6-4(c)所示。

最后，当程序执行*b=t;语句时，指针 b 所指地址(y)的值被赋值为 t 的值 10，此时，y 值为 10(十六进制为 0A)，内存情况如图 6-4(d)所示。

由此可见，通过间接引用*a 和*b 进行交换，实际上就是 x 和 y 进行交换。

以上程序也可以用指针变量作为实参，效果是一样的，有关的语句是

    int x(10), y(5);

    int *px=&x, *py=&y;

    Swap(px,py);

从运行结果看，通过指针作为形参的地址调用，完成了 main()函数中 x 和 y 变量的交换。现在，一种大家都接受的说法是："如果要函数返回一个结果，直接用函数的返回值；如果要从函数得到多个结果，就要使用指针作为形参的地址调用。"但是要知道，这里的"多个结果"是在函数调用的过程中逐一得到的，而不是在函数返回时一次性得到的。

2. 引用作为函数参数

引用的主要应用就是作为函数的形式参数。

引用作为函数的形式参数具有以下特点：

● 引用作为形式参数时，实际参数是相同类型的变量。

● 引用作为形式参数时，参数传递属于地址传递。

● 引用作为形式参数时，在函数中并不产生实际参数的副本，形式参数的引用和实际参数的变量实际上是同一个实体。

● 函数对引用的操作，也是对实参变量的操作，函数调用可以改变实际参数的值。

例 6-7　用引用作为形式参数，通过函数调用交换两个实际参数。

解　程序如下：

```cpp
//例 6-7  用引用作为形式参数，交换两个实际参数
#include <iostream>
using namespace std;
void swap_1(int &x, int &y)            //引用作为形式参数
{ int j;
    j=x;
    x=y;
    y=j;
}
void main()
{ int a=12345, b=54321;
    cout<< " 函数调用前：a= " <<a<< " b="<<b<<endl;
    swap_1(a, b);                      //变量作为实际参数
    cout<< " 函数调用后：a= " <<a<< " b="<<b<<endl;
}
```

swap 函数的对比

程序运行结果：

　　　函数调用前：a= 12345 b=54321

　　　函数调用后：a= 54321 b=12345

可以看出，函数 swap_1()和以指针作为形式参数的函数 swap()(例 6-6)的效果相同。

用指针作为形式参数和引用作为形式参数是非常相似的。

● 两者都属于地址调用：通过指针的地址调用和通过引用的地址调用。

● 两者在函数调用时都不建立实参的副本，而是对实参的数据直接进行操作。

● 指针作为形式参数需要在函数中定义指针变量，引用作为形式参数不需要新建任何实体，所以用引用不需要占用新的内存，执行效率更高。

● 用引用作为形式参数，编程语句上也更简单些。

因此，在 C++的编程实践中，会更多地使用引用作为函数的形式参数。

3. 常指针和指针常量

并不是所有以指针作为形参的函数都需要修改指针所指的数据，同样，不是所有用引用作为形式参数的函数都需要改变实参本身。

例如，在调用一个求数组最大值的函数时，就不希望数组的值发生变化，反而希望在函数中能够限制对数组元素的修改。

可以使用常指针和常引用来实现对传递参数保护的目的。

常指针是指向常量的指针(Pointer to Constant data)的习惯说法，就是规定指针所指向的内容不可以通过指针的间接引用来改变。

常指针定义的格式如下：

　　　const <类型名> *<指针名>;

例如：

　　　const int *ptint;

其中，指针 ptint 的类型是(const int *)，也就是指向一个恒定的整型数。但是，这个整型数本身也许是可以改变的，只是不可以通过指针 ptint 的间接引用来改变。而 ptint 也可以用不同的地址来对它赋值。

常指针最常见的应用是出现在函数原型中，例如：

　　　char *strcpy(char *s1,const char *s2);

其中，字符串复制函数中有两个参数，都是字符指针，功能是把 s2 指向的字符串复制给 s1，s2 指向的字符串不要被函数修改，所以定义常指针。

类似地，也可以定义常引用，格式为

　　　const <类型名> <引用名>&;

还有另外一种和常量有关的指针：指针常量(Pointer Constant)，也就是指针本身的内容是常量，不可以改变。指针常量声明的格式是

　　　<类型名> *const <指针名>=<初值>;

例如：

　　　char ch, *const ptch=&ch;

这时，指针 ptch 是用 ch 地址初始化的常量，不可以改为其他地址，但是可以通过 ptch

的间接引用来改变 ch 的值。

数组名就是一个指针常量。

4. 指针函数和函数指针

如果一个函数的返回值是指针，则这样的函数称为指针函数。例如：

    int *func01(int k);

函数 func01()返回一个指向整型数据的指针。

返回指针，实际上就是返回一个内存单元的地址。

例 6-8　利用指针函数完成一个数组的倒序排列。源数组由函数参数传递，倒序排序后的数组由指针函数返回。

解　程序如下：

```
//例 6-8 在指针函数 reverse 中，申请动态数组，最后返回这个地址
#include <iostream>
using namespace std;
int * reverse(int const * list, const int size)          //指针函数
{   int *result = new int[size];                          //函数中定义的动态数组
    for (int i = 0, j = size - 1; i < size; i++, j--)
    {   result[j] = list[i];
    }
    return result;                                        //返回动态数组的地址
}
void printArray(int const *list, const int size)
{    for (int i = 0; i < size; i++)
        cout << list[i] << " ";
}
void main()
{   int list[] = {1, 2, 3, 4, 5, 6};
    int *pList = reverse(list, 6);                        //获得倒序排序后数组的地址
    printArray(pList, 6);                                 //显示倒序排序后的数组
    delete[]pList;
}
```

程序运行结果：

    6 5 4 3 2 1

注意：不能返回函数中局部变量的地址，这样的地址处于内存的栈区，函数结束时所占用的栈空间就释放了，回到主调函数后不能再使用该空间了。所以上面的例子中，不能在 reverse 函数中定义局部数组 int result[6]，使用堆空间是比较好的解决办法。

指针和函数有着天然的联系，因为函数名本身就是地址。指针不仅可以指向变量，还可以指向函数，指向函数的指针称为函数指针，定义函数指针的语法格式为

    <类型名> (*指针名) (形参列表);

其中，数据类型代表所指函数的返回值类型，形参列表是所指函数的形参列表。例如：

```
int (*fptr)(int,int);
```

上面的语句定义了一个函数指针 fptr，它可以指向带两个整型参数且返回值类型为整型的任意函数。

函数指针指向某个函数后，就可以像使用函数名一样使用函数指针来调用函数了。

例 6-9 使用函数指针调用函数。

解 程序如下：

```
//例 6-9.cpp
#include <iostream>
using namespace std;
float areaofRectangle(float width,float height)
{    return width*height;
}
float areaofTriangle(float heml,float height)
{    return (heml*height)/2;
}
void main()
{
        float (*fptr)(float,float);
        float area, worh, height;

        cout<<"请输入矩形的宽和高： "<<endl;
        cin>>worh>>height;
        fptr = areaofRectangle;
        area = fptr(worh, height);
        cout<<"矩形的面积为： "<<area<<endl;

        cout<<"请输入三角形的底和高： "<<endl;
        cin>>worh>>height;
        fptr = areaofTriangle;
        area = fptr(worh, height);
        cout<<"三角形面积为： "<<area<<endl;

}
```

因为函数名代表函数的内存地址，所以给函数指针赋值时，直接用函数名，不需要取地址运算符&。

 指针与字符串

C/C++可以处理字符串，但是没有字符串数据类型。处理字符串可以使用字符数组或者字符指针。另外，C/C++还提供了专门进行字符串操作的函数库。

1. 字符串处理的两种方式

C++字符串常量是用双引号括起的字符序列,并以字符'\0'作为结束标志,如"This is a string"。

字符串常量存放在内存的常量区域,有自己固定的首地址。如果将字符串常量的首地址看做指针,这种指针既是常指针,也是指针常量,即字符串的内容是不能改变的,而且首地址也是不能改变的。

C++处理字符串有两种方式:数组方式和指针方式。

数组方式是将字符串存入字符数组后,再进行处理。一般可以在声明数组的时候用字符串来初始化。例如:

```
char string_array[]="What's a nice day!";
```

指针方式是用字符串常量来初始化一个字符指针。例如:

```
char *string_pt="What's a nice day!";
```

这样的字符数组和字符指针都可以当作字符串使用,也可以进行字符串的各种操作,如统计长度、复制、比较等。但是,这样两种方式在一些具体的操作上还是有所不同的。表 6-1 所示为它们一些操作的比较。

表 6-1　两种字符串处理方式的比较

已 定 义	char s_array[]="Thia is a book";		char *s_pt="This is a book";	
直接输出	cout<<s_array;	可以	cout<<s_pt;	可以
直接输入	cin>>s_array;	可以	cin>>s_pt;	不可以
直接更改	s_array="OK";	不可以	s_pt="OK";	可以
赋值	s_array=s_pt;	不可以	s_pt=s_array;	可以

在表 6-1 中,基于数组形式的字符串有两种操作不允许。因为数组名是指针常量,不可以放在等号的左边。基于指针的字符串有一种操作不允许。实际上,这个语句在编译时是没有错误的,但是会出现运行时的错误。因为指针 s_pt 已经用字符串首地址初始化了,也就是用一个常指针初始化了,再通过 cin 来修改指针所指的内容当然是不允许的。

2. 字符串操作函数

C++提供了大量的字符串处理函数,使用这些函数时都需要包含头文件<cstring>。表 6-2 所示为一些主要的字符串处理函数。

表 6-2　C++的部分字符串处理函数

功能	函数原型	返回值	说明
字符串长度	int strlen(const char *string);	长度值	'\0'不计入
字符串复制	char *strcpy(char *s1,const char *s2);	复制的字符串	s1 要有足够空间
按字符数复制	char *strncpy(const char *s1,const char *s2,int n);	复制的字符串	s1 要有足够空间
字符串比较	int strcmp(const char *s1,const char *s2);	<0,=0,>0　对　应 s1<s2, s1=s2, s1>s2	按字符顺序比较 ACSⅡ码值的大小
字符串连接	char *strcat(char *s1, const char *s2);	连接后的字符串	s1 要有足够空间

表 6-2 中只是 C++字符串处理函数中的很少一部分。多数函数是以字符指针作为形式参数，源字符串都是常指针，以保护原来的数据。

调用这些函数时，原则上可以使用字符数组名、已经初始化的字符指针作为实际参数。字符串常量还可以作为源字符串的实际参数。但是，并不是字符数组名和字符指针的任意组合，都可以正确的作为调用这些函数的实际参数，使得调用顺利地执行。主要问题是要保证作为目的字符串的实际参数必须是可写的，否则，即使编译可以通过，运行时也会出现错误。

表 6-2 中有两个字符串复制函数：strcpy()和 strncpy()。前者是复制整个源字符串到目的串，要求目的串必须有足够的空间存放源串，否则会出现运行错误；而后者可以按指定的字符数来进行复制。一般可以先查看一下目的串的空间大小(字节数)，然后按这个字节数减1的数量来进行复制，因为还要留下一个字符的空间来写入结束字符'\0'。

例 6-10 strcpy()和 strncpy()的比较。

解 程序中做了 3 次字符串复制。第一次是 array1 复制到 array2，因为 array2 空间足够大，复制没有问题。第二次是 array1 复制到 array3，因为 array3 空间不够，运行时出现错误，所以只能将有关语句注释掉。第三次是按 array3 的实际空间进行复制，要用 strncpy()函数。

```cpp
//例 6-10 strcpy()和 strncpy()的比较
#include <iostream>
#include <cstring>          //在 C 语言源文件中使用#include<string.h>
using namespace std;
void main()
{   int n;
    char *array1 = "Happy Birthday to You";
    char array3[ 15 ];
    char array2[ 25 ];
    strcpy( array2, array1 );                       //复制 array1 到 array2
    cout << "The string in array1 is: " << array1
         << "\nThe string in array2 is: " << array2 << '\n';
    /*strcpy(array3,array1);                         //直接复制 array1 到 array3
    cout<<array3<<endl;     */
    n=sizeof(array3);
    strncpy( array3, array1, n-1 );                 //复制 array1 的 n-1 个字符到 array3
    array3[ n-1 ] = '\0';                           //添加'\0' 到 array3
    cout << "The string in array3 is: " << array3 << endl;
}
```

字符串处理函数和类库的头文件

程序运行结果：

The string in array1 is: Happy Birthday to You

The string in array2 is: Happy Birthday to You

The string in array3 is: Happy Birthday

指针与数组

指针和数组有着天然的联系，因为数组名本身就是地址。将指针和数组名联系起来，访问数组就多了一种方法。

虽然一维数组名和二维数组名都是地址，都可以看做某种指针，但是指针的类型是不同的，因此，通过指针访问一维数组和二维数组的方法是不同的。

1. 通过指针访问一维数组

一维数组名就是数组的地址，因此，一维数组名可以看做指针，它具有以下特点：

● 指针的类型是指向数组元素的指针，因此，数组名也是数组第一个元素的地址。对于数组 A 来说，数组名 A 和&A[0]具有相同的类型和相同的值。

● 通过数组名的间接引用运算，如*A，就可以访问数组的第一个元素 A[0]。

● 数组名所包含的地址值是不可改变的，是指针常量。

要通过指针访问一维数组，必须首先声明一个和数组类型相同的指针，并且用数组名来对指针进行初始化，例如：

> int A[10], *pa=A;

然后，就可以通过数组名或者所定义的指针变量，用以下多种方式访问数组元素：

● 数组名和下标，如 A[0]、A[4]。

● 指针和下标，如 pa[0]、pa[4]。

● 指针加偏移量的间接引用，如*(pa+0)、*(pa+4)。

● 数组名加偏移量的间接引用，如*(A+0)、*(A+4)。

● 指针自加后的间接引用，如*pa++。需注意，采用这种方法会改变指针本身的值。

但是，不允许数组名自加后的间接引用来访问数组元素，如*A++，因为数组名是常数，不可以通过自己加 1 来改变。

在使用"指针自加间接引用"的方法访问一维数组时，要意识到指针本身的地址值是变化的。必要时，需要对指针重新初始化。

例 6-11　求整型数组的平均值，显示所有数组元素和平均值。

解　求平均值需要先对数组元素求和，再除以元素的数目，然后显示数组的所有元素和平均值。这样，数组就要被访问两次。在使用"指针自加间接引用"方式时，在第二遍访问数组前，还要对指针进行初始化。

```
//例 6-11　通过指针求整型数组的平均值
#include <iostream>
using namespace std;
void main()
{ int intArray[10]={8,11,23,34,45,56,65,78,86,97},*ptint;
    int i,num,sum;
    float average;
```

```
        ptint=intArray;                                    //指针初始化
        sum=0;
        num=sizeof(intArray)/sizeof(*intArray);            //求数组元素的数目
        for(i=0;i<num;i++)
            sum=sum+*ptint++;
        average=(float)sum/num;
        ptint=intArray;                                    //指针再次初始化
        cout<<"数组元素是：\n";
        for(i=0;i<num;i++)
        cout<<*ptint++<<"        ";
        cout<<"\n 平均值是："<<average<<endl;
    }
```

程序运行结果：

数组元素是：

8   11   23   34   45   56   65   78   86   97

平均值是：50.3

2. 指针数组

若数组元素是某种类型的指针，称这样的数组为指针数组。

指针数组声明的格式如下：

    <类型> *<数组名>[常量表达式];

例如：

    char *member_name[10];

虽然指针数组元素可以是各种类型的指针，但实际使用最多的是指向字符的指针：用这些元素指向一些不同长度的字符串。例如：

    char *member_name[]={"Merry", "John", "Hill"};

如果用一个指针指向这样的数组，也可以通过指针来访问其中的字符串。例如，分别访问和显示数组中的第一个字符串"Merry"、第二个字符串"John"等。

例 6-12　指针数组及其访问。

```
//例 6-12   指针数组及其访问程序
#include <iostream>
using namespace std;
void main()
{
        char *member_name[]={"Merry", "John", "Hill"};
        cout << "The namelist show as:\n";
        for ( int i = 0; i < 3; ++i )
            cout << member_name [ i ] << '\n';
}
```

程序运行结果：

　　Merry

　　John

　　Hill

3.　指针数组作 main 函数的形参

为了在运行 C++程序时，可以由用户提供执行程序所需要的参数，可以在程序中使用 C++命令行参数。

命令行参数是 main 函数的参数。带有命令行参数的 main 函数的原型是：

　　<类型> main(int argc, char *argv[]);

可见，有两个命令行参数：

argc：整数，存放命令行参数的数目。这个参数不需要用户输入，由程序自动统计，所统计的命令行参数包括所执行的程序名。

argv[]：指针数组，存放所输入的命令行参数。命令行参数都看做是字符串，用空格隔开，回车结束。指针数组中存放各个字符串的地址。其中 argv[0]是所执行的程序名，argv[argc-1]是最后一个输入的参数字符串，argv[argc]中自动存入 NULL，表示输入结束。

用以下程序就可以观察输入的命令行参数，参数的数目不限。

例 6-13　显示命令行参数的程序。

```
//例 6-13 显示命令行参数的程序
#include <iostream>
using namespace std;
void main( int argc, char *argv[] )
{ cout << "共输入了"<< argc <<"个参数，分别是:\n";
    for ( int i = 0; i < argc; ++i )
        cout << argv[ i ] << ' ';
}
```

当然，程序需要在命令行的环境下执行：单击 Windows 窗口中的"开始"按钮，在开始菜单上单击"运行"，在文本框中输入程序的路径和程序名，以及其他命令行参数，单击"确定"，开始执行程序。

4.　二维数组与指针

二维数组可以看成是一维数组的一维数组。二维数组名虽然也是地址(指针)，但是却与一维数组名有不同的类型。

对于一维数组 A[5]，数组名 A 的地址，就是数组第一个元素 A[0]的地址。指针的类型是指向数组元素的指针。A+1 就是元素 A[1]的地址。

对于二维数组 B[3][4]，数组名 B 的地址，则是其中第一个一维数组 B[0]的地址。指针的类型是指向一维数组的指针。B+1 就是下一个一维数组 B[1]的地址。如图 6-5 所示。

图 6-5 中是两个不同列数的二维数组 B 和 C。数组名 B 和 C 虽然都是指向一维数

组的指针，两者还是有差别：所指向的一维数组的大小不同。因此，在定义指向一维数组的指针时，还必须指出一维数组的大小。

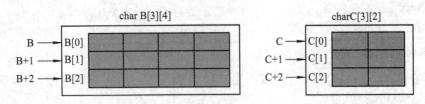

图 6-5　指向一维数组的指针

指向一维数组的指针的格式如下：

    <类型名> (*指针变量名)[一维数组大小];

例如，和图 6-5 中两个二维数组所对应的指向一维数组的指针定义如下：

    char (*ptchb)[4], (*ptchc)[2];

    ptchb=B;　　ptchc=C;

这样定义后，ptchb 就是指向一维数组 B[0]的指针，ptchb+1 就是指向一维数组 B[1]的指针。

对于指向一维数组的指针，具有以下的特征：

● 二维数组名是指向一维数组的指针，而不是指向数组元素的指针。

● 指向一维数组指针加 1 的结果，是指向下一个一维数组的指针。若 ptchb 指向一维数组 B[0]，ptchb+1 就是指向一维数组 B[1]。

● 指向一维数组的指针的间接引用的结果仍然是地址，即*ptchb 仍然是地址，只是地址的类型变了，变为一维数组 B[0]第一个元素 B[0][0]的地址。*ptchb+1 是 B[0][0]的下一个元素的地址，也就是 B[0][1]的地址。

因为*ptchb 是数组元素的地址，**ptchb 就是数组元素的值。用指向一维数组指针访问数组元素的一般公式是*(*(指针名+i)+j)：(指针名+i)是二维数组第 i 行的地址，*(指针名+i)是第 i 行第 0 列元素的地址，(*(指针名+i)+j)是第 i 行第 j 列元素的地址，*(*(指针名+i)+j)是第 i 行第 j 列的元素的值。

一般来说，访问二维数组的程序都需要使用双重循环。借助于指向一维数组指针的概念，可以用单循环访问二维数组。

例 6-14　用单循环程序，求二维数组元素的平均值。

解　程序如下：

```
//例 6-14 用单循环程序，求二维数组元素的平均值
#include <iostream>
using namespace std
void main()
{ int dArray[3][4]={32,42,12,25,56,76,46,53,76,89,96,82},(*pt)[4];
    int sum, j;
    float average;
    sum=0;
```

```
        pt=dArray;                              //指向一维数组指针的初始化
        j=sizeof dArray/sizeof **dArray;        //**dArray 就是元素 dArray[0][0]
        for(int i=0;i<j;i++)
            sum=sum+*(*pt+i);
        average=(float)sum/j;
        cout<<"数据的平均值等于："<<average<<endl;
    }
```

这个程序把二维数组 dArray 看成是一维数组，一维数组的首地址是*pt(实际是 *dArray)，其余数组元素的地址是*pt+i(0≤i<j)，再对这样的指针作间接引用(*(*pt+i))，就可以访问整个二维数组。

 # 指针与结构体

定义变量时，可以定义指向 int 型的指针变量，类似地，也可以定义指向结构型数据类型的指针变量。在实际应用中，当结构体成员较多时，需要在堆内存中进行存储，这就需要使用指向结构体的指针。

声明了指向结构的指针后，必须对指针进行初始化。指针的初始化有两种方法：其一是用已经定义的变量地址来初始化，其二是用 new 运算符申请一个地址来对指针赋值。

具体说明如下：

● 可以将结构变量的地址赋给结构指针，使用取地址"&"操作，得到结构变量的地址，这个地址就是结构的第一个成员的地址。例如：

```
        struct student                          //声明新的数据类型
        {   long num;                           //学号
            char name[20];                      //姓名
            float score;                        //成绩
        };
        student    stu={20041118,"Li Li",81};   //定义结构变量并初始化
        student * ps=&stu;                      //定义结构指针并初始化
```

● 使用 new 操作在堆中给结构指针分配空间。例如：

```
        student * ps=new student;               //定义结构指针用动态地址初始化
```

用结构指针访问结构成员时，**用箭头操作符代替原来的点操作符**对结构体成员进行操作。例如，将学生的成绩输出显示，语句如下：

```
        cout<<ps->score;
```

其中，ps->score 等价于(*ps).score。

例 6-15 结构指针的定义和使用。

解 每个员工的信息包括姓名、工作证号、薪水，定义为结构类型。定义结构指针并确定其指向，通过结构指针访问结构成员，输出显示员工的信息。

```
//例 6-15  结构指针的定义和使用
#include <iostream>
#include <string>
using namespace std;
struct Employee
{   char name[20];
    unsigned long id;
    float salary;
};
void main()
{
    Employee* prPtr = new Employee;
    strcpy(prPtr->name,"zhang san");
    prPtr->id=98001;
    prPtr->salary=3350.0;
    cout <<prPtr->name <<"      "<<prPtr->id <<"        "<<prPtr->salary <<endl;
    delete prPtr;
}
```

程序运行结果为

```
zhang san      98001      3350
```

在第 4 章介绍结构体应用时，有一个结构体排序的例子。当时说到为了排序，需要交换结构体变量，而交换结构体变量往往需要较大的工作量。可以再定义一个相应的结构体指针数组，每个元素是结构体变量的地址。用交换指针来代替交换结构体变量，可以提高程序的运行效率。

例 6-16 通过使用结构体指针数组完成结构体数组的排序。

解 定义一个结构体指针数组，存放结构体数组成员的地址。

```
Employee* pA[6] = {&allone[0], &allone[1], &allone[2],
                    &allone[3], &allone[4], &allone[5]};
```

当需要交换数组元素 allone[0]和 allone[1]时，只将指针数组的 pA[0]和 pA[1]交换，其余的交换操作也照此处理。最后，按照数组 pA 元素的顺序，访问和输出排序后的员工信息。

```
//例 6-16  通过使用结构体指针数组完成结构体数组的排序
#include <iostream>
using namespace std;
struct Employee
{   char name[20];
    unsigned long id;
    float salary;
};                                                  //定义结构体类型
```

```
        Employee allone[6]={{"zhang",  12345, 3390.0},          //定义结构体数组
                            {"wang", 13916, 4490.0},
                            {"zhou", 27519, 3110.0},
                            {"meng", 42876, 6230.0},
                            {"yang", 23987, 4000.0},
                            {"chen",  12335, 5110.0}};
        void main()
        { Employee* pA[6] = {&allone[0], &allone[1], &allone[2],    //指针数组
                            &allone[3], &allone[4], &allone[5]};
            Employee *temp;
            for(int i=1; i<6; i++)                              //排序
                { for(int j=0; j<=5-i; j++)                     //一轮比较
                    {if(pA[j]->salary > pA[j+1]->salary)        //比较工资成员
                        { temp=pA[j];                           //指针变量的交换
                            pA[j]=pA[j+1];
                            pA[j+1]=temp;
                        }
                    }
                }
            for(int k=0; k<6; k++)                              //输出
                cout <<pA[k]->name<<"      "
                    <<pA[k]->id<<"      "
                    <<pA[k]->salary<<endl;

        }
```

运行结果和例 4-11 相同。

链表是通过指针链接在一起的一组数据项，是一种非常有用的动态数据结构。

例 6-17　建立单向链表。

解　程序如下：

```
//例 6-17   单向链表的建立
#include <iostream>
using namespace std;
```

链表与数组的区别

```
struct student                         //声明新的数据类型
{    long num;                          //学号
    char name[20];                      //姓名
    float score;                        //成绩
    student * next;                     //指向下一个学生的指针
};
```

```
void main()
{
    student * head=NULL, * temp =NULL;
    head = new student;
    temp = head;
    int i = 1;
    while (temp != NULL)
    {
        temp->num = i;
        cout<<"Please input name and score for No. "<< i <<endl;
        cin>>temp->name>>temp->score;
        temp->next = NULL;
        i++;
        if (i == 5)
            break;              //建立 4 个结点的链表
        else
        {
            temp->next = new student;
            temp = temp->next;
        }
    }

    temp = head;
    while (temp != NULL)
    {
        cout<<temp->num<<"    "<<temp->name<<"    "<<temp->score<<endl;
        temp = temp->next;
    }
}
```

例 6-17 中，使用结构体定义了单向链表的结点。Main 函数里首先定义了头结点指针：

```
student * head;
```

并申请动态内存，再存储几个学生的信息，运行例 6-17 的代码，会组成如图 6-6 所示的链表。

图 6-6　单向链表结构

刨 根 问 底

void 类型的指针

指针除了可以指向各种类型的数据外，还可以定义为"无类型"，即 void 类型。声明的方式如下：

　　void *<指针名>;

void 类型的指针也指向内存地址，但是不指定这个地址单元内的数据类型。void 类型指针在使用上具有以下特点。

● 任何其他类型的指针都可以赋值给 void 指针。但是必须注意，这样赋值后的 void 指针的类型仍然是 void。

● void 类型指针不可以直接赋值给任何其他类型的指针。

● 无论何时，void 指针都不可以通过间接引用来访问内存中的数据，因为只要是数据就有类型，不存在"无类型"数据。

● 要通过 void 类型指针访问内存中的数据，必须进行指针类型的强制转换，才可以通过指针间接引用访问内存数据。

void 类型指针一般不会独立使用，而是作为指针类型转换的中介：将某种类型的指针转换为 void 指针，进行具体操作后，再强制转换为原来的类型。

C++有一个通用的内存区域的复制函数 memcpy()，它就是将某种类型数据的地址转换 void 指针，进行复制后，再强制转换为原来的地址类型。该函数的原型是 void *memcpy(void *dest, const void *src, size_t count);

函数有 3 个形式参数：源地址指针、目的地址指针、复制字节数。两个指针都是 void 类型，所以可以接受任何类型的实参指针。函数返回值是 void 类型目的地址指针，可以赋值给任何类型的指针。

例 6-18　使用 memcpy()函数复制数组。

解　一般复制数组要在循环中完成，而使用 memcpy()函数可以直接完成。

```
//例 6-18 memcpy()通用复制函数的使用
#include <iostream>
using namespace std;
#include <string.h>
void main()
{ char src[10]="012345678";
    char dest[10];
    char* pc=(char*)memcpy(dest,src,10);              //复制字符数据
    cout <<pc <<endl;
```

```
        int s1[3]={1,2,3};
        int d1[3];
        int *pi=(int*)memcpy(d1,s1,12);                //复制整型数据
        cout<<*pi<<"  "<<*(pi+1)<<"  "<<*(pi+2)<<endl;
    }
```

程序的运行结果是

        012345678

        1   2   3

void 类型指针还有一个具体的应用：显示字符指针的内容。除了字符指针外，其他指针都可以直接用 cout 语句来输出地址值，但是，用 cout 输出字符指针时，则是输出它所指向的字符串。可以将字符指针强制转换为 void 指针，再用 cout 语句输出，就可以看到地址值。例如：

```
        char *pch="Hello C++";
        cout<<pch<<endl;
        cout<<(void*)pch<<endl;
```

执行这个程序段后，将显示：

        Hello C++

        0x0042501C

思考：如果以上程序段中，指针 pch 是指向一个字符而不是字符串，结果将如何？

 ## 内存泄漏和指针悬挂

使用动态内存时要特别小心，应避免出现内存泄漏和指针悬挂等问题。

内存泄漏是指动态申请的内存空间没有正常释放，但是也不能继续使用的情况。例如：

```
        char *pch1=0;
        pch1 = new char('A');
        char *pch2 = new char;
        pch1=pch2;
```

程序执行后，指针 pch1 和 pch2 指向同一个地址单元，而原来为 pch1 所申请的存放字符 A 的空间就不可能再使用了，产生了内存泄漏。最常出现的情况是申请了动态内存后，没有正常地用 delete 来释放，导致内存泄漏。

另外一种情况是，让指针指向一个已经释放的空间，即所谓的指针悬挂(Dangling)。例如：

```
        char *pch1, *pch2;
        pch1 = new char;
        pch2 = pch1;
        *pch2 = 'B';
```

delete pch1;

程序执行到这里，指针 pch2 就是指向了一个已经释放的地址空间，形成指针悬挂。如果还要用 delete pch2;语句来释放 pch2 所指向的空间，就会出现运行错误，因为实际上已经不存在可以释放的空间了。

本章小结

指针变量的特点是可变性，即一个指针变量内的地址是可变的，所以，通过一个指针变量就可以访问一个数组。而引用的特点是不变性，一个变量的引用只能和这个变量联系在一起，彼此随着对方的变化而变化。本章还介绍了函数调用的另一种方式：地址调用，具体又分为通过指针的地址调用和通过引用的地址调用。动态内存的使用也是本章的重点之一。

习题和思考题

6.1　你认为以下程序将显示什么结果？运行这个程序，观察并解释为什么出现这样的结果。

```cpp
#include <iostream>using namespace std
void main()
{int va1=100;
 int *pva1=&va1;
 int *pva2;
 cout<<pva1<<"   "<<*pva1<<endl;
 cout<<pva2<<"   "<<*pva2<<endl;
}
```

6.2　以下程序在 VC 环境下编译运行时，会出现什么结果？

```cpp
#include <iostream>using namespace std
void main()
{ int vi=53;
  int* iPtr=&vi;
  float* fPtr=&vi;
  iPtr=fPtr;
  cout <<vi <<endl
      <<"iPtr:" << iPtr <<"=>" <<*iPtr <<endl
      <<"fPtr:" << fPtr <<"=>" <<*fPtr <<endl <<endl;
}
```

6.3 从键盘输入 3 个整型数 va、vb、vc，通过一个指向整型的指针 iptr，输出 3 个数中的最大值。编写相应的程序。

6.4 以下程序中调用了 4 次 strcpy()函数，请问哪些调用在运行时会出现错误？为什么？

```
#include <iostream>using namespace std
#include <string.h>
void main()
{   char *s1 = "String01";
    char *s2 = "String02";
    char s3[ ]="String03";
    char s4[ ]="String04";
    strcpy( s1, s2 );
    cout<<s1<<endl;
    strcpy( s3, s4 );
    cout<<s3<<endl;
    strcpy( s3, s2 );
    cout<<s3<<endl;
    strcpy( s1, s4 );
    cout<<s1<<endl;
}
```

6.5 编写一个函数 get_average()获取整型数组元素的平均值。要求这个函数既可以用来求一维数组元素的平均值，也可以求二维数组元素的平均值。编程实现这个函数，在 main()函数中通过具体的一维数组 Array_1D 和二维数组 Array_2D 测试这个函数。

6.6 以下程序在使用指针时有没有问题？运行后是否有问题？

```
#include <iostream>
#include<string.h>

using namespace std

void main()
{ char *pch;
  pch = new char;
  strcpy(pch,"Book");
  cout<<pch<<endl;
  delete pch;
}
```

6.7 编写程序，调用指针作为参数的函数，实现下面两字符串变量的交换。

```
char* ap="hello";
char* bp="how are you";
```

交换的结果为：ap 指向"how are you"，bp 指向"hello"。

6.8 以下能正确进行字符串赋值的语句是(   )。

A. char str[ ];   str="good!";

B. char str[5]="good!";

C. char *str;   str="good!";

D. char str[5];   str={'g','o','o','d','!'};

6.9 编程实现字符数组的反序输出。数组的反序和数组的输出都要通过函数来实现，函数的实参包括数组名，形参包括指向字符的指针。主函数中定义一个数组，调用两个函数，完成数组的反序和数组的输出。

6.10 设有 int *p, a=2, b=1; 则执行以下语句 p=&a; *p = a+b;后 a 的值为_____。

6.11 有下列程序，程序运行后的输出结果是(   )。

```
#include<iostream>
using namespace std;
void main() {
    char *a[]={"abcd","ef","gh","ijk"};
    for(int i=0;i<4;i++) cout<<*a[i];
}
```

A. aegi   B. dfgh   C. abcd   D. abcdedghijk

6.12 已知"int a[]={2,4,6,8,10},*p=a;"，则下列表达式的值能够正确表示数组元素地址的是(   )。

A. *p++   B. &p[5]   C.&(p+2)   D. p+2

6.13 已知"int a[2][4]={1,2,3,4,5,6,7,8}; int *p=&a[0][0];"，能够正确表示 a[1][2] 的表达式为(   )。

A. p[2][2]   B. *(*(p+2)+2)   C. *(p+8)   D. *(p+6)

6.14 若有以下定义：

```
struct person
{ char name[20];
   int age ;
   char sex ;
};
struct person a={"li ning" ,20,' m' },*p=&a ;
```

则对字符串"li ning"的正确引用方式是(   )。

A. *p.name   B. p.name   C. a->name   D. p->name

6.15 定义一个字符数组和指针 char str[]="abcdefg", *sp1;,能显示出字符"d"的语句是(   )。

A. sp1 = str;   cout << sp1+3 <<endl;

B. sp1 = str;   cout << *sp1 + 3 << endl;

C. sp1 = str;   cout << *(sp1+3) << endl;

D. sp1 = &str;   cout << *sp1 + 3 <<endl;

6.16 下列关于指针的描述，哪一个是错误的(   )。

A. 可以用数组名对指针进行初始化

B. 可以定义空指针(void)

C. 除空指针(void)外，其他指针之间不能相互转换

D. 指针可以进行加减乘除运算

6.17 已知函数 f 的原型是"void f(int *X,int &y);"，变量 vl 和 v2 的定义是"int vl,v2,"，下列调用语句中正确的是(   )。

A. f(vl, v2);   B. f(vl, &v2);   C. f(&v1,v2);   D. f(&v1,&v2);

第7章
类与对象

基 本 知 识

7.1 类和对象的定义

7.1.1 基本概念

目前的程序设计主要分为两类：面向过程的程序设计和面向对象的程序设计。前者按照流程化的思想，围绕着存放数据的基本变量来组织程序，将变量的赋值作为程序的基本操作，以变量值的改变作为程序的运行状态，以函数的调用来实现代码的重用。有别于前者，后者是按照类和对象的思想来组织程序，这种程序设计用一种更类似于人类思维模式的方法去解决客观问题，将客观世界的各种事物抽象为"对象"，每个对象都拥有自己的"状态"和"行为"。"状态"在程序设计中称为数据、变量或属性，"行为"在程序设计中称为方法或函数。各对象间通过方法的调用实现交互，完成一定的任务。按照人类的思维模式，事物都是分类定义的，所以用"类"将数据和对数据的操作封装在一个单独的数据结构中，这样，程序的模块化程度更高，具有更强的描述客观事物的能力，适合大型的程序开发。

设计程序就是要把现实生活中的问题抽象成程序，现实生活中的事物被看做软件中的一个个对象。例如，要设计一个学籍管理软件，需要管理大量的学生，每个学生都是一个对象，学生都有一些共同的属性特征和行为动作，是一类事物，因此，可以从这一组具有相同属性和行为的学生对象中抽象出一个学生类。

在这里，"类"有两方面的含义：首先，一个类表示现实生活中的一类事物，如"学生"，事物有相应的特征或属性，例如，学生有学号、姓名、年龄、成绩等，它们就是**类的数据成员**(Data Members)；事物可能有行为动作，也可能被某些行为动作所操作，例如，给学生的成绩打分，把学生的所有信息输出显示，这些都用函数来实现，这些函数和类有着不可分割的关系，是构成类的函数成员，或者叫**成员函数**(Member Functions)。其次，在程序设计语言中，一个类是一种新的数据类型。

在 C++中，类实际上相当于一种用户自定义的数据类型，请比较

```
struct student                    //结构体类型定义
{       int id;
        string name;
        int age;
        float score;
};
```

与

```
class Student                     //类的定义
{private:
        int id;
        string name;
        int age;
        float score;
public:
        void getscore();
        void printstu();
};
```

class 与 struct 的区别

无论是结构体 student，还是类 Student，都是一种自定义数据类型，它的地位等同于 int、float。我们可以定义 Student 类型的变量如下：

```
class Student s1;                  //class 也可以省略不写
```

这个变量就称为类的对象(Object)。

相应地，对象也有两方面的含义。首先，对象是一类事物中一个具体的个体，例如某个学生，学号为 10，名叫张三，可以得到成绩；其次，从程序设计的角度看，对象相当于变量，但比起原来基本数据类型的变量，对象包含了更多的内容，对象的状态在计算机内部用变量来表示，如学号、姓名，对象的行为在计算机内部用方法来表示，如 getscore()。

类和结构体都是一种自定义数据类型，有许多相似的地方，但是类的成员默认是 private 的，不可以任意访问，更重要的是类和对象具有继承和多态的特性，使得类和对象成为面向对象程序设计的基础。

7.1.2　类的声明

在使用对象前，首先要进行类的定义和实现。类的定义就是把具有相同数据和方法的一类对象抽象为类，所以，**类(Class)是一组对象的抽象化模型**。定义类是面向对象程序设计最基础和最重要的一步。定义类时，计算机内部并没有实质性的操作，所以也称为类的声明。

类的声明用于具体说明类的组成，例如：有哪些数据成员，名字是什么，各自是什么类型，有哪些成员函数，并通过函数原型来加以说明。一般将类的声明单独用一

个扩展名为.h 的头文件来保存。

另外，还需要对所声明的成员函数定义功能。类的声明加上成员函数的定义，就完整定义了一个类。成员函数定义通常用一个 C++源文件来保存。当然，也可以在类声明的同时，实现类的成员函数。

声明类的语法形式为

```
class 类名称
{ public:
        公有成员
protected:
        保护型成员
private:
        私有成员
};
```

其中，"成员"既可以是数据成员，也可以是成员函数的原型。关键字 public、protected、private 说明类成员的访问控制属性。

所以，在进行类的声明时，还要声明成员的访问属性。

例如，要声明一个时钟类，任何一个时钟都应该有时、分、秒的值，这就是时钟的属性特征；时钟的操作应该有设置时间、显示时间等。时钟类的标记图如图 7-1 所示。

图 7-1(a)中标记 "-" 的成员是私有成员，标记 "+" 的成员是公有成员。

图 7-1(b)是图 7-1(a)的简略表示，使用图标说明私有成员或公有成员。

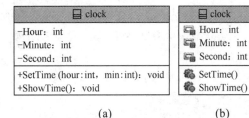

图 7-1　时钟类的标记图

进行类声明时，首先以关键字 class 声明类名，然后说明类的数据成员和函数成员。例如：

```
//Clock.h
class Clock
{ public:
        void SetTime(int newH,int newM,int newS);
        void ShowTime();
    private:
        int Hour;
        int Minute;
        int Second;
};
```

类的成员包括数据成员和函数成员，分别描述问题的属性和操作，是不可分割的两个方面。数据成员的声明方式与一般变量相同；函数成员用于描述类的对象可以进行的操作，一般在类中声明原型，在类声明之后定义函数的具体实现。

根据访问权限不同，类成员可以分为 3 种：私有(private)成员只允许本类的成员函数来访问；公有(public)成员是类对外的接口，在类声明和类(函数)实现之后，类的对象可以访问公有成员；保护型(protected)成员的可访问性和私有成员的性质相似，其差别在于继承过程中对派生类的影响不同，这个问题将在第 8 章详细介绍。

在类声明中，3 种访问控制属性可以按任意次序出现，也可以不出现。public 等关键字也可以多次出现，但是一个成员只能具有一种访问控制属性。

如果不写访问控制属性关键字，默认的是 private。在书写时通常习惯将公有类型放在最前面，这样便于阅读，因为它们是通过类对象在类的外部(指类定义和成员函数的实现代码之外)访问时所要了解的。

一个类应该有哪些数据成员，有哪些函数成员，它们应该是怎样的访问控制属性，这些都是面向对象分析和面向对象设计的问题。在面向对象编程中，应该掌握如何实现，并了解一些简单的设计规则。一般情况下，一个类的数据成员应该声明为私有成员，这样封装性较好。一个类应该有一些公有的函数成员作为对外的接口，否则其他代码无法访问类，就像一个钟表，如果既不能报时，又无法调整时间，就没什么用处了。

7.1.3 类的实现

类的成员函数描述的是类的行为或操作。函数的原型声明要在类的主体中，而函数的具体实现一般写在类声明之外。在类声明之后定义成员函数的语法形式为

```
返回值类型  类名::成员函数名(参数表)
{
    函数体
}
```

其中，通过"类名"和作用域操作符"::"来表示函数属于哪个类，其他部分和一般函数的定义相同。例如，Clock 类成员函数可以定义如下：

```
void Clock::SetTime(int newH,int newM,int newS)    //SetTime()函数的定义
{    Hour=newH;
    Minute=newM;
    Second=newS;
}
void Clock::ShowTime()                              //ShowTime()函数的定义
{    cout<<Hour<<":"<<Minute<<":"<<Second<<endl;
}
```

类的成员函数还可以有多种形态。

1. 带默认参数值的成员函数

类的成员函数可以有默认形参值，其调用规则与普通函数相同。例如时钟类的 SetTime()函数，使用默认值。

```
//Clock.h
class Clock
```

```
{ public:
        void SetTime(int newH=0,int newM=0,int news=0);
        void ShowTime();
    private:
        int Hour;
        int Minute;
        int Second;
    };
```

这样，如果调用这个函数时没有给出实参，就会按照默认的形参值将时钟设置到午夜零点。注意：默认值要写在函数原型声明中，函数实现时不写默认值。

2．内联成员函数

内联成员函数的声明有两种方式：隐式声明和显式声明。

在类声明时定义的成员函数都是内联函数。函数定义时没有任何的附加说明，所以称为隐式声明。例如，将时钟类的 ShowTime()函数在类声明时进行定义：

```
class Clock
{ public:
        void ShowTime()                                       //默认为内联函数
        {   cout<<Hour<<":"<<Minute<<":"<<Second<<endl;
        }
        …… //<其他声明>
    };
```

在类声明之后定义内联函数需要在函数头部用关键字 inline 开始，格式如下：

```
    inline 返回值类型 类名::成员函数名(参数表){ 函数体 }
```

例如，将 ShowTime()在类声明之后定义为内联函数：

```
    inline void Clock::ShowTime()
    {   cout<<Hour<<":"<<Minute<<":"<<Second<<endl;
    }
```

3．成员函数的重载

成员函数可以像普通函数那样进行重载。注意，类名是成员函数名的一部分，所以一个类的成员函数与另一个类的成员函数即使同名，也不能认为是重载。

例如，可以在 Clock 类中再声明一个按另一种格式显示时间的 ShowTime(int n)函数，和用来显示时间的函数构成重载：

```
    class Clock
    { public:
            void ShowTime();
            void ShowTime(int n);
            …… //          <其他成员声明>
        };
```

7.1.4 对象的定义和使用

定义一个对象和定义一个一般变量相同，语法形式为

　　类名称　对象名称;

定义变量时要分配存储空间，同样，定义一个对象时也要分配存储空间，一个对象所占的内存空间是类的数据成员所占的空间总和。类的成员函数存放在代码区，不占用内存空间。

类的成员是抽象的，对象的成员才是具体的。 类声明中的数据成员一定不能有具体的属性值，否则会有语法错误，只有对象的成员才会有具体的属性值。

声明了类及其对象，在类的外部就可以访问对象的公有成员了。公有成员可以是数据成员，也可以是函数成员。如果是数据成员，其语法形式为

　　对象名.公有数据成员

如果是函数成员，其一般形式为

　　对象名.公有成员函数名(参数表)

例如，在主函数中定义了 Clock 类的对象：

```
void main()
{       Clock myclock;
        myclock.SetTime(12, 5, 0);
        myclock.ShowTime();
}
```

给对象 myclock 分配内存空间，如图 7-2 所示。

在类的外部，只能通过对象访问类的公有成员；在类的成员函数内部，可以直接访问类的所有成员，这就实现了对访问范围的有效控制。

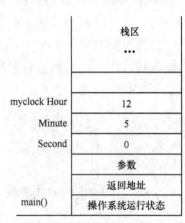

图 7-2　执行 main()函数时的
　　　　内存分配情况

例 7-1 定义一个时钟类，它的数据成员包括时、分、秒，它的函数成员有设置时间、显示时间。要求用两种格式显示时间，编程并测试这个类。

解 由于要用两种格式显示时间，需要对成员函数进行重载来实现。

```
//例 7-1    时钟类及其使用
//声明时钟类的头文件：Clock.h
#include <iostream>
using namespace std;
class Clock                                          //类的声明
{public:
        void SetTime(int newH=0,int newM=0,int newS=0);
        void ShowTime();
        void ShowTime(int n);
    private:
        int Hour;
        int Minute;
```

```
          int Second;
    };                                              //类的声明结束
    //实现类成员函数的源文件：Clock.cpp
    #include "Clock.h"
    void Clock::SetTime(int newH,int newM,int newS)    //SetTime()函数定义
    {     Hour=newH;
          Minute=newM;
          Second=newS;
    }
    void Clock::ShowTime()                          //ShowTime()函数定义
    {     cout<<Hour<<":"<<Minute<<":"<<Second<<endl;
    }
    void Clock::ShowTime(int n)                     //重载函数的定义
    {     cout<<Hour<<"点"<<Minute<<"分"<<Second<<"秒"<<endl;
    }
    //测试应用程序：7-1.cpp
    #include "Clock.h"
    void main()
    {     Clock myclock;                            //类的对象
          myclock.SetTime(12, 5, 0);               //设置时间
          myclock.ShowTime();                      //第一种方式显示时间
          myclock.ShowTime(1);                     //第二种方式显示时间
    }
```

运行结果：

　　12:5:0

　　12 点 5 分 0 秒

在具体实现时，将这个程序分解为 3 个文件：声明时钟类的头文件 Clock.h，实现时钟类成员函数的源文件 Clock.cpp，以及测试应用程序 7-1.cpp。在 VC2015 环境中，可以通过工程(Project)来统一管理一个程序的多个文件。

在 Clock.cpp 文件和 7-1.cpp 文件中，必须包含(#include)头文件 Clock.h。

7.1.5　类的作用域与可见性

1．类的作用域

一个类的所有成员位于这个类的作用域内，一个类的任何成员函数都能访问同一类的任何其他成员。C++认为一个类的全部成员都是一个整体的相关部分。

类作用域是指类定义和相应的成员函数定义的范围，通俗地称为类的内部。在该范围内，一个类的成员函数对本类的其他成员具有无限制的访问权。

在类作用域外，对一个类的数据成员或函数成员的访问受到程序员的控制。这种

思想是要把一个类的数据结构和功能封装起来，从而使得在类的成员函数之外对类的数据进行访问是有限的。

在例 7-1 的 main 函数中，我们不能写

```
myclock.Hour=12;              //编译时会出错，在类的外部不能访问类的私有成员
```

2. 类的可见性

类名实际是个类型名，允许类与其他类型变量或其他函数同名。

在类的内部，与类或类的成员同名的全局变量名或函数名不可见。

在一个函数内，同名的类和变量可以同时使用，都是可见的。例如，若 Clock 类已定义，以下函数的定义是没有问题的。

```
void func( )
{        class Clock a;         //定义对象时要用到类名，加前缀 class
         int Clock=10;          //变量名和类名相同
         Clock++;
         //…

}
```

但是从程序的可读性考虑，一般不要让类名和其他变量、函数用同样的名字。

7.2 构造函数

类和对象的关系相当于简单数据类型与其变量的关系，也就是一般与特殊的关系。每个对象区别于其他对象的地方主要有两个，外在的区别就是对象的标识符，即对象的名称，而内在的区别就是对象自身的属性值，即数据成员的值。在定义一个对象的时候要给它分配存储空间，也可以同时给它的数据成员赋初值。在定义对象时进行的数据成员设置，称为对象的初始化。在特定对象使用结束时，还经常需要进行一些清理工作。C++程序中的对象初始化和清理工作分别由两个特殊的成员函数来完成，它们就是构造函数和析构函数。

因为不同类型对象的初始化和清除工作是不一样的，因此构造函数和析构函数都是从属于某个类的，即每个类都要定义它自己的构造函数和析构函数，它们是类的成员函数。

1. 构造函数的定义

构造函数(Constructor)用来完成对象的初始化，给对象的数据成员赋初值。前面的 Clock 类对象就没有进行对象初始化，时钟的初值是通过 SetTime()函数来确定的。更一般的做法是通过构造函数完成对象的初始化。

定义构造函数的一般形式为

```
class 类名
{ public:
    类名(形参表);                    //构造函数的原型
```

```
        //类的其他成员
    };
    类名::类名(形参表)              //构造函数的实现
    {
        //函数体
    }
```

带有构造函数的 Clock 类的声明如下：

构造函数

```
    class Clock
    {    public:
            Clock(int H,int M,int S);        //构造函数
            void SetTime(int newH,int NewM,int newS);
            void ShowTime();
        private:
            int Hour;
            int Minute;
            int Second;
    };
```

构造函数可以在类的内部实现，也可以在类的外部实现。例如：

```
    Clock::Clock(int H,int M,int S)
    {    Hour=H;
        Minute=M;
        Second=S;
    }
```

在 main()函数中，就可以通过 Clock 类的构造函数来创建和初始化对象。

```
    void main()
    {  Clock MyClock(8,30,0);          //构造对象 MyClock，初始化为 8 点 30 分
        MyClock.ShowTime();            //显示时钟
    }
```

当创建对象 MyClock 时，系统会自动调用 Clock 类的构造函数来创建对象并做一些初始化工作。

构造函数的特点是：构造函数的名称与类名相同，构造函数没有返回值，构造函数一定是公有函数。

作为类的成员函数，构造函数可以直接访问类的所有数据成员。

在类的内部定义的构造函数是内联函数。构造函数可以带默认形参值，也可以重载。

2．构造函数的重载

构造函数可以像普通函数一样重载，调用时根据参数的不同，选择其中合适的一个。

例 7-2　定义一个日期类 Tdate，它的数据成员有年、月、日；为日期类定义 4 个构造函数，分别是：带一个参数，仅初始化日；带两个参数，初始化月、日；带 3 个参数，初始化年、月、日；不带参数。

解　程序如下：

```
//例 7-2  构造函数的重载
#include <iostream>
using namespace std;
class Tdate
{ public:
    Tdate();                          //第一个构造函数
    Tdate(int d);                     //第二个构造函数
    Tdate(int m,int d);               //第三个构造函数
    Tdate(int m,int d,int y);         //第四个构造函数
    //其他公共成员
    private:
        int month;
        int day;
        int year;
};
Tdate::Tdate()
{   month=4; day=15; year=1995;
    cout <<month <<"/" <<day <<"/" <<year <<endl;
}
Tdate::Tdate(int d)
{   month=4; day=d; year=1996;
    cout <<month <<"/" <<day <<"/" <<year <<endl;
}
Tdate::Tdate(int m,int d)
{   month=m; day=d; year=1997;
    cout <<month <<"/" <<day <<"/" <<year <<endl;
}
Tdate::Tdate(int m,int d,int y)
{   month=m; day=d; year=y;
    cout <<month <<"/" <<day <<"/" <<year <<endl;
}
void main()
{   Tdate aday;                       //开始用 4 种方式构造 4 个对象
    Tdate bday(10);
    Tdate cday(2,12);
```

Tdate dday(1,2,1998);

　　}

　　本例中为日期类定义了 4 个构造函数，看上去很烦琐。一种可替代的办法是：使用带默认参数值的构造函数。

3．带默认参数值的构造函数

　　函数可以为其参数设置默认值，构造函数也可以。

　　例 7-3　为日期类的构造函数设置默认参数值，把年、月、日设为 1995 年 4 月 15 日，并用多种方式调用构造函数创建对象。

　　解　可以用 4 种不同的参数传递方式调用构造函数，创建对象。

```
//例 7-3   带默认参数值的构造函数
#include <iostream>
using namespace std;
class Tdate{
public:
   Tdate(int m=4,int d=15,int y=1995)
   { month=m;   day=d;   year=y;
      cout <<month <<"/" <<day <<"/" <<year <<endl;
   }
   //其他公共成员
private:
    int month;
    int day;
    int year;
};
void main()
{   Tdate aday;
    Tdate bday(2);
    Tdate cday(3,12);
    Tdate dday(1,2,1998);
}
```

　　在实际使用中，可以根据需要定义一个或多个构造函数，参数可以带或不带默认值。

4．默认构造函数和无参构造函数

　　在例 7-1 中，没有定义类 Clock 的构造函数，这样编译系统就会在编译时自动生成一个默认形式的构造函数。默认构造函数具有以下形式：

　　　　类名::类名(){ }

这是一个既没有形式参数，也没有任何语句的函数，这样的默认构造函数当然不能为对象的初始化做任何事情。

必须注意：**只有在类中没有定义任何构造函数的情况下，才能使用默认构造函数。**

还有一种构造函数称为无参构造函数，它的一般形式是：

> 类名::类名(){语句…}

另外，带有全部默认参数值的构造函数也是无参构造函数。

假如 Clock 类中只定义了构造函数 Clock(int H,int M,int S)，并且没有默认值，以下程序就有语法错误。

```
void main()
{
    Clock c1(10,10,10);
    Clock c2;        //编译时会出错
}
```

原因是类中没有定义无参构造函数，因为类中定义了带参数的构造函数，编译系统也就不会再自动生成一个默认构造函数。

程序中，不能同时出现无参数构造函数和带有全部默认形参值的构造函数，否则，就会出现编译错误。

注意，一旦定义了一个类的构造函数，系统就不再生成默认构造函数了。如果需要定义一个对象而不提供实际参数，需要定义一个无参构造函数，或者给所有参数都设置默认值。

5．复制构造函数

复制构造函数(Copy Constructor)用来复制一个对象，就像复印机复制文件、配钥匙一样。定义对象时，通过等号赋值进行对象的初始化，系统会自动调用复制构造函数。例如：

```
Clock ca(12, 5, 0);    //先创建一个对象
Clock cb=ca;           //在定义 cb 时用 ca 初始化 cb，自动调用复制构造函数
```

也可以在定义对象时，像调用构造函数一样，调用复制构造函数，只是实参是一个已经定义好的对象，例如：

```
Clock cc(ca);          //用复制构造函数将 ca 复制到 cc
```

复制构造函数所完成的操作就是把数据成员的值一一复制，Clock 对象 ca 和 cb 的内存示意图如图 7-3 所示。

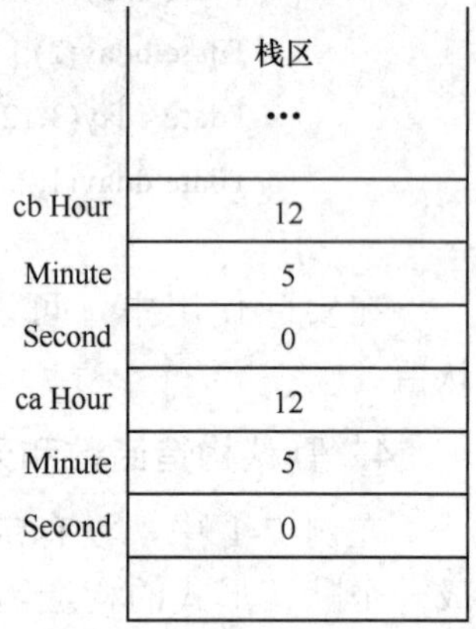

复制构造函数就是函数的形参是类的对象的引用的构造函数。

定义一个复制构造函数的一般形式为

```
class 类名
{ public:
    类名(类名& 对象名);     //复制构造函数原型
};
类名::类名(类名& 对象名)    //复制构造函数的实现
{
```

栈区
...
cb Hour 12
Minute 5
Second 0
ca Hour 12
Minute 5
Second 0

图 7-3 Clock 对象 ca 复制为 cb 的内存示意图

```
        //函数体
    }
```

复制构造函数是一种特殊的构造函数，具有一般构造函数的所有特性，其形参是本类对象的引用，其作用是使用一个已经存在的对象(由复制构造函数的参数指定的对象)去初始化一个新的同类的对象。复制构造函数与原来的构造函数实现了函数的重载，如果程序在类定义时没有显式定义复制构造函数，系统也会自动生成一个默认的复制构造函数，将成员值一一复制。

但是，某些情况下必须显式定义一个复制构造函数。例如，当类的数据成员包括指针变量时，类的构造函数用 new 运算符为这个指针动态申请空间，如果复制时只是简单地一一复制，就会出现两个对象指向相同的堆地址，则在退出运行时，程序会报错。这种情况必须定义复制构造函数，在复制构造函数中为新对象申请新的堆空间。

7.3　析构函数

对象会被创建，也会消失。对象什么时候消失呢？这取决于对象的生存期：全局对象和静态对象是静态生存期；局部对象和堆对象是动态生存期。在函数中定义的局部对象，当函数运行结束返回时，局部对象就会消失。堆对象在使用 delete 运算符后消失。

对象消失时，通常有什么善后工作要做呢？最基本的是要释放对象的数据成员所占用的空间。另外，如果类中有指针型的数据成员，在构造函数中动态分配了堆内存，在对象消失时就要释放这些内存单元。

内存是一种资源，一个系统中的资源是有限的。如果一个程序占用的内存资源在程序结束后没有归还给系统，程序在编译、执行时虽然不会有错误，但严重情况下，计算机系统可能会崩溃。在大型程序中，**反复向系统申请资源而不归还**，将是个致命的问题。

对象所占用的空间要通过析构函数(Destructor)来释放。析构函数的原型是

　　~类名();

如果程序中不定义析构函数，系统也会提供一个默认的析构函数：

　　~类名(){ }

这个析构函数只能用来释放对象的数据成员所占用的空间，但不包括堆内存空间。

例 7-4　定义学生类 student，数据成员包括学号、姓名、年龄、成绩；成员函数有构造函数、析构函数和输出显示函数。其中，"姓名"用字符指针(char *)来保存，在构造一个学生时，从堆中为"姓名"分配存储空间，那么需要定义析构函数，在对象生存期结束时，把堆空间释放，归还给系统。这种情况下，也需要定义一个复制构造函数。

解　这种情况下，不能使用默认的析构函数。

```
//例 7-4　用户必须自己定义析构函数的示例
#include <iostream>
```

```
using namespace std;
class student
{public:
        student(int, char*, int, float);
        student(student&);
        ~student();
        void printstu();
   private:
        int id;
        char* name;
        int age;
        float score;
};
student::student(int i, char* c, int a, float s)
{       cout<<"Constructing..."<<endl;
        id = i;
        age = a;
        score = s;
        name = new char[strlen(c)+1];
        if (name != 0)
                strcpy(name, c);
}
student::student(student& s)                    //复制构造函数
{       cout<<"Copy Constructing..."<<endl;
        id=s.id;                                //一般成员简单复制
        age=s.age;
        score=s.score;
        name = new char[strlen(s.name)+1];      //先申请堆空间
        if (name != 0)
                strcpy(name, s.name);           //复制字符串
}
student::~student()
{       cout<<"Destructing..."<<endl;
        delete []name;     //在析构函数中释放堆空间
        name=0;
}
void student::printstu()
{       cout<<"学号："<<id<<"  姓名："<<name;
        cout<<"  年龄："<<age<<"  成绩："<<score<<endl;
```

析构函数-复制构造函
数-赋值运算符重载

```
        }
        void main()
        {      student stu(1,"wang",18, 86);
               stu.printstu();

        }
```

本例中定义了析构函数,与构造函数一样,析构函数也是类的一个公有成员函数,它的名称是在类名前加"～"构成的,没有返回值。和构造函数不同的是,析构函数没有形式参数。析构函数是在对象生存期即将结束的时刻由系统自动调用的,如果程序员没有定义析构函数,系统将自动生成和调用一个默认析构函数。

类的析构函数不能重载,因为析构函数没有参数,因而无法重载,即构造对象的方式可以有许多种,但释放对象只有一种方式。

一般来讲,如果希望程序在对象被删除之前的时刻自动(不需要人为进行函数调用)完成某些事情,就可以把它们写到析构函数中。

7.4   面向对象程序设计

7.4.1   类的封装性

在程序设计中,对具体问题进行概括,抽象出类的数据成员和函数成员,将这些数据和代码相结合,形成一个有机的整体,也就是将数据与操作数据的行为进行有机结合,这就是封装性(Encapsulation)。C++语言提供类这种语言成分来实现封装,类是属性和操作的结合体,并且在定义类的属性和操作时,规定了它们的可见性。通过封装将一部分成员作为类与外部的接口,而将其他成员隐藏起来,以防外界的干扰和误操作,使程序不同模块之间的相互影响减小到最低限度。这样就可以达到增强程序的安全性和简化程序编写工作的目的。例如,时钟类的使用者只需要定义时钟对象,通过对象访问公有成员,而不必关心时钟类是如何实现的,也不能访问私有成员和保护成员。

前面已经说过,类是抽象的,对象是具体的。就抽象而言,类的抽象是"因",对象的抽象是"果",对象就是一个数据和操作的封装体,这个封装体对外仅呈现少量的接口。因此,封装有两个含义:一是包装,即把对象的全部属性和操作结合在一起,形成一个不可分割的整体;二是信息隐藏,即这个整体将尽可能地对外隐藏它的细节,只对外公布一个有限的界面,通过这个界面和其他对象交互。

封装性是面向对象的重要原则。对象的属性和操作的紧密结合反映了事物的静态特征和动态特征,是事物不可分割的两个侧面;封装性的信息隐藏能力反映了事物的相对独立性。

7.4.2   软件工程

早期的软件开发所面临的问题比较简单,从认清要解决的问题到编程实现并不是太困难的事情。随着计算机的普及和计算机应用领域的扩展，计算机所处理的问题日益复杂，涉及各行各业。为了使用户使用起来简单、方便，软件的功能就越来越复杂，软件系统的规模和复杂度空前扩大，以至于软件的复杂度和其中包含的错误达到软件开发人员无法控制的程度，这就是 20 世纪 60 年代初出现的"软件危机"。初学者若没有切身体会可能无法理解：软件人员无法控制程序的错误？可以想象，如果漂流到荒岛上，一两个人花几天时间也许就能搭建一个茅草屋；如果希望建立一座功能完善的大楼，有自来水，有下水道，有照明系统，也许还希望有供暖系统、防盗报警系统……这不仅仅是更多人花更多时间的问题。所以，建立一个大型的软件系统可不是一件简单的事情，它是一项大工程，人们称它为软件工程。软件危机的出现，促进了软件工程学的形成和发展，它研究如何建立大型软件系统。

- 可靠性，一般放在第一位，可靠性最重要，一座大楼不等完工就倒塌了可不行。
- 成本效益好，完成同样的工作，人越少完成越快当然越好。
- 可理解性，有些工人做到一半不做了，新来的工人能够接着做下去，而不是重头再来。
- 可维护性，软件都有后续维护，使用中发现问题时，要能够修改或弥补。

面向对象是软件开发的一种方法，能较好地控制软件的复杂性，提高软件的生产效率。**面向对象首先是一种思想，面向对象程序设计是面向对象思想在软件工程领域的全面应用。**本书主要介绍 C++编程技术，建议读者有机会可以学习面向对象的软件工程。

7.4.3　面向对象分析

在整个软件开发过程中，编写程序只是相对较小的一部分。软件开发的真正决定性因素来自于前期对问题的分析，只有正确表达了应用问题的内在本质，才能做出好的设计，然后才是具体的编程实现。只有把问题想清楚了，才能把事情做好，即"磨刀不误砍柴工"。

面向对象分析(Object-Oriented Analysis，OOA)阶段要把问题的范围定义清楚，分析系统需求，忽略实际中不重要的东西，对所关心的问题建立一个模型。OOA 过程包含以下主要活动：

(1) 发现对象，并对它们进行抽象与分类，得到对象的类。

(2) 识别对象的内部特征，包括对象的属性和操作。

(3) 识别对象的外部关系，包括对象类之间的一般—特殊关系、对象的整体—部分关系，以及对象之间的实例连接和对象之间的消息连接。

(4) 借助于图形等其他表示法进一步分析系统，例如可以划分主题，建立主题图；或是分析对象之间的交互过程，建立对象交互图(可选)；或分析系统状态的变化，建立状态迁徙图等。

(5) 对上面建立的所有表示进行详细的说明。

(6) 如果需要，开发原型系统，辅助分析。

7.4.4　面向对象设计

下一个阶段是面向对象设计(Object-Oriented Design，OOD)。OOD 和 OOA 采用一

致的概念、原则和表示法，二者其实没有严格的阶段划分，也不存在分析到设计的鸿沟，设计是在分析的基础上进一步加工。但是，OOA 和 OOD 的侧重点又有所不同，因此具有不同的开发过程和具体策略。分析侧重于问题，目的是建立一个独立于实现的 OOA 模型，而设计必须考虑与实现有关的细节，如采用的编程语言、开发环境等。具体来说，设计阶段针从以下四个方面进行。

(1) 分析阶段的类与实现的差别还很大，可能需要增加更多与实现相关的属性和操作，也可能根据实现的需要把分析阶段的类分解成几个类。

(2) 人机交互考虑系统的输入和输出如何实现。一般的开发环境会提供大量与界面相关的类，使得应用系统的界面实现简单并且相互一致。

(3) 在设计阶段要考虑采用什么方法持久保存数据，例如保存到文件时，文件格式如何，怎样实现数据与对象之间的接口等。

(4) 系统除了和用户打交道，还可能与其他设备进行交互，可能需要增加类来实现这些接口。

上述四个方面没有严格的先后关系，它们的设计是相关的。各个部分的设计过程和 OOA 中的各个步骤相同，也经历类的发现、类结构的设计、类之间关系的设计等。

OOD 阶段是对 OOA 模型的修改和补充，到了面向对象编程(Object-Oriented Programming，OOP)阶段，OOD 阶段设计的类被具体的程序设计语言的类所实现，还可能借助于开发环境提供的类库来实现其中一部分类。

7.4.5　面向对象的意义

人们研究各种各样的软件开发方法，最终要解决的是两个问题：一是如何开发出高质量的软件，二是如何在保证质量的基础上快速开发。下面就从这两个方面说明为什么要使用面向对象方法。

1. 模块化

人们使用一个软件产品时，关心的是它的外部质量，即软件的正确性、可靠性、可维护性、可扩充性、可复用性、兼容性等。正确的软件准确地执行软件需求所规定的任务。可靠性是指软件系统在异常情况下也能保证系统的完整，在异常情况下系统不应该崩溃，而应该有妥善的处理。可维护性是指软件产品在需求发生变化、运行环境发生变化或发现软件产品本身的错误或不足时，进行软件更改时所需工作量较小。可复用性是指软件可被全部或部分地再用到新的应用中。兼容性是指软件产品与其他软件组合成一个整体的难易程度。

软件的外部质量最终是靠软件的内部质量来支持的。要想得到可维护性、可复用性与兼容性好的软件，软件系统的结构应该是模块化的。用模块化方法构造的系统由一个个模块组成，这些模块遵循一定的约束关系进行交互。模块遵循信息隐藏原理，隐藏其内部实现；模块有一些接口，通过这些接口，模块之间可以相互交互。好的模块具有高内聚和低耦合的特性，即模块内部的各组成成分彼此关系密切，而模块之间的联系却很少。

将系统的结构抽象为模块和模块之间的关系使得系统非常便于理解，结构也非常简单，系统的控制可以分散在各个模块中，从而易于构造可扩展性好的软件。构造良好的模块能使其构成的软件具有好的质量特性：模块相对独立，自成一体，可以复用；采用通用模块(如界面模块、通信模块)构造的系统具有统一的界面和统一的通信方式，容易构成兼容性好的产品；模块的内聚性和信息隐藏特性，使得对系统的维护可以只局限于少量的模块中，而且一个模块的修改对其他模块的影响可以很少。

综上所述，模块化是软件质量的保证。

面向对象程序设计采用数据抽象和信息隐藏技术，将数据及特定于该数据的操作放在一起，作为一个相互依存、不可分割的整体来处理，它将对象和对对象的操作抽象成一种新的数据类型——类。类封装了数据和操作，使得对象相对独立，对象的内部实现也与对象的接口分开，对象之间的关系只能通过消息传递来体现，因而一个对象的修改对其他对象的影响很少。如果只改变了对象的内部实现，而对外的接口不变，则对其他对象几乎没有影响，这给软件的维护带来很大方便。此外，封装保护了软件模块的内部实现，设计人员只用关心模块之间的关系，定义模块的外部特性，从而更专注于系统的设计，同时各模块的开发人员也可以专心开发模块的内部实现，从而保证模块的质量和可靠性。

2．软件复用

软件为什么不能像硬件那样生产？应该有一个软件模块的目录，当需要建造一个新的软件系统时，只需根据这些目录订购部件，然后把它们组合起来，而不是每次都从重新发明"螺丝钉"开始。

显而易见，复用可以提高生产效率和软件的生产速度。另外，开发人员所做的工作越少，带进软件产品的错误也就越少，可以提高软件的质量；使用相同构件的系统会体现较多的一致性，为系统维护、使用及系统间的互操作都带来方便。

虽然软件设计中重复的现象很多，但事实上，软件的复用并不普遍，这有很多原因，包括经济上的、机构上的及心理上的障碍。

从本质上讲，面向对象程序设计就是要建立和具体问题中的主要元素相对应的软件对象，通过这些对象的组合来创建具体的应用，随着时间的推移，人们就可以从大量可靠而且可复用的对象中组合出更加复杂的应用。

面向对象方法，尤其是它的继承性，是代码复用的有效途径。多态性增强了操作的透明性、可理解性和可维护性。多态性与继承的结合增强了软件的灵活性和可复用性。

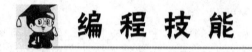

编 程 技 能

对象数组

数组的元素不仅可以是基本数据类型，也可以是自定义的类类型。例如，要存储和处理全体学生的信息，就可以建立一个学生类的对象数组。对象数组的元素是对象，不仅具有数据成员，还有函数成员，可以通过数组元素调用成员函数。

例 7-5 定义学生类 student，数据成员包括学号、姓名、年龄、成绩；成员函数有设置值和输出显示。在主函数中定义学生数组，给每个学生设置值，然后输出显示。

解 程序如下：

```
//例 7-5  使用对象数组
#include <iostream>
#include <iomanip>
#include <string>
using namespace std;
class student
{ private:
        int id;
        string name;
        int age;
        float score;
    public:
        void set(int, char*, int, float);
        void printstu()
        {    cout<<"学号："<<id<<" 姓名："<<setw(5)<<name;
             cout<<" 年龄："<<age<<" 成绩："<<score<<endl;
        }
};                                          //student 类声明结束
void student::set(int i, char* c, int a, float s)
{    id = i;
     name=c;
     age = a;
     score = s;
}
void main()
{    student stu[5];                        //对象数组
     stu[0].set(1,"wang",18, 86);           //设置数组中每个对象
     stu[1].set(2,"Li",18, 72);
     stu[2].set(3,"zhao",18, 80);
     stu[3].set(4,"guo",18, 85);
     stu[4].set(5,"meng",18, 75);
     for (int i=0; i<5; i++)
             stu[i].printstu();  //显示每个对象
}
```

在例 7-5 中没有定义构造函数，定义数组时使用默认构造函数，没有初始化，之

后通过数组元素(对象)调用成员函数 set 为各个数据成员赋值。

例 7-6 定义学生类 student，数据成员包括学号、姓名、年龄、成绩；成员函数有带参数的构造函数和输出显示。在主函数中定义学生数组，定义时初始化，然后输出显示。

解 程序如下：

```cpp
//例 7-6.cpp
#include <iostream>
#include <iomanip>
#include <string>
using namespace std;
class student
{   private:
        int id;
        string name;
        int age;
        float score;
    public:
        student(int, char*, int, float);
        ~student();
        void printstu()
        {       cout<<"学号："<<id<<" 姓名："<<setw(5)<<name;
                cout<<" 年龄："<<age<<" 成绩："<<score<<endl;
        }
};                                              //student 类声明结束
student::student(int i, char* c, int a, float s)
{       id = i;
        name=c;
        age = a;
        score = s;
            cout<<"学号"<<id<<"构造函数被调用。"<<endl;
}
student::~student()
{
        cout<<"学号"<<id<<"析构函数"<<endl;
}
void main()
{
        student stu[5]={student(1,"wang",18, 86),
                student(2,"Li",18, 72),
```

```
            student(3,"zhao",18, 80),
            student(4,"guo",18, 85),
            student(5,"meng",18, 75)};              //对象数组初始化
        for (int i=0; i<5; i++)
            stu[i].printstu();    //显示每个对象
    }
```

运行结果如下：

例 7-6 中定义了带参数的构造函数，定义数组时要调用构造函数进行初始化。程序运行结束时，栈空间里的对象要析构，程序会自动调用析构函数。

析构的顺序与构造的顺序相反。

如果定义了带参数的构造函数，又需要在定义数组时不进行初始化，那么就必须再定义一个无参构造函数，两个构造函数构成重载(或者给所有参数赋上默认值)。

例 7-7 定义学生类 student，数据成员包括学号、姓名、年龄、成绩；定义带参数的构造函数和无参构造函数，在主函数中定义学生数组，然后输出显示。

解 程序如下：

```
//例 7-7.cpp
#include <iostream>
#include <iomanip>
#include <string>
using namespace std;
class student
{ private:
        int id;
        string name;
        int age;
        float score;
```

```cpp
public:
    student(int, char*, int, float);
    student();
    ~student();
    void set(int i, char* c, int a, float s);
    void printstu()
    {   cout<<"学号："<<id<<" 姓名："<<setw(5)<<name;
        cout<<" 年龄："<<age<<" 成绩："<<score<<endl;
    }
};                                      //student 类声明结束
student::student(int i, char* c, int a, float s)
{   id = i;
    name=c;
    age = a;
    score = s;
    cout<<"构造函数被调用。"<<endl;
}
student::student()
{   cout<<"空构造"<<endl;
}
student::~student()
{   cout<<"析构函数"<<endl;
}
void student::set(int i, char* c, int a, float s)
{   id = i;
    name=c;
    age = a;
    score = s;
}
void main()
{
    student stu[5]={student(1,"wang",18, 86),
        student(2,"Li",18, 72),student(3,"zhao",18, 80)};   //对象数组初始化
    stu[3].set(4,"guo",18, 85);
    stu[4].set(5,"meng",18, 75);
    for (int i=0; i<5; i++)
        stu[i].printstu();//显示每个对象
}
```

运行结果如下：

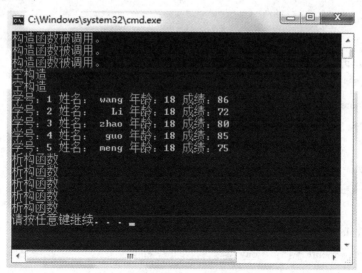

例 7-7 中定义了两个构造函数，定义数组时要调用构造函数进行初始化，其中三个对象有初值，调用带参数的构造函数初始化，另外两个对象没有初值，则调用无参构造函数进行初始化。

 ## 使用对象传递函数参数

对象是类的一个具体的实例，类和对象的关系相当于普遍与特殊的关系。在 C++ 中，类是一个自定义的数据类型，对象是该数据类型的一个变量。所以，类类型也可以作为一个函数的参数类型和返回值类型，从而，可以将对象作为参数传递给一个函数或从函数返回一个对象。

例 7-8 定义一个日期类 Tdate，它的数据成员有年、月、日；它的成员函数有设置值、打印输出、判断是否闰年。类外部有一个普通函数，它的功能是判断一个日期类对象是否为闰年，并在屏幕上显示"leap year"或者"not leap year"。

解 在主程序中定义一个类对象，把新定义的类对象作为参数传递给普通函数。

```
//Tdate.h：Tdate 类声明
#include <iostream>
using namespace std;
class Tdate{
public:
    void Set(int,int,int);        //成员函数声明
    int IsLeapYear();
    void Print();
private:
    int month;
```

```
    int day;
    int year;
};
//Tdate.cpp：Tdate 类成员函数实现
#include "Tdate.h"
void Tdate::Set(int m,int d,int y)
{    month=m;   day=d;   year=y;
}
int Tdate::IsLeapYear()
{    return (year%4==0&&year%100!=0)||(year%400==0);
}
void Tdate::Print()
{   cout <<month <<"/" <<day <<"/" <<year <<endl;
}
//例 7-8 的应用程序：7-8.cpp
#include <iostream>
using namespace std;
#include "Tdate.h"
void someFunc(Tdate someday)      //普通函数的参数是一个类对象
{   someday.Print();
    if(someday.IsLeapYear())
            cout <<"leap year\n";
    else
            cout <<"not leap year\n";
}
void main()
{   Tdate s;
    s.Set(2,15,2003);
    someFunc(s);        //对象作为函数参数
}
```

该例中，类外部的普通函数用于判断一个日期类对象是否为闰年，并在屏幕上显示"leap year"或者"not leap year"，它的具体实现当然还是调用类的公有成员函数，因为在类的外部无法直接访问到对象的私有数据成员(年、月、日)。

程序执行时，调用 someFunc()函数，内存的栈结构示意图如图 7-4 所示。

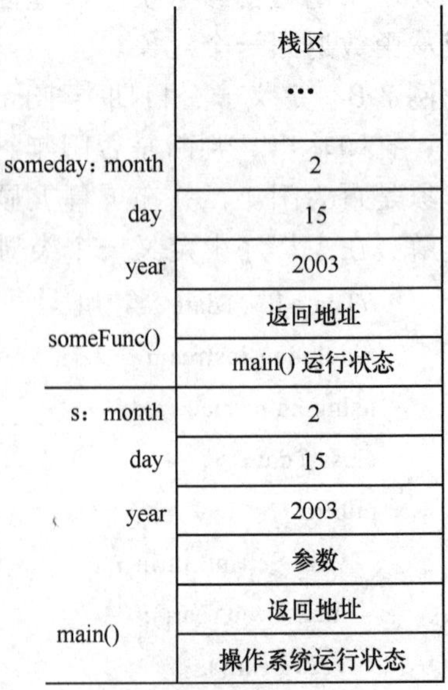

栈区	
...	
someday：month	2
day	15
year	2003
返回地址	
someFunc()	main() 运行状态
s：month	2
day	15
year	2003
参数	
main()	返回地址
	操作系统运行状态

图 7-4　例 7-8 中的内存分配示意图

调用 someFunc()函数时，实参 s 的值要复制给形参 someday。如果类的数据成员较多，需要一一复制，这种参数传递方式效率不高，可以使用对象指针或对象引用方式来传递函数参数。

例 7-9 类的定义和例 7-8 相同。主程序把 someFunc()函数的形式参数定义为类对象的指针。

解 只需要重新编写源文件 7-9.cpp，文件 Tdate.h 和 Tdate.cpp 依然可用。

```
//例 7-9  使用对象指针传递函数参数
#include <iostream>
using namespace std;
#include "Tdate.h"          //包含 Tdate.h 头文件
void someFunc(Tdate* pS)    //对象指针作为函数形参
{ pS->Print();              //pS 是 s 对象的指针
  if(pS->IsLeapYear())
      cout <<"leap year\n";
  else
      cout <<"not leap year\n";
}
void main()
{ Tdate s;
  s.Set(2,15,2003);
  someFunc(&s);         //对象的地址作为实参
}
```

图 7-5 例 7-9 中的内存分配示意图

例子中，普通函数 someFunc()的形式参数是对象指针，在 main()函数中调用时，实际参数要取对象的地址。调用过程的内存分配示意图如图 7-5 所示。

例 7-10 类的定义和例 7-8 相同。主程序把 someFunc()函数的形式参数定义为类对象的引用。

解 只需要重新编写源文件 7-10.cpp，文件 Tdate.h 和 Tdate.cpp 依然可用。

```
//例 7-10  使用对象引用传递函数参数
#include <iostream>
using namespace std;
#include "Tdate.h"                  //包含头文件 Tdate.h
void someFunc(Tdate& someday)       //对象引用作为函数形参
{ someday.Print();                  //someday 是 s 对象的别名
  if(someday.IsLeapYear())
      cout <<"leap year\n";
  else
      cout <<"not leap year\n";
```

```
}
void main()
{ Tdate s;
    s.Set(2,15,2003);
    someFunc(s);                              //对象的地址传给引用
}
```

例子中，普通函数 someFunc()的形式参数是对象的引用，在 main()函数中调用时，实参数是类对象。

例 7-8、例 7-9 和例 7-10 实现的功能是相同的，请比较 3 个例子在 someFunc()函数调用时，形参和实参各有什么不同，在调用时内存的栈结构示意图有什么不同。

 对象指针和堆对象

一个变量可以是全局的或局部的，也可以是静态的或动态的。对象和变量一样，可以定义一个全局对象，也可以在函数中定义一个局部对象，或者动态地从堆中申请空间来创建一个对象。

在例 7-1 中，main 函数里定义 Clock 类的对象，是一个局部对象，也可以定义 Clock 指针，请看下面的代码。

```
Clock c;                          //在栈中分配 Clock 型存储空间
Clock* pc1=new Clock;             //在堆中分配 Clock 型存储空间
Clock* pc2=&c;
```

代码中定义了两个对象指针，完成了指针的初始化。对象指针就是用于存放对象地址的变量，可以用 new 在堆中给对象分配存储空间，也可以用一个已有对象初始化对象指针。

对象指针遵循一般变量指针的各种规则，声明对象指针的一般语法形式为

```
类名*    对象指针名；
```

使用对象指针访问对象的成员，要使用 "->" 运算符，其语法形式为

```
对象指针名->公有成员；
```

使用对象指针和堆对象对例 7-1 中的主函数进行修改，具体代码如下：

```
void main()
{
        Clock* pmyclock=new Clock;
        pmyclock->SetTime(12, 5, 0);
        pmyclock->ShowTime();
        delete pmyclock;
}
```

运行结果仍然与例 7-1 相同，但其内存空间的分配如图 7-6 所示。

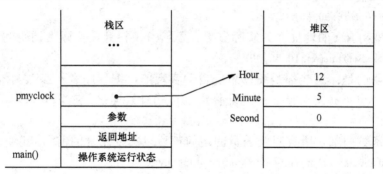

图 7-6　执行 main()函数时对象指针的内存分配

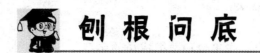

 this 指针

一方面，在类的外部访问类成员必须通过对象来调用。另一方面，在类内部(即成员函数内部)，访问数据成员或成员函数时并没有看到这些成员属于哪个对象。

定义一个类以后，可以定义若干类的对象，每个对象都可以调用类的公有函数，例如：

```
void main()
{       Clock s;
        Clock t;
        s.SetTime(12, 5, 0);
        t.SetTime(10, 30, 30);
        s.ShowTime();
        t.ShowTime();
}
```

在主函数中创建了 Clock 类的对象 s 和 t，然后 s 和 t 分别调用了成员函数 SetTime()，在成员函数 SetTime()中访问了 Hour、Minute 和 Second。

一个类中所有对象调用的成员函数都执行同一段代码。那么，成员函数又是如何识别 Hour、Minute 和 Second 属于哪个对象呢？

在对象调用 s.SetTime(12, 5, 0)时，成员函数除了接收 3 个实参外，还接收了一个对象 s 的地址。虽然我们看到的只有 3 个参数，但真正的参数是 4 个，其中第一个参数是隐含的，这个参数的数据类型为 Clock *，形式参数的名称为 this。因此，类 Clock 的成员函数 SetTime()的原型实际上是

```
void SetTime(Clock * this,int newH,int newM,int newS);
```

当调用时，

t.SetTime(10, 30, 30);

系统会自动取对象 t 的地址作为实际参数,赋给 this 指针,实际上调用的语句是:

Clock::SetTime(&t, 10, 30, 30);

需要说明的是:这些都是编译系统自动实现的,编程序者不必人为地在形参中增加 this 指针,也不必将对象 a 的地址传给 this 指针。但是,在需要时也可以显式地使用 this 指针。

在成员函数内部,所有对类成员的访问都可以加上隐含的前缀 this->。

```
void Clock::SetTime(int newH,int newM,int newS)
{       this->Hour=newH;                //但是不能在 Hour 前加对象名
        this->Minute=newM;
        this->Second=newS;
}
```

有时会看到成员函数的形式参数和数据成员的名字相同。例如:

```
void Clock::SetTime(int Hour,int Minute,int Second)
{       this->Hour=Hour;
        this->Minute=Minute;
        this->Second=Second;
}
```

只要写出这个函数定义的完整形式,就知道为什么这样做是允许的了。

this 指针指出了成员函数当前所操作的数据所属的对象。不同的对象调用成员函数时,this 指针将指向不同的对象,也就可以访问不同对象的数据成员。

this 指针在程序中直接使用的情况并不多见,但 this 作为一个指针变量,有时需要在成员函数中使用*this 来标识正在调用该函数的对象,后面会看到具体的示例。

类的定义与使用

 # 复制构造函数

在例 7-4 中定义了学生类 student,其中"姓名"用字符指针(char *)来保存,在构造一个学生时,从堆中为"姓名"分配存储空间,那么需要定义析构函数,在对象生存期结束时,把堆空间释放,归还给系统。这种情况下,也需要定义一个复制构造函数。

例 7-11 学生类中有指针成员,并且指向堆空间,这种情况下,不能使用默认的析构函数。同时,也需要定义复制构造函数。

解 程序如下:

```
//例 7-11:用户必须自己定义析构函数和复制构造函数的示例
#include <iostream>
using namespace std;
class student
```

```
{public:
        student(int, char*, int, float);
        student(student&);
        ~student();
        void printstu();
    private:
        int id;
        char* name;
        int age;
        float score;
};
student::student(int i, char* c, int a, float s)
{       cout<<"Constructing..."<<endl;
        id = i;
        age = a;
        score = s;
        name = new char[strlen(c)+1];
        if (name != 0)
                strcpy(name, c);
}
student::student(student& s)                          //复制构造函数
{       cout<<"Copy Constructing..."<<endl;
        id=s.id;                                      //一般成员简单复制
        age=s.age;
        score=s.score;
        name = new char[strlen(s.name)+1];            //先申请堆空间
        if (name != 0)
                strcpy(name, s.name);                 //复制字符串
}
student::~student()
{       cout<<"Destructing..."<<endl;
        delete []name;
        name=0;
}
void student::printstu()
{       cout<<"学号："<<id<<"  姓名："<<name;
        cout<<"  年龄："<<age<<"  成绩："<<score<<endl;
}
void main()
{       student s1(1,"wang",18, 86);
        s1.printstu();
```

```
        student s2(s1);
    }
```

程序运行时的内存示意图如图 7-7 所示，程序的执行结果如下：

```
Constructing...
学号：1  姓名：wang  年龄：18  成绩：86
Copy Constructing...
Destructing...
Destructing...
```

定义对象 s1，调用构造函数；定义对象 s2，调用复制构造函数。析构函数是在对象生存期即将结束的时刻由系统自动调用的，两个对象的析构顺序与构造顺序正好相反。

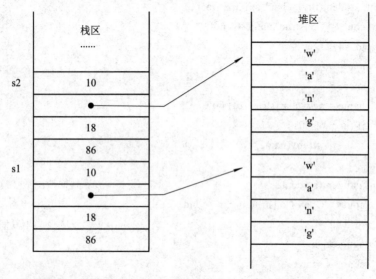

图 7-7　例 7-11 运行时的内存示意图

 # 内部类和命名空间

把一个类的定义写在另一个类的内部，称其为内部类。

```cpp
class AAA
{
    public:
        //定义内部类
        class Inner
        {
        public:
            char name[20];
        };
```

```
//...
};
```

上面的代码将类 Inner 定义在类 AAA 的内部，此时内部类的类名全称为 AAA::Inner，使用时要用类名全称。

```
void main()
{
        AAA::Inner a;
        strcpy(a.name, "xuexi");
        cout<<a.name<<endl;
}
```

内部类在使用上与普通类几乎没有区别。外部类 AAA 不能自由访问内部类的成员，内部类 Inner 也不能自由访问外部类的成员，相当于把 Inner 写在外面。

内部类的用途主要是为了避免类名的冲突。当项目中的类越来越多时，避免类名冲突成了一个重要问题。当发现一个类仅在局部使用时，就可以定义一个内部类。

命名空间(namespace)是解决名字冲突的终极解决方案，语法格式为

```
namespace ID
{
}
```

可以把很多名字：类名、函数名、全局变量名，定义在一个命名空间 ID 里，以后使用 ID 作为前缀，ID 要在整个项目里全局唯一。

例 7-12　在头文件中声明命名空间 tinyxml，在源文件 tinyxml.cpp 中写类的实现代码，在 main 函数中使用该命名空间里的类。

解　代码如下：

```
//头文件 tinyxml.h
namespace tinyxml
{
    class Element
    {
    };
    class Document
    {
    public:
        Document(char*);
        int AddElement(const Element&);
    private:
        char filename[80];
    };
}
```

```
//源文件 tinyxml.cpp
#include "tinyxml.h"
namespace tinyxml
{
        Document::Document(char* filename)
        {
        }
        int Document::AddElement(const Element& e)
        {
                return 0;
        }
}
//主程序例 7-12.cpp
#include "tinyxml.h"
using namespace tinyxml;
void main()
{
        Document doc("test.xml");
        Element elem;
        doc.AddElement(elem);
}
```

在 main 函数中使用命名空间里的名字时需要加上前缀，如果确定不会有名字冲突，可以使用 using 语句来解除前缀。

本章小结

本章介绍了类和对象的基本知识，介绍了什么是类的封装性。本章所介绍的内容是面向对象程序设计中最基本的知识，必须理解和掌握。

本章最主要的内容之一就是对象的构造和析构。定义多少构造函数，具体的构造函数采用什么形式，都是在类的分析和设计中必须仔细考虑的问题。

类只是一种用户自定义的数据类型，是完全可以掌握的，面向对象程序设计也是完全可以掌握的。

习题和思考题

7.1 构造函数是什么？什么时候执行它？

7.2   构造函数有返回类型吗？

7.3   什么时候调用析构函数？

7.4   假定一个类名为 Test，说明怎样声明一个构造函数，它带有一个名为 count 的 int 参数。

7.5   能否给对象数组赋初值？

7.6   类和对象的区别是什么？

7.7   如果通过值将对象传递给函数，就会创建对象副本。函数返回时是否销毁该副本？

7.8   什么时候系统会调用复制构造函数？

7.9   C++中的 this 指针指向谁？

7.10   修改程序错误。

```cpp
#include <iostream.h>
#include <math.h>
class Point{
public:
    void Set(double ix,double iy)        //设置坐标
    {       x=ix;
            y=iy;
    }
    double xOffset()                     //取 y 轴坐标分量
    {    return x;
    }
    double yOffset()                     //取 x 轴坐标分量
    {    return y;
    }
    double angle()                       //取点的极坐标
    {    return (180/3.14159)*atan2(y,x);
    }
    double radius()                      //取点的极坐标半径
    {    return sqrt(x*x+y*y);
    }
    private:
        double x;                        //x 轴分量
        double y;                        //y 轴分量
}
void main()
{    Point p;
    double x,y;
    cout <<"Enter x and y:\n";
```

```
        cin >>x >>y;
        p.Set(x,y);
        p.x+=5;
        p.y+=6;
        cout <<"angle=" <<p.angle()
                <<",radius=" <<p.radius()
                <<",x offset=" <<p.xOffset()
                <<",y offset=" <<p.yOffset() <<endl;
}
```

7.11 分析程序输出结果。

```
#include <iostream.h>
class A
{public:
        A();
        A(int i,int j);
        ~A();
        void Set(int i, int j){a=i; b=j;}
private:
        int a,b;
};
A::A()
{       a=0;
        b=0;
        cout<<"Default constructor called."<<endl;
}
A::A(int i, int j)
{       a=i;
        b=j;
        cout<<"Constructor a="<<a<<",b="<<b<<endl;
}
A::~A()
{       cout<<"Destructor called. a="<<a<<",b="<<b<<endl;
}
void main()
{       cout<<"Starting1..."<<endl;
        A a[3];
        for(int i=0; i<3; i++)
                a[i].Set(2*i+1,(i+1)*2);
        cout<<"Ending1..."<<endl;
```

```
                cout<<"Starting2..."<<endl;
                A b[3]={A(1,2), A(3,4),A(5,6)};
                cout<<"Ending2..."<<endl;
        }
```

7.12　分析程序，并回答问题。

```
        #include <iostream.h>
        #include <string.h>
        class String
        {public:
                String()
                {       Length=0;
                        Buffer=0;
                }
                String(const char *str);
                void Setc(int index, char newchar);
                char Getc(int index) const;
                int GetLength() const {return Length;}
                void Print() const
                {       if(Buffer==NULL)
                                cout<<"enpty."<<endl;
                        else
                                cout<<Buffer<<endl;
                }
                void Append(const char * Tail);
                ~String(){delete [] Buffer;}
        private:
                int Length;
                char *Buffer;
        };
        String::String(const char *str)
        {       Length=strlen(str);
                Buffer=new char[Length+1];
                strcpy(Buffer,str);
        }
        void String::Setc(int index, char newchar)
        {       if(index>0 && index<=Length)
                        Buffer[index-1]=newchar;
        }
        void String::Getc(int index) const
```

```
{       if(index>0 && index<=Length)
                return Buffer[index-1];
        else
                return 0;
}
void String::Append(const char *Tail)
{       char *tmp;
        Length+=strlen(Tail);
        tmp=new char[Length+1];
        strcpy(tmp,Buffer);
        strcat(tmp,Tail);
        delete[] Buffer;
        Buffer=tmp;
}
void main()
{       String s0, s1("a string.");
        s0.Print();
        s1.Print();
        cout<<s1.GetLength()<<endl;
        s1.Setc(5,'p');
        s1.Print();
        cout<<s1.Getc(6)<<endl;
        String s2("this");
        s2.Append("a string.");
        s2.Print();
}
```

问题如下：

(1) 该程序中调用包含在 string.h 中的哪些函数？

(2) 该程序的 String 类中是否使用了函数重载的方法？哪些函数是重载的？

(3) Setc()函数的功能是什么？

(4) Getc()函数的功能是什么？

(5) Append()函数的功能是什么？

(6) 函数 Print()中不用 if 语句，只写下面一条语句，是否可行？

```
cout<<Buffer<<endl;
```

(7) 该程序中有几处使用了 new 运算符？

(8) 写出程序执行结果。

7.13 创建一个 Triangle 类，这个类将直角三角形的底边长度和高作为私有成员，类中包含设置这些值的构造函数。两个成员函数：hypot()返回直角三角形斜边的长度，area()返回三角形的面积。

7.14　定义一个 Circle 类，包含数据成员 Radius(半径)、计算周长和面积的成员函数，并构造 Circle 的对象进行测试。

7.15　定义一个矩形类，长和宽是它的属性，可以求出矩形的面积。定义一个普通函数，比较两个矩形的面积，把面积大的矩形对象作为引用来返回。主函数中定义三个矩形，调用比较函数进行比较，找出面积最大的矩形。

第8章
继　承

基　本　知　识

8.1　继承的概念

类的继承是在现有类的基础上创建新类，并扩展现有类的功能的机制，称现有的类为基类(Base Class)，新建立的类为派生类(Derived Class)。

"派生"(Derive)可以理解为继承的另外一种说法。"类 D 继承了类 B"可以表述为"类 B 派生出类 D"。若类 B 派生出类 D1、D2…，也可以说 B 是 D1、D2…的泛化(Generalization)，称 B 为 D1、D2…的基类，称 D1、D2 为 B 的派生类。"基类—派生类"这种说法也可以表述为"父类(Parent Class)—子类(Child Class)"或者"超类(Superclass)—子类(Subclass)"。

如图 8-1 所示，使用带有三角箭头的实线来描述类间的继承关系。箭头所指为基类，另一端为派生类。显然，从类 TCircle 到 TShape 有两级继承关系，称 TEllipse 为 TCircle 的直接基类，称 TShape 为 TCircle 的间接基类。基类与派生类这两个概念也是相对而言的。例如，TEllipse 是 TCircle 的基类，同时也是 TShape 的派生类。

多个类之间的继承关系构成了一个层次结构。按照图 8-1 的表示方法，位于上面的类可以被看做祖先，下面的类则被看做后代，这很像中国古代的家谱。对于家谱而言，其后代随着家族后代的延续而自然增加，必定是先有祖先然后才有后代。与之不同的是，C++中的类继承层次是在考虑软件设计或编程的过程中逐步形成的，未必先有祖先。图 8-1 中的几个类的功能是对几何形状建模，随后在屏幕上画出这些形状。我们很自然地能够想到矩形、圆形、三角形等形状，当然，它们变成类也是顺理成章的。现在的问题是，TShape 这个类是怎样出现的呢？对于矩形、圆形等形状，要将它们画在屏幕上，就需要一些必要的参数，包括形状的大小、位置、颜色等。很显然，不同几何形状的"大小"参数不相同，例如矩形需要长、宽两个参数，而圆形则只需要一个半径参数。然而，它们仍有一些共同的特点：每个图形都要有位置坐标、线条粗细、填充颜色等属性。此外，在类中还可能要实现一个 Draw()方法，用于画出图形。

因此，完全可以将这些共同的特征从每一种几何图形中抽取出来，用一个类 TShape 来实现，并且令其他图形类都继承 TShape。实际上，这个过程是一个从特殊到一般的总结过程，这也是"泛化"这个名词的由来。

C++之父 Bjarne Stroustrup 在《The C++ Programming Language》中提到："如果两个类的实现有某些显著的共同点，则将这些共性做成一个基类。"实际上，面向对象程序设计的难点不在于如何写函数，而在于如何发现类，规划每一个类所需完成的功能，以及准确界定各个类之间的关系。要具备这方面的能力，唯有通过大量的编程实践，不断积累类设计的经验。

若派生类只有一个直接基类，则称这种继承方式为单继承；若派生类有多个直接基类，则称为多继承。如图 8-2 所示，类 TComboShape 继承了 TRectangle、TCircle 和 TTriangle。

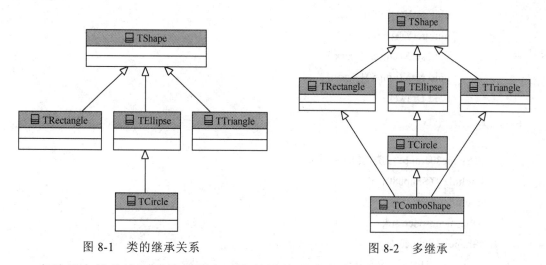

图 8-1 类的继承关系   图 8-2 多继承

多继承在某些情况下使得面向对象的设计和编程变得更加直观，但是伴随多继承而来的则是利用派生类对象访问基类成员时出现的二义性问题。一般来说，在面向对象程序设计中，如非必要，不推荐使用多继承。在大多数情况下，多继承均可以使用"类的组合"方法来代替。

8.2 基类和派生类

本节学习从基类得到派生类的方法。基类的成员被继承到派生类中，但是这些成员在派生类中的访问控制属性受到继承方式的影响。同时，继承还会导致一种特殊的语法现象：同名覆盖。

8.2.1 简单的继承和派生

下面通过一个简单的例子给出派生类如何继承基类的成员，以及如何使用基类的成员。

例 8-1 简单的继承和派生。

//例 8-1 简单的继承和派生

//包含 5 个文件： TShape801.h，TShape801.cpp，Main801.cpp， TEllipse801.h，
TEllipse801.cpp

//TShape801.h： 类 TShape 的头文件

```cpp
typedef unsigned int uint;
class TShape{
private:
        uint _x, _y;                                    //几何形状的位置
public:
        TShape();
        uint getX(){return _x;};
        uint getY(){return _y;};
        void setX(uint x){_x=x;};
        void setY(uint y){_y=y;};
        void Draw();
};
```

```cpp
//TShape801.cpp： 类 TShape 的实现
#include "TShape801.h"
#include <iostream>
using namespace std;
TShape::TShape(){
    _x = 10;        _y = 10;
}
void TShape::Draw(){
        cout<<"This is TShape::Draw()"<<endl;
}
```

```cpp
//TEllipse801.h： 类 TEllipse 的头文件
#include "TShape801.h"
class TEllipse: public TShape {
public:
        void Draw();
};
//TEllipse801.cpp： 类 TEllipse 的实现
#include "TEllipse801.h"
#include <iostream>
using namespace std;
```

```
void TEllipse::Draw(){
        cout<<"Draw an ellipse with color"<<endl;
}
//Main801.cpp
#include " TEllipse801.h"
#include <iostream>
using namespace std;
int main(){
        TEllipse m_TEllipse;
cout<<"X="<<m_TEllipse.getX()<<", Y="
        <<m_TEllipse.getY()<<endl;              //显示默认的 x、y 值
m_TEllipse.setX(11u);                           //修改 x 的值
//m_TEllipse._y = 21u;        //错误！用户代码不能通过类的对象访问私有成员
m_TEllipse.setY(21u);                           //修改 y 的值
cout<<"X="<<m_TEllipse.getX()<<", Y="
    <<m_TEllipse.getY()<<endl;                  //显示修改后的 x、y 值
m_TEllipse.Draw();
return 0;
}
```

程序运行结果：

```
        X=10, Y=10
        X=11, Y=21
        Draw an ellipse with color
```

从运行结果来看，可得出如下结论：

● 派生类继承了基类的所有成员，派生类对象包含基类的数据成员，也可以直接调用基类公有函数。

● 派生类对象不可以直接访问基类的私有成员。

● 派生类对象可以通过基类的公有函数访问基类的私有成员。

8.2.2 定义派生类

在例 8-1 中，派生类声明的方式是

```
class TEllipse: public TShape
```

派生类定义的语法格式是

```
class 派生类名：继承方式 基类 1，继承方式 基类 2,…,继承方式 基类 n {
    派生类成员声明;
};
```

在上述定义中，如果仅有一个基类，那么该继承方式是单继承，否则是多继承。

"继承方式"是 public、protected 以及 private 三者之一。选择不同的继承方式，会影响基类成员在派生类中的访问控制属性。

派生类继承了基类的所有成员，但不包括构造函数、析构函数和默认赋值运算符。

8.2.3 继承方式和访问控制

1. protected 属性

派生类访问基类成员时，可以访问 public 成员而不能访问 private 成员。但是，有时派生类希望访问基类一些成员，但仍禁止用户代码访问这些成员。此时，需要将基类中的这些成员设置为 protected 访问方式。

类的对象不能访问 protected 属性的成员。但是，派生类的成员函数可以访问基类的 protected 属性的成员。

将例 8-1 稍做修改，就可以得到以上结论。

例 8-2 protected 属性成员的使用。

```
//例 8-2 protected 属性成员的使用
//包含 5 个文件：TShape802.h，TShape802.cpp，Main802.cpp，TEllipse802.h，TEllipse802.cpp
//TShape802.h：类 TShape 的头文件
typedef unsigned int uint;
class TShape{
protected:
    uint _x, _y;                          //几何形状的位置
public:
    TShape();
    uint getX(){return _x;};
    uint getY(){return _y;};
    void setX(uint x){_x=x;};
    void setY(uint y){_y=y;};
    void Draw();
};
/* TShape802.cpp：类 TShape 的实现，代码同 TShape801.cpp。但是包含的头文件应该是 TShape802.h */
//TEllipse802.h：类 TEllipse 的头文件
#include "TShape802.h"
class TEllipse: public TShape {
public:
    void setXY(uint x, uint y);
    void Draw();
};
// TEllipse802.cpp：类 TEllipse 的实现
#include "TEllipse802.h"
```

```cpp
#include <iostream>
using namespace std;
void TEllipse::setXY(uint x, uint y){
    _x=x;   _y=y;                    //派生类成员函数可以访问基类 protected 成员
}
void TEllipse::Draw(){
    cout<<"Draw an ellipse with color"<<endl;
}
//Main802.cpp
#include "TEllipse802.h"
#include <iostream>
using namespace std;
int main(){
    TShape m_TShape;
    TEllipse m_TEllipse;
//  m_TShape._x = 11u          //protected 成员不能通过本类对象访问
//  m_TEllipse._y = 21u;       //protected 成员不能通过派生类对象访问
    m_TEllipse.setXY(11u,21u);
    cout<<"X="<<m_TEllipse.getX()<<", Y="
        <<m_TEllipse.getY()<<endl;
    m_TEllipse.Draw();
}
```

程序运行结果和例 8-1 相似。从程序和结果可以得出以下结论：

- protected 成员不能通过本类对象访问(在类的外部)。
- protected 成员可以被派生类成员函数访问(在派生类内部)。
- protected 成员不能通过派生类对象访问(在类的外部)。

2. 继承方式影响访问控制

例 8-2 中仅仅使用了 public 继承方式，如果使用 protected 和 private 继承方式，情况会有些不同。不同继承方式决定的不同访问控制权限体现在以下几个方面。

(1) 派生类的成员函数对所继承的基类成员的访问控制。

无论是哪一种继承方式，派生类成员函数都可以访问基类的 public 成员和 protected 成员，但都不能访问基类的 private 成员。

(2) 派生类对象对所继承的基类成员的访问控制。

只有 public 继承的派生类对象可以访问基类的 public 成员，protected 和 private 继承的派生类对象不能访问基类 public 成员。

(3) 基类成员的访问属性在派生类中的变化。

- 对于 public 继承，基类的 public 成员、protected 成员在派生类中仍将保持原来的访问属性。

● 对于 protected 继承，基类的 public 成员、protected 成员在派生类中都变为 protected 属性。

● 对于 private 继承，基类的 public 成员、protected 成员在派生类中都变为 private 属性。

● 不论是哪一种继承方式，基类的 private 成员在派生类中都不可被访问。

表 8-1 所示为不同继承方式下，基类成员继承到派生类后访问属性的变化。

表 8-1　不同继承方式对基类成员访问控制属性的影响

继承方式　派生类访问控制　基类访问控制	public	protected	private
public	public	protected	不可访问
protected	protected	protected	不可访问
private	private	private	不可访问

private 继承看起来好像并不影响派生类成员对基类 public 和 protected 成员的访问。但是，如果有连续两次的 private 继承，基类的 public 和 protected 成员在最下面一层的派生类中将都不能被访问。

8.2.4　同名覆盖

同名覆盖(Override)：派生类修改基类的成员，是在派生类中声明了一个与基类成员同名的新成员。在派生类作用域内或者在类外通过派生类的对象直接使用这个成员名，只能访问到派生类中声明的同名新成员，这个新成员覆盖了从基类继承的同名成员，这种情况称为同名覆盖。

同名覆盖

例 8-2 中的 TEllipse::Draw()与 TShape::Draw()两个函数构成了同名覆盖。这个例子有更多的实际意义：Draw()函数应该在屏幕上画出某种形状(为了简化程序，本例中在 Draw()中输出了一些信息而不是真正地画图)；实际上，TShape 作为基类，表达的是一种抽象的"形状"概念，没有办法"画"出一个 TShape 对象，因此 TShape::Draw()函数应该什么都不做，仅仅提示程序员"TShape 的派生类中应该实现一个同名函数，从而覆盖 TShape::Draw()"。

8.3　派生类的构造和析构

在 C++程序中，基类的构造函数和析构函数不能被派生类所继承，派生类一般需要定义自己的构造函数和析构函数。派生类的构造及析构函数通常会受到基类构造及析构函数的影响。

8.3.1　基类只有无参构造函数

在例 8-1 和例 8-2 中，派生类都没有定义自己的构造函数。原因有二：其一是派生类本身没有需要初始化的数据成员；其二，也是更重要的原因，基类只有无参构造函数。

在基类具有无参构造函数，派生类又没有定义构造函数的时候，系统会自动调用基类的无参构造函数来构造派生类对象中的基类成分。

如果基类没有无参构造函数，派生类也不定义自己的构造函数，在编译时一定会有语法错误。

基类的构造函数一般被声明为 public 访问控制方式，在某些特殊情况下，也可以声明为 protected 方式。例如，若基类提供了一些构造函数，并且只希望由派生类使用这些构造函数，那么就需要在基类中将这样的特殊构造函数定义为 protected。

8.3.2 派生类构造函数

一般来说，派生类的构造函数要初始化本类的数据成员，还要调用基类的构造函数，并为基类构造函数传递参数，完成派生类中基类成分的初始化。

派生类构造函数的形式如下：

派生类名::派生类名(基类所需的形参,本类成员所需的形参):

  基类 1(基类参数表 1),基类 2(基类参数表 2),…,基类 n(基类参数表 n)

{

  本类基本类型数据成员初始化;

}

其中，"基类 1(基类参数表 1)，基类 2(基类参数表 2)，…，"称为构造函数初始化列表(Constructor Initializer Lists)，简称为初始化列表，用来调用基类构造函数以及为基类构造函数传递参数。

如果是单继承，派生类构造函数的形式会更简单。

例 8-3　单继承派生类构造函数。

//例 8-3 包含 5 个文件

//TShape803.h，TShape803.cpp，TEllipse803.h，TEllipse803.cpp，Main803.cpp

//TShape803.h

#pragma once

typedef unsigned int uint;

typedef unsigned char uchar;

class TShape{

private:

  uint _x, _y;　　　　　　　　//几何形状的位置

protected:

  /*声明几何形状的颜色。允许 TShape 的派生类直接访问这些颜色属性，

   而不允许在类外通过类的对象直接访问这些属性 */

  uchar _RED, _GREEN, _BLUE;

public:

  TShape(uint x, uint y);

  ~TShape();

多继承派生类的构造函数

```cpp
        void getXY(uint& x, uint& y);
        void setXY(uint x, uint y);
        void Draw();
        void getRGB(uchar& R, uchar& G, uchar& B);
        void setRGB(uchar R, uchar G, uchar B);
};
//TShape803.cpp
#include "TShape803.h"
#include <iostream>
using namespace std;
TShape::TShape(uint x, uint y){
    _x = x;
    _y = y;
    _RED = 0;
    _GREEN = 0;
    _BLUE = 0;
}
TShape::~TShape(){
cout<<"TShape destructed"<<endl;
}

void TShape::Draw(){
    cout<<"Draw a shape with color("<<static_cast<uint>(_RED)<<","
<<static_cast<uint>(_GREEN)<<","<<static_cast<uint>(_BLUE);
    cout<<") at point("<<_x<<","<<_y<<")"<<endl;
}
void TShape::getXY(uint& x, uint& y){
    x = _x;
    y = _y;
}
void TShape::setXY(uint x, uint y){
    _x = x;
    _y = y;
}
void TShape::getRGB(uchar& R, uchar& G, uchar& B){
    R = _RED;
    G = _GREEN;
    B = _BLUE;
}
void TShape::setRGB(uchar R, uchar G, uchar B){
```

```
            _RED = R;
            _GREEN = G;
            _BLUE = B;
}
//TEllipse803.h
#include "TShape803.h"
class TEllipse: public TShape {
protected:
        uint _longR, _shortR;
public:
        TEllipse(uint longR, uint shortR, uint x, uint y);
        ~TEllipse();
        void Draw();
        void getR(uint& longR, uint& shortR);
        void setR(uint longR, uint shortR);
};
//TEllipse803.cpp
#include "TEllipse803.h"
#include <iostream>
using namespace std;
TEllipse::TEllipse(uint longR, uint shortR,uint x, uint y):TShape(x,y){
        _longR  = longR;
        _shortR = shortR;
        //在派生类构造函数中初始化基类保护成员
        _RED     = 0xff;
        _GREEN = 0x00;
        _BLUE   = 0x00;
}
TEllipse::~TEllipse(){
     cout<<"TEllipse destructed"<<endl;
}
void TEllipse::Draw(){
     uint x, y;
     getXY(x, y);                         //调用基类函数获取椭圆的圆心坐标
     cout<<"Draw an ellipse with color(";
     cout<<static_cast<uint>(_RED)     <<","
                         <<static_cast<uint>(_GREEN)<<","
                         <<static_cast<uint>(_BLUE);  cout<<") at point(";
//   cout<<_x<<","<<_y<<")"<<endl;          //错误！在派生类中不能访问基类私有成员
     cout<< x<<","<< y<<"), longR: ";
```

```
        cout<<_longR<<" and shortR: "<<_shortR<<endl;
    }
    void TEllipse::getR(uint& longR, uint& shortR){
        longR  = _longR;
        shortR = _shortR;
    }
    void TEllipse::setR(uint longR, uint shortR){
        _longR  = longR;
        _shortR = shortR;
    }
//Main803.cpp
#include "TEllipse803.h"
#include <iostream>
using namespace std;
int main(){
        TEllipse elps(10u,5u, 20u,30u);
        elps.setRGB(0x00, 0x00, 0xff);     //调用基类函数访问基类保护成员
//      elps._RED=0x10;             //错误！用户代码不能通过派生类对象访问基类保护成员
        elps.Draw();                        //调用 TEllipse::Draw()而非 TShape::Draw()
        return 0;
    }
```

将上述代码中的错误部分注释掉后，编译运行结果如下：

Draw an ellipse with color(0,0,255) at point(20,30), longR: 10 and shortR: 5

上述代码的类图如图 8-3 所示。

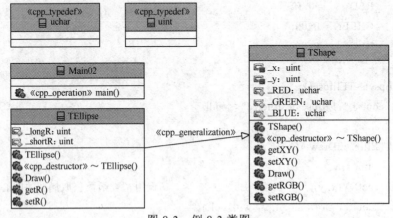

图 8-3　例 8-3 类图

在这个例子中，派生类构造函数的头部是

TEllipse::TEllipse(uint longR, uint shortR, uint x, uint y):TShape(x,y)

其中，":TShape(x,y)" 就是向基类构造函数传递参数。如果不写，不但不能完成基类
对象的构造，还会有语法错误，不能通过编译。

在例 8-3 中，类 TEllipse 以 public 方式继承了 TShape。TShape 中的所有属性和方法自动成为 TEllipse 中的属性和方法。此外，TEllipse 类中额外定义了一些属性和方法，可以看做是对 TShape 类功能的扩展。例如，由于基类 TShape 的对象还不能确定应该画什么图形，所以画图函数 TShape::Draw()不会有具体操作，而派生类 TEllipse 的对象则可表示具体的图形，所以可以在派生类 TEllipse 中定义 Draw()函数，以完成画椭圆形的任务。这个 Draw()函数通过修改基类成员 TShape::Draw()以适应椭圆类的情况，就是前面提到的类继承中的"同名覆盖"。

TShape 类的数据成员有 5 个，但是 TShape 的构造函数只对其中的两个(_x 和_y)进行初始化，另外 3 个 protected 属性的数据成员的初始化直接在 TEllipse 类的构造函数中完成。所以，TEllipse 类的构造函数只需要向基类构造函数传递 2 个参数。

在 C++中，基本数据类型之间的强制转换需要使用"static_cast<欲转换数据类型>(变量表达式或常量表达式)"这种形式，TEllipse::Draw()函数中就使用了这种转换。

在例 8-1 中，TShape 类中声明了两个公有的无参成员函数 getX()和 getY()，用于访问私有数据成员_x 和_y。而在例 8-3 中，TShape 类中则声明了一个函数 getXY()来取代 getX()和 getY()。请读者思考两个问题：①如果想获取 TShape 类的对象 ashape 的坐标，例 8-1 和例 8-3 在函数调用形式上有何不同？② 例 8-3 中的 getXY()函数为什么使用引用类型作为参数，能否将其原型改为"void getXY(uint x, uint y)"？

引用作为函数参数

8.3.3　派生类的析构函数

派生类不能继承基类的析构函数，需要自己定义析构函数，以便在派生类对象消亡之前进行必要的清理工作。派生类的析构函数只负责清理它新定义的成员，一般来说，只清理位于堆区的成员。

例 8-4　派生类的析构函数。

```
//Main804.cpp
#include<iostream>
using namespace std;
class base
{ private:
    int m_base_data;
  public:
    base(int data){m_base_data=data;}
    ~base(){cout<<"base object deconstruction"<<endl;}
    //...
};
class deriver:public base
{ private:
    double m_deriver_data;
```

```
        int *m_ptr;
    public:
        deriver(int bd, double dd);
        ~deriver();
        //…
};
deriver:: deriver(int bd, double dd):base(bd)
{    m_deriver_data=dd;
     m_ptr=new int[256];
     if(m_ptr==NULL)
          cout<<"memory error in deriver obj"<<endl;
}
deriver::~deriver()
{    if(m_ptr!=NULL)
         delete [] m_ptr;
     cout<<"Deriver obj deconstruction."<<endl;
}
void main()
{    int n(1);
     double d(3.0);
     deriver obj(n,d);
     cout<<"The end of main function"<<endl;
}
```

输出结果：

The end of main function

Deriver obj deconstruction.

base object deconstruction

如果没有特殊指针数据成员需要清理，可以使用由系统提供的默认析构函数。

当派生类对象消亡时，系统调用析构函数的顺序与建立派生类对象时调用构造函数的顺序正好相反，即先调用派生类的析构函数，再调用基类的析构函数。

8.4 虚基类

8.4.1 多继承与二义性

多继承类结构中，派生类可能有多个直接基类或间接基类，充分体现了软件重用的优点，但也可能会引起成员访问的二义性或不确定性问题。特别是在如图 8-4 所示的类结构中，基类 base 的成员(数据成员和成员函数)要继承到派生类 Fderiver1 和

Fderiver2，然后又继承到派生类 Sderiver，即在 Sderiver 派生类中，基类的成员有两份拷贝。因此，通过 Sderiver 派生类的对象访问基类的公有成员时，编译系统就不知道应该如何从两份拷贝中进行选取，只好给出"ambiguous"的错误信息，即出现了二义性。

例 8-5　多继承时的二义性。

解　实现图 8-4 所示的类结构和测试程序如下：

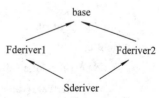

图 8-4　多继承类结构

```cpp
//Main805.cpp
#include<iostream>
using namespace std;
class base
{ private:
    int m_data;
public:
    base(int m)
    {   m_data=m;
        cout<<"base construction"<<endl;
    }
    ~base(){cout<<"base deconstruction"<<endl;}
    void setdata(int data){m_data=data;}
    int getdata(){ return m_data;}
};
class Fderiver1: public base
{ private:
    int m_value;
public:
    Fderiver1(int value,int data):base(data)
    {   m_value=value;
        cout<<"Fderiver1 construction"<<endl;
    }
    ~Fderiver1(){cout<<"Fderiver1 deconstruction"<<endl;}
//……
};
class Fderiver2: public base
{ private:
    int m_number;
public:
    Fderiver2(int number,int data):base(data)
    {   m_number=number;
        cout<<"Fderiver2 construction"<<endl;
    }
```

```
        ~Fderiver2(){cout<<"Fderiver2 deconstruction"<<endl;}
//......
};
class Sderiver: public Fderiver1, public Fderiver2
{ private:
    int m_attrib;
public:
    Sderiver(int attrib,int number,int value,int data):
      Fderiver1(value,data),Fderiver2(number,data)
    {    m_attrib=attrib;
        cout<<"Sderiver construction"<<endl;
    }
    ~Sderiver(){cout<<"Sderiver deconstruction"<<endl;}
//......
};
void main()
{ Sderiver object(3,4,5,6);
    object.setdata(7);          //二义性语句
}
```

　　程序所创建的 object 对象占用内存空间的示意图如图 8-5 所示，其中数据成员 m_data 在对象 object 中有两个拷贝，分别通过两个直接基类 Fderiver1 和 Fderiber2 从基类 base 继承而来。基类的公有函数 setdata 和 getdata 也有两份拷贝。通过 object 对象调用 setdata 函数时，就会产生二义性，编译失败。

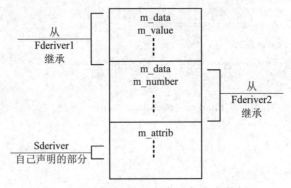

图 8-5　多继承的派生类对象内存使用

　　对于这种类结构，如果没有其他措施，以上所述的二义性是不可避免的。

　　注释引起二义性的语句，观察程序运行结果，可以发现基类的构造函数调用了两次，当然也会析构两次。调用两次构造函数所产生的基类成员都继承到派生类 Sderiver，二义性产生的原因也就在此。如果基类构造函数只调用一次，这种类型的二义性就可以解决。

8.4.2 虚基类

为解决上一节所述的二义性问题，我们可以将共同基类设置为虚基类，创建派生类对象时，虚基类的构造函数只会调用一次，虚基类的成员在第三层派生类对象中就只有一份拷贝，不会再引起二义性问题。

将共同基类设置为虚基类，需要在第一级派生类时就用关键字 virtual 修饰说明继承关系，其语法形式为

```
class  派生类名: virtual  继承方式  基类名
{
//……
}
```

在多继承情况下，虚基类关键字的作用范围和继承方式关键字相同，只对紧随其后的基类起作用。由于这一层的派生类有两个(也可以更多)，这一层的其他派生类的继承关系也要用关键字 virtual 来说明。

在上面的例子中，只要将派生类 Fderiver1 和 Fderiver2 的继承关系说明为

```
class Fderiver1: virtual public base
{//原来的代码
};
class Fderiver2: virtual public base
{//原来的代码
};
```

然后，在 Sderiver 的构造函数初始化列表中增加调用 base(data)，编译时就没有二义性的错误了。

观察程序运行结果，基类 base 的构造函数只调用了一次，也就不会出现基类成员的重复拷贝。

虚基类

编 程 技 能

在主函数中增加调试信息

例 8-6　将例 8-3 中的 Main803.cpp 改为如下代码：

1.Main803.cpp

2.#include "TShape803.h"

3.#include "TEllipse803.h"

4.#include <iostream>

```
5.using namespace std;
6.int main(){
7.    TShape s(1u,1u);
8.    cout<<__FILE__<<":"<<__LINE__<<" ";s.Draw();
9.    TEllipse elps(10u,5u, 20u,30u);
10.    elps.setRGB(0x00, 0x00, 0xff);
11.    cout<<__FILE__<<":"<<__LINE__<<" "; elps.Draw();
12.    //通过派生类对象调用基类的同名函数
13.    cout<<__FILE__<<":"<<__LINE__<<" "; elps.TShape::Draw();
14.
15.    return 0;
16.}
```

程序的运行结果如图 8-6 所示。

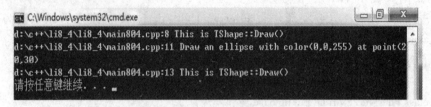

图 8-6　输出调试信息

上面的代码 Main806.cpp 中使用了一种常用的程序调试技术：输出当前源代码所在的文件名及当前语句所处的行号，即 "cout<<__FILE__<<":"<<__LINE__<<" ";"。其中 "__FILE__" 和 "__LINE__" 是 C++编译器提供的宏，分别对应"当前文件名"和"当前行号"。这两个宏在 GNU C++(即 g++)编译器和 Visual C++编译器中都可以使用，通过这种方法，可以很容易地找到例 8-3 的输出结果是由哪一行源代码产生的。

一般来讲，有 3 种办法观察程序的运行。这 3 种办法恰好对应着 3 种程序除错技术(即通常所说的"debug")。

(1) 通过阅读程序的办法分析程序的流程，也称为"静态代码复查"。

(2) 在构造函数中增加一些输出语句，当程序执行这些语句时，相关信息就可以显示在输出设备上。例如，为了验证 TShape 的构造函数被调用，可以在 TShape::TShape(uint x, uint y)函数体中增加一条语句 cout<<"This is TShape(uint,uint)"<<endl。这种方法被 C++程序员戏称为"cout 大法"。本节所讲的技巧也属于"cout 大法"。

(3) 使用开发工具提供的调试器，在程序中设置断点，执行程序时单步跟踪代码的运行结果。这是最强大、最常用的程序除错方法，也是每一个程序员必须掌握的基本功。上述(2)(3)两种方法，必须执行程序才能获得信息，称为"动态除错"。

很多 C++语言的初学者会以为编译器不报告错误就意味着程序是正确的，而一旦程序的运行结果与他们的预期不一致，他们就束手无策了。实际上，初学者必须学会动态除错的方法，了解动态除错的价值。

刨 根 问 底

同名覆盖与重载

要注意区分 Override 与 Overload，前者是"同名覆盖"，在类继承中才会出现；后者是"重载"，在同一作用域范围内，由参数个数或类型不同的多个同名函数构成，可以单独出现，也可以与 Override 现象同时出现。一般来说，同名覆盖现象中的多个函数原型(函数类型、名字、参数)是相同的，而重载现象中的多个函数原型(参数)是不同的。

例 8-7 同名覆盖与重载。

```
1.//例 8-7，包含 1 个文件： Main807.cpp
2.//Main807.cpp
3.#include <iostream>
4.using namespace std;
5.class base{
6.public:
7.      void func() {cout<<"base::func()"<<endl;}
8.};
9.class deriver:public base{
10.public:
11.      void func() {cout<<"deriver::func()"<<endl;}
12.      void func(int x) {cout<<"deriver::func("<<x<<")"<<endl;}
13.};
14.int main(){
15.      base m_base;
16.      deriver m_deriver;
17.      m_base.func();
18.      m_deriver.func();
19.      m_deriver.func(10);
20.      return 0;
21.}
```

在上面的例 8-7 中，第 11 行与第 12 行代码的函数名相同而参数不同，形成了重载；第 7 行与第 11 行的函数原型相同但是分别处于基类与派生类中，构成了同名覆盖。

程序的执行结果如下：

base::func()

void deriver::func()

void deriver::func(10)

 转换与继承

派生类继承了基类成员，但这些基类成员受到访问控制的限制，并不能随意使用。那么，派生类的成员与基类成员到底有什么不同？派生类对象和基类对象在内存中的布局有什么不同？本节要深入了解派生类的成员(包括其继承来的成员)是如何在内存中布局的，进而掌握派生类对象与基类对象之间转换的一般规则，这个规则是理解"运行时多态"的必备知识。

每个派生类对象包含一个基类部分，这意味着可以像使用基类对象一样在派生类对象上执行基类的操作，这就涉及派生类到基类的转换。该转换包括以下 3 种情况：

- 派生类对象转换为基类对象。
- 基类对象指针指向派生类对象。
- 用派生类对象初始化基类对象的引用。

1．派生类对象转换为基类对象

这种转换方式就是用派生类对象给基类对象赋值。

例 8-8 派生类对象转换为基类对象。

```cpp
//Main808.cpp
#include <iostream>
using namespace std;
class TShape {
protected:
        int x, y;
public:
        TShape(int mx=0, int my=0) { x=mx; y=my; }
        void Show() {cout<<"x="<<x<<"\t y="<<y;}
};
class TCircle : public TShape {
protected:
        int r;
public:
        TCircle(int mx=0, int my=0, int mr=1): TShape(mx, my) { r = mr; }
        void Show() {TShape::Show();cout<<"\tr="<<r; }
};
```

```
int main(){
    TShape    s;
    TCircle c(1,2,3);
    cout<<"TShape s\t";
    s.Show();    cout<<endl;
    cout<<"TCircle c\t";
    c.Show();    cout<<endl;
    s = c;        //用派生类对象为基类对象赋值
    // s = static_cast<TShape>(c);
    cout<<"s=c\t\t";
    s.Show();        cout<<endl;
    return 0;
}
```

上述程序经编译后，运行的输出结果是

```
TShape s        x=0        y=0
TCircle c       x=1        y=2        r=3
s=c                        x=1        y=2
```

下面分析上述代码及输出结果。派生类对象 c 赋值给基类对象 s 之后，基类对象 s 仅获取了派生类对象 c 中内嵌的 TShape 子对象的值，而派生类对象 c 中的数据成员 r 被忽略了。换句话说，在 s = c 这个赋值语句中，派生类对象 c 被截成了两部分：内嵌 TShape 子对象和派生类独有的数据成员。这种现象也被称为"对象截断"。

例 8-7 中，main()函数的 s = c 语句实际上执行了一个隐式类型转换，将 TCircle 对象转换为 TShape 对象。这种隐式类型转换是由编译器完成的，他人在阅读代码时，可能很难注意到这个转换。鉴于此，在对象赋值时，需要尽量避免利用编译器的隐式类型转换功能，而将类型转换显式地写在程序中(C++编译器隐式执行的任何类型转换都可以由 static_cast 显式完成)。这样，他人在阅读代码时，就能明确地知道：代码的编写者确实要执行一个类型转换。简单来说，要想做一个合格的 C++程序员，必须了解 C++编译器在背后做了什么，而且尽量避免编译器"悄悄地"做一些什么。建议用"s = static_cast<TShape>(c);"替换"s=c;"。

为了避免矫枉过正，不得不说明，程序中应尽量避免使用强制类型转换，因为强制类型转换关闭了由编译器执行的类型检查。不使用强制类型转换，也能写出良好的程序。

2．基类对象指针指向派生类对象

这种转换形式的例子如下。

例 8-9　基类对象指针指向派生类对象。

//Main809.cpp

//本文件的代码除了 main()函数之外，均与 Main808.cpp 相同

#include <iostream>

```
using namespace std;
class TShape {
protected:
        int x, y;
public:
        TShape(int mx=0, int my=0) { x=mx; y=my; }
        void Show() {cout<<"x="<<x<<"\t y="<<y;}
};
class TCircle : public TShape {
protected:
        int r;
public:
        TCircle(int mx=0, int my=0, int mr=1): TShape(mx, my) { r = mr; }
        void Show() {TShape::Show();cout<<"\tr="<<r; }
};
int main(){
        TCircle c(1,2,3);
        cout<<"TCircle c\t";
        c.Show();     cout<<endl;

        //TShape* ps = &c;
        TShape* ps = dynamic_cast<TShape*>(&c); //基类对象指针指向派生类对象
        if(0!=ps) {
                cout<<"ps=&c\t\t";
                ps->Show();     cout<<endl;
        }
        return 0;
}
```

编译后的运行结果为

```
TCircle c          x=1          y=2          r=3
ps=&c              x=1          y=2
```

main()函数中的指针变量 ps 的类型是基类指针，指向的实际是派生类对象 c 的 TShape 内嵌对象。换句话说，*ps 就是被截断的派生类对象 c 的一部分。需要注意的是，ps->Show()访问的是基类的函数 TShape::Show()，而不是派生类的 TCircle::Show()。在第 10 章中，将学习如何使用基类指针访问派生类的同名函数(即运行时多态)。

3. 用派生类对象初始化基类对象的引用

这种方法的性质与"基类对象指针指向派生类对象"类似，区别在于，引用只能在定义时赋值(初始化)，而指针变量可以在定义之后赋值。

请读者自行修改例 8-8 中的 main()函数，定义基类对象的引用，同时使用派生类对象初始化该引用，随后，通过该引用访问 Show()函数，观察输出结果。

4. 基类到派生类不存在转换

C++编译器可以自动将派生类对象转换为基类对象(隐式类型转换)，但是，从基类到派生类的自动转换是不存在的。例如：

```
//以下代码仅为示例
TShape s;
TCircle c      = s;      //错误！不能将基类转换为派生类
TCircle* pc    = &s;     //错误！不能将基类转换为派生类
TCircle& rc    = s;      //错误！不能将基类转换为派生类
```

原因在于，基类对象不包含派生类成员，若允许用基类对象给派生类对象赋值，那么就可以试图使用该派生类对象访问不存在的成员，这显然会导致错误。

本章小结

本章主要介绍了类的继承性及其相关概念。类的继承性是软件重用的一种重要机制。派生类可以以公有、保护和私有等 3 种方式继承基类，派生类能够继承基类中除构造函数和析构函数之外的其他成员。派生类继承了基类中有用的成员，发展了自身的处理能力。基类往往表示的是对象的一般性，而派生类针对特殊类别，更具特殊处理能力。派生类定义自己的构造函数和析构函数。在定义派生类的构造函数时，不仅要考虑派生类新增数据成员的初始化，还要注意在成员初始化列表中对基类构造函数的调用。

习题和思考题

8.1　派生类包含其基类成员吗？

8.2　派生类能否访问基类的私有成员？

8.3　要使成员能在类族中被访问，而在类族结构之外不能访问，应该如何定义这样的成员？

8.4　派生类如何执行其基类的构造函数？如何将参数传递给基类构造函数？

8.5　什么构造函数负责初始化派生类对象的基类部分，是派生类的构造函数还是基类的构造函数？

8.6　在类的层次结构中，采用什么顺序调用构造函数？调用析构函数的顺序是什么？

8.7　程序分析。

(1) 分析程序的输出结果。

```
#include <iostream>
using namespace std;
class A {
public:
        A(int i, int j) {
                a=i;
                b=j;
        }
        void Move(int x, int y) {
            a+=x;
            b+=y;
        }
        void show() {
                cout<<"("<<a<<","<<b<<")"<<endl;
        }
private:
        int a,b;
};
class B:private A {
public:
        B(int i,int j,int k,int l):A(i,j){x=k;y=l;}
        void show() {cout<<x<<","<<y<<endl;}
        void fun(){Move(3,5);}
        void f1() {A::show();}
private:
        int x,y;
};
int main() {
        A e(1,2);
        e.show();
        B d(3,4,5,6);
        d.fun();
        d.show();
        d.f1();
        return 0;
    }
```

(2) 分析程序的输出结果。

```
#include <iostream>
using namespace std;
```

```
class A {
public:
        A(int i, int j) {
                a=i;
                b=j;
        }
        void Move(int x, int y) {
                a+=x;
                b+=y;
        }
        void show() {
                cout<<"("<<a<<","<<b<<")"<<endl;
        }
private:
        int a,b;
};
calss B:public A {
public:
        B(int i,int j,int k,int l):A(i,j),x(k),y(l){}
        void show() {cout<<x<<","<<y<<endl;}
        void fun(){Move(3,5);}
        void f1() {A::show();}
private:
        int x,y;
};
int main() {
        A e(1,2);
        e.show();
        B d(3,4,5,6);
        d.fun();
        d.A::show();
        d.B::show();
        d.f1();
        return 0;
}
```

(3) 分析程序的输出结果。

```
#include <iostream>
using namespace std;
class L {
```

```
public:
        void InitL(int x, int y){ X =x; Y=y;}
        void Move(int x, int y){X+=x; Y+=y;}
        int GetX(){return X;}
        int GetY(){return Y;}
private:
        int X,Y;
};
class R: public L {
public:
        void InitR(int x,int y, int w,int h) {
                InitL(x,y);
                W=w;
                H=h;
        }
        int GetW(){return W;}
        int GetH(){return H;}
private:
        int W,H;
};
class V: public R {
public:
        void fun(){Move(3,2);}
};
int main() {
        V v;
        v.InitR(10,20,30,40);
        v.fun();
        cout<<"{"<<v.GetX()<<","<<v.GetY()<<","<<v.GetW()<<","<<v.GetH()<<"}"<<endl;
        return 0;
}
```

8.8　定义一个 Shape 基类，在此基础上派生出 Rectangle 和 Circle 类，二者都由 GetArea()函数计算对象的面积。使用 Rectangle 类创建一个派生类 Square，应用相应类的对象进行测试。

8.9　定义一个 Document 类，包含成员变量 name。从 Document 派生出 Book 类，增加 PageCount 成员变量。

8.10　定义基类 Base，有两个公有成员函数 fun1()、fun2()，私有派生出 Derived 类，如果想在 Derived 类的对象中使用基类函数 fun1()，应如何设计？

8.11　定义 Object 类，有 Weight 属性及相应的操作函数，由此派生出 Box 类，增加 Height 和 Width 属性及相应的操作函数，声明一个 Box 对象，观察构造函数与析构函数的调用顺序。

8.12 定义一个基类 BaseClass，从它派生出类 DerivedClass。BaseClass 有成员函数 fn1()、fn2()，DerivedClass 也有成员函数 fn1()、fn2()。在主程序中定义一个 DerivedClass 的对象，分别用 DerivedClass 的对象以及 BaseClass 和 DerivedClass 的指针来调用 fn1()、fn2()，观察运行结果。

第9章
类的特殊成员

基 本 知 识

9.1 类的静态成员

静态成员(Static Members)用来解决同一个类的不同对象之间数据和函数的共享问题。例如，可以抽象出所有学生的共性，设计出学生类，代码如下：

```
class student
{ public:
        student(int, char*, int, float);
        void printstu();
    private:
        int id;
        string name;
        int age;
        float score;
    };
```

如果需要统计学生人数，这个数据存放在什么地方呢？若以类外的变量来存储人数，不能实现数据的隐藏；若在类中增加一个数据成员用于存放人数，必然在每一个对象中都存储一个副本，不仅冗余，而且每个对象分别维护一个"人数"，很容易产生数据的不一致问题。因此，比较理想的方案是类的所有对象共同拥有一个用于存放人数的数据成员，这就是下面要介绍的静态数据成员。

9.1.1 静态数据成员

类的静态数据成员(Static Data Members)是由该类的所有对象共同维护和使用的数据成员，每个类只有一个副本，它是类的数据成员的一种特例，采用 static 关键字来声明，用来实现同一类的不同对象之间的

静态数据成员

数据共享。

静态数据成员具有静态生存期，它可以由类的任何一个对象来访问。由于静态数据成员是属于类的，因此也可以通过类名对它进行访问，一般的用法是"类名::标识符"。

在类的声明中只能声明静态数据成员的存在。由于类的声明是抽象的，**静态数据成员的初始化需要在类的外部进行。**

例 9-1 定义学生类，定义一个静态数据成员 count，用来统计学生的人数。

解 count 初始值设置为 0。每定义一个学生对象肯定要调用构造函数一次，所以在构造函数中为 count 加 1；相应地，每析构一个学生，count 减 1，在析构函数中完成。

```
//例 9-1  静态数据成员的定义和使用
#include <iostream>
#include <string>
using namespace std;
class Student
{public:
        Student(char* pName ="no name");
        ~Student();
        void PrintC()
        {       cout<<"The number of students is "<<count<<endl;
        }
private:
        static int count;          //若写成 count=0，则非法
        string name;
};
Student::Student(char* pName)// ="no name")
{       cout <<"create one student\n";
        name=pName;
        count++;                   //静态成员：每创建一个对象，学生人数增 1
}
Student::~Student()
{       cout <<"destruct one student\n";
        count--;                   //每析构一个对象，学生人数减 1
        cout<<"The number of students is "<<count<<endl;
}
int Student::count =0;             //静态数据成员在类外分配空间和初始化，static 不用写
void main()
{       Student s1;
        s1.PrintC();
        Student s2;
        s2.PrintC();
}
```

程序运行结果：

  create one student

  The number of students is 1

  create one student

  The number of students is 2

  destruct one student

  The number of students is 1

  destruct one student

  The number of students is 0

  本例中，类 Student 的数据成员 count 被声明为静态，用来给 Student 类的对象计数，每声明一个新对象，count 的值就相应加 1。静态数据成员 count 的初始化在类外进行。初始化时引用的方式也很值得注意：一是利用类名来引用，二是 static 属性不用再写。这个静态数据成员被声明为私有类型，只能在类的内部进行访问。

9.1.2 静态成员函数

  在例 9-1 中，函数 PrintC()专门用来输出静态成员 count。要输出 count，只能通过 Student 类的某个对象来调用函数 PrintC()。在所有对象声明之前，count 的值是初始值 0。如何输出这个初始值呢？显然由于尚未声明任何对象，无法通过对象来调用函数 PrintC()。由于 count 为整个类所共有，不属于任何对象，因此自然会希望对 count 的访问也不要通过对象，可以通过定义和使用静态成员函数来解决这个问题。

  所谓**静态成员函数(Static Member Function)就是使用 static 关键字声明函数成员**。同静态数据成员一样，静态成员函数也属于整个类，由同一个类的所有对象共同维护，为这些对象所共享。

  静态成员函数可以通过"类名::静态成员函数名"来调用。于是，在创建任何对象前，这类函数就可以被调用。当然，通过对象调用静态成员函数也是可以的。

  可以将例 9-1 中的 PrintC()函数定义为静态成员函数：

```
static void PrintC()
{
        cout<<"The number of students is "<<count<<endl;
}
```

在 main()函数中，就可以在创建任何对象前，访问静态数据成员 count：

```
void main()
{       Student::PrintC();              //通过类名调用静态成员函数
        Student s1;
        s1.PrintC();
        Student s2;
        s2.PrintC();
}
```

对于公有静态成员函数,可以通过类名或对象名(对象指针)来调用;而一般的非静态公有成员函数只能通过对象名(对象指针)来调用。

9.2　常对象和常成员

对于既需要共享、又需要防止改变的数据应该声明为常量进行保护,因为常量在程序运行期间是不可改变的。

9.2.1　常对象

第 2 章介绍过基本数据类型常量,同样,定义对象时也可以用 const 进行修饰,称为常对象。**常对象的数据成员值在对象的整个生存期间内不能被改变**,即常对象在定义时必须进行初始化,而且不能被更新。

声明常对象的语法形式为

   类名 const 对象名

例如:

   class Point

   {public:

      Point(int i,int j){x=i;y=j;}

      //…

   private:

      int x,y;

   };

   Point const a(3,4);   //a 是常对象,不能被更新

与基本数据类型的常量相似,常对象也是值不能被改变的量。如果程序中出现了修改常对象数据成员值的语句,编译时就会出错。

C++语法规定不能通过常对象调用一般的成员函数,因为一般的成员函数可以改变对象的数据成员的数值。**常对象只能调用常成员函数**,以保证常对象的数据成员不被修改。

9.2.2　常成员

1.常成员函数

对类的某个成员函数使用 const 关键字修饰,称为常成员函数,其语法形式为

   返回值类型说明符　函数名(参数表) const;

常成员函数具有以下特点。

- const 是函数类型的一个组成部分,在函数实现时也要带 const 关键字。
- 常成员函数不能更新对象的数据成员,也不能调用该类中的非常成员函数。
- 常对象只能调用常成员函数,但是常成员函数可以被普通对象调用。

● const 关键字可用于参与对重载函数的区分，例如，在类中这样声明：

> void print();
>
> void print() const;

这是对 print 函数的有效重载。

例 9-2 定义一个类，它有两个私有数据成员，公有成员函数 change(int,int)负责修改数据成员的值，print()函数输出类的数据成员。在主函数中，既定义该类的常对象，也定义普通对象。实现并测试这个类。

解 在类中，print()定义为常成员函数，以便常对象和一般对象都可以使用。

```cpp
//例 9-2  常成员函数和常对象示例
#include <iostream>
using namespace std;
class R
{public:
        R(int r1, int r2){R1=r1;R2=r2;}
        void change(int, int);
        void print() const;
private:
        int R1,R2;
};
void R::change(int a, int b)
{       R1=a;           R2=b;
}
void R::print() const
{       cout<<R1<<";"<<R2<<endl;
}
void main()
{       R a(5,4);
        a.print();    //也调用 void print() const
        const R b(20,52);
        b.print();    //调用 void print() const
}
```

如果常对象要调用 change()函数，编译时就会有语法错误，以保证常对象的数据安全。

2．常数据成员

类的数据成员也可以是常量、常引用或常指针，使用 const 说明的数据成员称为常数据成员。常数据成员一经初始化就不能再被改变，而且**构造函数对常数据成员进行初始化，只能通过初始化列表**。

初始化列表是在构造函数的函数头后面，用"："连接的一组参数表，其形式为

类名::类名(参数表):初始化列表
{
//函数体
}

初始化列表的形式为

成员名 1(初始值), 成员名 2(初始值), …

其实对于对象而言，实例数据成员为常量几乎没有意义，所以通常把常数据成员定义为静态成员，使其成为类的一个常量。

例 9-3 定义一个类，它有一个常数据成员、一个静态常数据成员和一个常引用数据成员，注意如何将它们初始化。在主函数中定义该类的对象并进行测试。

解 程序如下：

```
//例 9-3  常数据成员使用举例
#include <iostream>
using namespace std;
class Circle
{public:
        Circle(int r, int i);
        void print();
private:
        int radius;
        const int a;
        static const float PI;              //静态常数据成员
};
const float Circle::PI = 3.14159;           //静态常数据成员在类外说明和初始化
Circle::Circle(int r, int i):a(i),radius(r)    //常数据成员只能通过初始化列表来获得初值
{/*因为 a 是常数据成员，不能把语句 a=i;写在构造函数体内*/
}//普通成员也可以在初始化列表中赋值
void Circle::print()
{       cout<<"radius="<<radius<<", area="<<radius*radius*PI<<endl;
}
void main()
/*建立对象 x，并以 100 和 0 作为初值调用构造函数，
通过构造函数的初始化列表给对象的常数据成员赋初值*/
{       Circle x(100,0);
        x.print();
}
```

运行结果：

```
Radius=100, area=31415.9
```

9.3 类的组合

现实世界中的复杂问题往往被划分为一系列较简单的问题，经过不断划分，就能达到可以描述和解决的程度。也就是说，解决复杂问题的有效方法是将其层层分解为简单问题的组合，首先解决简单问题，较复杂问题也就迎刃而解了。实际上，这种部件组装的生产方式早已应用在工业生产中。目前，要提高软件的生产效率，一个重要手段就是实现软件的"工业化生产"。在面向对象程序设计中，可以对复杂对象进行分解、抽象，把一个复杂对象分解为简单对象的组合。

例如，矩形可以由对角的两个顶点确定其位置和大小，先设计出 Point 类，再设计出 Rectangle 类。Rectangle 类的两个数据成员是 Point 类的对象，这两个点的坐标就决定了矩形的位置和大小，该问题的类标记图如图 9-1 所示。

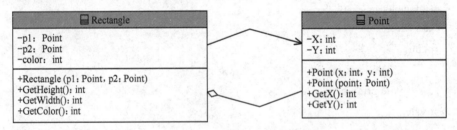

图 9-1　Rectangle 类和 Point 类的关系

类的组合（也称类的聚集），描述的是一个类内嵌其他类的对象作为数据成员的情况，它们之间的关系是一种包含与被包含的关系。图 9-1 中，带空心菱形的线表示两个类之间是包含关系，带箭头的线表示发送消息。于是，可以采用部件组装的方法，利用已定义的类来构成新的类。对于较复杂的问题可以使用类的组合来描述。

当创建组合类的对象时，各个内嵌对象也将被自动创建。因此，在创建组合类对象时既要对本类的基本数据成员进行初始化，又要对内嵌对象成员进行初始化。**这时，这些内嵌对象的构造函数的参数传递就成为突出问题，需要使用初始化列表来完成。**

组合类构造函数定义的一般形式为

　　　　类名::类名(形参表):内嵌对象 1(形参表), 内嵌对象 2(形参表),…

　　　　{

　　　　　　//类的初始化

　　　　}

初始化列表用来完成内嵌对象的初始化，包括启动内嵌对象的构造函数以及为构造函数传递的参数。

在声明一个组合类的对象时，不仅它自身的构造函数将被调用，还将调用其内嵌对象的构造函数。这时，构造函数的调用顺序如下：

构造函数初始化列表

(1) (如果有多个内嵌对象)按照内嵌对象在组合类的声明中出现的次序，依次调用其内嵌对象的构造函数(注意：并不是按照初始化列表中给出的顺序)。

(2) 执行本类的构造函数的函数体。

如果声明组合类的对象时没有指定对象的初始值，则自动调用无参构造函数，相应地，也调用内嵌对象的无参构造函数。析构函数的调用、执行顺序与构造函数刚好相反。

例 9-4 定义类 point 表示点，它有 X 坐标和 Y 坐标。定义矩形类，它的数据成员有：point 类对象 p1 和 p2，表示矩形的左上角和右下角；color 表示矩形的颜色。在主函数中定义一个矩形，观察其构造过程和析构过程。

解 程序如下：

```
//例 9-4  类的组合应用
#include <iostream>
#include <cmath>
using namespace std;
class Point    //Point 类定义
{public:
    Point(int xx=0, int yy=0) {X=xx;Y=yy;cout<<"Point constructor"<<endl;}
    ~Point() {cout<<"Point destructor"<<endl;}
    int GetX() {return X;}
    int GetY() {return Y;}
private:
    int X,Y;
};
//类的组合
class Rectangle //Rectangle 类的定义
{public:              //外部接口
    Rectangle(int x1,int y1,int x2,int y2,int c);
    ~Rectangle();
    int GetColor(){return color;}
    int GetWidth(){return abs(p1.GetX()-p2.GetX());}//求绝对值函数 abs()
    int GetHeight(){return abs(p1.GetY()-p2.GetY());}
private:              //私有数据成员
    Point p1,p2;      //Point 类的对象 p1,p2
    int color;
};
//组合类的构造函数
Rectangle::Rectangle(int x1,int y1,int x2,int y2,int c):p1(x1,y1),p2(x2,y2)
{    cout<<"Rectangle 构造函数被调用"<<endl;
    color = c;
}
```

```
Rectangle::~Rectangle()
{    cout<<"析构 Rectangle 对象"<<endl;
}
//主函数
void main()
{    Rectangle myr(1,1,4,5, 255);   //定义 Rectangle 类的对象
     cout<<"The Rectangle's color is:";
     cout<<myr.GetColor()<<endl;
     cout<<"The Rectangle's width is:";
     cout<<myr.GetWidth()<<endl;
     cout<<"The Rectangle's height is:";
     cout<<myr.GetHeight()<<endl;
}
```

程序运行结果：

Point constructor

Point constructor

Rectangle 构造函数被调用

The Rectangle's color is:255

The Rectangle's width is:3

The Rectangle's height is:4

析构 Rectangle 对象

Point destructor

Point destructor

主程序执行时，为了构造 Rectangle 类的对象 myr，首先调用两个内嵌对象的构造函数 Point()，并把 p1 的坐标(1，1)和 p2 的坐标(4，5)分别传递给构造函数 Point()。输出结果显示：这时 Point()构造函数被调用两次，然后，进入 Rectangle()构造函数体，输出"Rectangle 构造函数被调用"，再显示成员函数的输出，输出"The Rectangle's color is:255"等 3 行。主程序结束运行时，先调用 Rectangle 类的析构函数，再调用两次 Point 类的析构函数，释放内嵌的 p1 和 p2 对象。

9.4 友元

友元(Friend)是可以访问类的私有成员和保护成员的外部成员。在一个类中，可以利用关键字 friend 将外部成员(一般函数、其他类的成员函数或其他类)声明为本类的友元，这样，类中本来隐藏的信息(私有和保护成员)就可以被友元访问。

通过友元的方式，一个普通函数或者类的成员函数可以访问封装于某个类中的私有数据，这相当于给类的封装开了一个小小的孔，通过它可以看到类内部的私有数据。从这个角度来讲，友元是对数据隐藏和封装的破坏，但是考虑到数据共享的必要性，

为了提高程序的效率，很多情况下这种小的破坏也是必要的，关键是掌握好尺度。

如果声明为友元的是一般函数或另一个类的成员函数，则称为**友元函数**(Friend Function)；如果友元是一个类，则称为**友元类**(Friend Class)，**友元类的所有成员函数都是某个类的友元函数**。

友元函数是在类声明中由关键字 friend 修饰的非成员函数。它不是本类的成员函数，但是在它的函数体中可以通过对象名访问本类的私有和保护成员。

例 9-5　使用友元函数计算两点距离。

解　定义一个类 point 表示点，它有 x 坐标和 y 坐标，公有成员函数 GetX()和 GetY()可以得到 x 坐标和 y 坐标。一个普通函数用来计算两点之间的距离，它可以调用公有成员函数得到 x 坐标和 y 坐标，并进行计算。可以把普通函数声明为类的友元，函数就可以直接访问类的私有数据成员 X 和 Y，进行计算。

```
//例 9-5  使用友元函数计算两点距离
#include <iostream>
#include <cmath>
using namespace std;
class Point//Point 类定义
{public:    //外部接口
        Point(int xx=0, int yy=0) {X=xx;Y=yy;}
        int GetX() {return X;}
        int GetY() {return Y;}
        friend float fDist(Point &a, Point &b);    //友元函数声明
private:    //私有数据成员
        int X,Y;
};
float fDist(Point &p1, Point &p2)                //友元函数实现
{       double x=double(p1.X-p2.X);              //通过对象访问私有数据成员
        double y=double(p1.Y-p2.Y);
        return float(sqrt(x*x+y*y));
}
void main()     //主函数
{       Point myp1(1,1),myp2(4,5);               //定义 Point 类的对象
        cout<<"The distance is:";
        cout<<fDist(myp1,myp2)<<endl;            //计算两点间的距离
}
```

友元并不是类的成员，在 Point 类主体中声明友元函数时，只给出了友元函数的原型，友元函数 fDist()的实现在类外。在友元函数中通过对象名直接访问了 Point 类的私有数据成员 X 和 Y，这就是友元的关键所在，它绕过了类的外部接口，省略了函数调用过程，但是如果作为成员数据的 X、Y 发生结构型调整，友元函数的修改也将是必不可少的。

本例中的友元函数是一个普通函数，友元函数也可以是另外一个类的成员函数。例如，教师可以修改学生的成绩(访问学生类的保护数据)，将教师类的成员函数 assignGrade()声明为学生类的友元。

```
class Student;                              //前向引用声明，只声明类名，类定义在后面
class Teacher
{public:
        //…
        void assignGrades(Student& s);     //使用未定义的类，需要前向引用声明
private:
        //…
};
class Student
{public:
        //…
        friend void Teacher:: assignGrades(Student& s);
private:
        Teacher* pT;
        float grade;
        //…
};
void Teacher::assignGrade(Student& s)
{       s.grade=4.0;                        //修改学生成绩，直接操作另一个类的保护成员
}
```

同函数一样，在类的声明中可以声明另一个类为本类的友元，这时称为友元类。若 A 类是 B 类的友元类，则 A 类的所有成员函数都是 B 类的友元函数，都可以访问 B 类的私有和保护成员。

例 9-6　定义一个教师类、一个学生类，教师能修改学生的成绩，所以在学生类中声明教师类为友元，这样，教师类中的所有成员函数都可以访问学生类的任何成员，例如可以直接操作学生类的私有数据成员 grade。

解　程序如下：

```
//例 9-6　友元类的使用
#include <iostream>
using namespace std;
class Student;                              //前向引用声明，只声明类名，类定义在后面
class Teacher
{public:
        Teacher(int i, char* c);
        void show();
        void assignGrades(Student& s);     //使用未定义的类，需要前向引用声明
```

```cpp
private:
        char* name;
        int id;
};
class Student
{public:
        Student(int i, char* c, float s, Teacher* t);
        void printstu();
        friend class Teacher;
private:
        Teacher* pT;
        int sid;
        char* name;
        float grade;
};
Student::Student(int i, char* c, float s, Teacher* t)
{       sid = i;
        name = new char[strlen(c)+1];
        if (name != 0)
                strcpy(name, c);
        grade = s;
        pT=t;
}
void Student::printstu()
{       cout<<"学号："<<sid<<"    姓名："<<name;
        cout<<"    成绩："<<grade<<endl;
}
Teacher::Teacher(int i, char* c)
{       id = i;
        name = new char[strlen(c)+1];
        if (name != 0)
                strcpy(name, c);
}
void Teacher::show()
{       cout<<"工作证号："<<id<<"    姓名："<<name<<endl;
}
void Teacher::assignGrades(Student& s)
{       if (s.pT->id == id)
                s.grade=4.0;            //修改学生成绩，直接操作另一个类的保护成员
```

```
        }
        void main()
        {       Teacher wang(62, "wang yi");
                wang.show();
                Student s1(10, "zhang san", 87.6, &wang);
                s1.printstu();
                wang.assignGrades(s1);
                s1.printstu ();
                Student s2(12, "li si", 80, &wang);
                s2.printstu();
                wang.assignGrades(s2);
                s2.printstu ();

        }
```

关于友元类，还要注意以下两点：

● **友元关系是不能传递的。** B 类是 A 类的友元，C 类是 B 类的友元，C 类和 A 类之间，如果没有声明，就没有任何友元关系，不能进行数据共享。

● **友元关系是单向的。** 如果声明 B 类是 A 类的友元，B 类的成员函数就可以访问 A 类的私有和保护数据，但 A 类的成员函数却不能访问 B 类的私有和保护数据。

9.5 运算符重载

运算符重载(Operator Overloading)是 C++的一个特性，使得程序员可以把 C++的运算符扩展到用户自定义的类型中。使用运算符重载可以使 C++代码更直观、易懂，函数调用更方便、简洁。

9.5.1 运算符重载的使用及其限制

C++中预定义的运算符，如+、−、=、>>等，其操作对象只能是基本数据类型。实际上对于很多用户自定义类型，也需要类似的运算操作，从而使 C++的代码更直观、易读，使用更方便。例如，如果用字符数组存放字符串，字符串的复制和连接可以通过相应的字符串处理函数 strcpy()、strcat()来实现，这样的操作非常不直观，使用起来也不太方便。C++中预定义了一个字符串类 string，该类中就重载了=、+、+=等运算符，极大地简化了代码的编写。

例 9-7 用重载运算符"="和"+"完成字符串的复制和连接。

解 重载的字符串运算符在头文件<string>中说明。

```
//例 9-7  使用重载运算符复制和连接字符串
#include <string>
#include <iostream>
using namespace std;
```

```
void main()
{       string s1="Hello";
        string s2="world";
        string s3;
        s3=s1;                              //字符串复制
        cout<<s3<<endl;
        s3=s1+s2;                          //字符串连接
        cout<<s3<<endl;
}
```

运行结果：

```
Hello
Helloworld
```

对已有的运算符赋予多重含义，使同一运算符作用于不同类型的数据时发生不同的行为，这就是运算符重载。运算符重载能够使代码更加简洁、实用、易懂，因此在面向对象编程中得到了广泛的应用。

运算符重载

运算符重载的实质就是函数重载，但是运算符重载需要遵循一定的规则。

(1) 重载运算符时，运算符的运算顺序和优先级不变，操作数个数不变。

(2) 不能创造新的运算符，只能重载 C++中已有的运算符，并且规定有 6 个运算符不能重载，如表 9-1 所示。

表 9-1　不能重载的运算符

运　算　符	含　义
.	类属关系运算符
.*	成员指针运算符
::	作用域运算符
? :	条件运算符
#	编译预处理符号
sizeof()	取数据类型的长度

(3) 运算符重载是针对新类型的实际需求，对原有的运算符进行适当的改造。一般来讲，重载后的运算符的功能应当与运算符的实际意义相符。

9.5.2　运算符重载的定义

运算符重载的形式有两种：重载为类的成员函数，或重载为类的友元函数。

* 重载为类的成员函数，其形式为

   函数类型　operator 运算符(形参表)
   {
      函数体;
   }

* 重载为类的友元函数，其形式为

   friend 函数类型　operator 运算符(形参表)

```
        {
                函数体;
        }
```

其中，函数类型指明了重载运算符的返回值类型，也就是运算结果类型；**operator 是定义运算符重载的关键字**；"运算符"即要重载的运算符名称，必须是 C++中可重载的运算符，如+、−、*、=、++等；形参表给出的是运算符需要的操作数。需要注意的是，对于重载为成员函数的，对象本身就是其中的一个操作数，所以，形参表内参数的数目比操作数的数目少一个，对于重载为友元函数的，一元运算符有一个形参，二元运算符有两个形参，每一个形参代表运算符的一个操作数。重载运算符为友元函数时，必须要加上 friend 关键字。

例 9-8　创建一个复数类，将+、−、+=运算符重载为成员函数。

解　+、−、+=都是二元算符，运算符函数只要一个形式参数。

```
//例 9-8    在复数类中重载+、−、+=运算符
#include <iostream>
#include <iomanip>
using namespace std;
class complex
{public:
        complex(double real=0,double imag=0): r(real),i(imag)
        {}
        complex    operator +(complex&);        //重载运算符的函数原型
        complex    operator -(complex&);
        complex    operator +=(complex&);
        void print()
        {cout<<setiosflags(ios::showpos)<<r<<"    "<<i<<'i'<<endl;
        }
    private:
        double r , i;
};
complex complex::operator +(complex& c)        //重载"+"运算符
{
        return complex(r+c.r,i+c.i);
}
complex complex::operator -(complex& c)        //重载"−"运算符
{
        return complex(r-c.r,i-c.i);
}
complex complex::operator +=(complex& c)        //重载"+="运算符
{
        r+=c.r;
```

```
            i+=c.i;
            return *this;
        }
        void main()
        {
            complex c1(1,1),c2(3,3),c3;
            c3=c1+c2;                        //复数相加
            c3.print();
            c3=c1-c2;                        //复数相减
            c3.print();
            c3+=c2+=c1;                      //复数相加后赋值
            c3.print();
        }
```

运行结果：

```
    +4    +4i
    −2    −2i
    +2    +2i
```

从本例中可以看出，**运算符重载的实质就是函数重载**，除了增加了一个关键字 operator 外，运算符重载同函数重载没有区别，都是通过该类的某个对象来访问重载的运算符。将运算符重载为成员函数时，如果是二元运算符，如 "+"，对象本身*this 就是其中的一个操作数，另一个操作数由形参给出，通过运算符重载的函数进行传递；如果是一元运算符，操作数由对象的 this 指针给出，不再需要形参。一般来说，运算结果的类型与操作数的类型一致。

在重载复数 "+=" 运算符时，return 语句中的表达式是*this，而其他运算符函数 return 语句的表达式是一个临时对象 complex(r-c.r，i-c.i)。其实，将 return*this 改为返回一个临时对象 return complex(r, i)结果是一样的，只是建立临时对象还要调用构造函数，而返回*this 对象就不需要调用构造函数了，可以提高执行效率。

很多书上将 "+=" 重载运算符函数的返回值设为复数类对象的引用，理由是类似 "+=" 这样的运算符，操作数经过运算后，操作数本身发生了改变，其运算结果直接反应给自己本身，所以使用引用返回。这样做也是可以的，但并不是必须的。实际上，在 "+=" 运算符重载函数的语句中，对象操作数已经发生了改变(r+=c.r; i+=c.i;)，并不需要通过返回值来改变。

例 9-9　创建一个复数类，将+、−、+= 运算符重载为友元函数。

解　用友元函数重载这些运算符，相应的函数要有两个形式参数。

```
//例 9-9　用友元函数重载复数类的+、−、+=运算符
#include <iostream>
#include <iomanip>
using namespace std;
class complex
```

```
    {public:
            complex(double real=0,double imag=0): r(real),i(imag)
            {}
            friend complex    operator +(complex&,complex&);
            friend complex    operator -(complex&,complex&);
            friend complex& operator +=(complex&,complex&);
            void print()
            {cout<<setiosflags(ios::showpos)<<r<<"   "<<i<<'i'<<endl;
            }
    private:
            double r , i;
    };
    complex operator +(complex& c1,complex& c2)          //重载"+"运算符
    {
            return complex(c1.r+c2.r,c1.i+c2.i);
    }
    complex operator -(complex& c1,complex& c2)          //重载"-"运算符
    {
            return complex(c1.r-c2.r,c1.i-c2.i);
    }
    complex& operator +=(complex& c1,complex& c2)        //重载"+="运算符
    {
            c1.r+=c2.r;
            c1.i+=c2.i;
            return c1;
    }
```

本例使用与例 9-8 同样的 main()函数，对例 9-9 中的复数类进行测试，运行结果相同。

重载输出流插入运算符

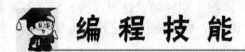

编 程 技 能

 包含内嵌对象的派生类构造

在例 8-3 中，TShape 类包含有关于颜色的属性。现在，考虑将颜色属性从 TShape 类中抽取出来，形成一个独立的颜色类 TColor，然后用 TColor 的对象作为 TShape 类的成员。这几个类之间的关系如图 9-2 所示，观察在复杂应用中，既有类的派生，又

有类的组合，这种情况下的构造函数和析构函数如何设计。

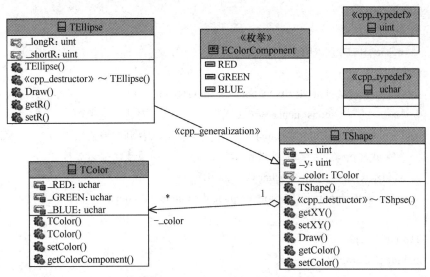

图 9-2　例 9-10 中类之间的关系

包含内嵌对象的派生类构造函数的形式如下：

派生类名::派生类名(基类所需的形参，本类成员所需的形参):

基类 1(基类参数表 1),基类 2(基类参数表 2),…,基类 n(基类参数表 n),

对象成员 1(对象参数表 1),对象成员 2(对象参数表 2),…,对象成员 m(对象参数表 m)

{

本类基本类型数据成员初始化;

}

　　一般来说，派生类构造函数的形式参数表应该提供 3 部分参数：① 基类构造函数形参表所需要的参数；② 初始化派生类的内嵌对象数据成员所需要的参数；③ 初始化派生类基本数据类型数据成员的参数。

例 9-10　派生类的构造函数。

```
//例 9-10    包含 8 个文件
//      GlobalType910.h，TColor910.h，TShape910.h，TEllipse910.h，
//      TColor910.cpp，TShape910.cpp，TEllipse910.cpp，Main910.cpp

//GlobalType910.h
#pragma once                          //预处理指令，避免重复包含本头文件
typedef unsigned int uint;
typedef unsigned char uchar;

//TColor910.h
#pragma once
#include "GlobalType910.h"
```

```cpp
enum EColorComponent {RED, GREEN, BLUE};
class TColor{
private:
    uchar _RED, _GREEN, _BLUE;
public:
    TColor(const uchar R=0x00, const uchar G=0x00,
                    const uchar B=0x00);                //普通构造函数
    TColor(const TColor& color);                        //复制构造函数
    TColor& operator =(const TColor& color);            //重载赋值运算符
    void setColor(uchar R, uchar G, uchar B);
    uchar getComponent(EColorComponent component) const;
};
//TColor910.cpp
#include "TColor910.h"
TColor::TColor(uchar R/* =0x00 */,                      //普通构造函数
                    uchar G/* =0x00 */,                 //类定义中函数原型是带默认值的
                    uchar B/* =0x00 */){                //这里不需要重复写默认值
    _RED = R; _GREEN = G; _BLUE = B;
}
TColor::TColor(const TColor& color){                    //复制构造函数，即拷贝构造函数
    _RED    = color._RED;
    _GREEN = color._GREEN;
    _BLUE   = color._BLUE;
}
void TColor::setColor(uchar R, uchar G, uchar B){
    _RED = R; _GREEN = G; _BLUE = B;
}
uchar TColor::getComponent(EColorComponent component) const{
    uchar color;
    switch (component){
            case RED:
                    color = _RED;
                    break;
            case GREEN:
                    color = _GREEN;
                    break;
            case BLUE:
                    color = _BLUE;
                    break;
```

```
                default:
                        color = 0x00;
                        break;
            };
            return color;
    }


    TColor& TColor::operator =(const TColor& color){
            _RED    = color._RED;
            _GREEN = color._GREEN;
            _BLUE   = color._BLUE;
            return *this;
    }
```

枚举类型的应用

TColor 类保存了 3 个颜色分量_RED、_GREEN、_BLUE。一般情况下，RGB 真彩色模式使用 3 个字节存储一个像素的颜色，每种颜色分量占用一个字节，因此，使用 unsigned char 数据类型来存储颜色分量。

数据类型名称与直观意义：我们已经知道，在程序中，要避免使用无意义的标识符为变量命名，变量的名字要能够反映该变量的功能。同样，C++中，程序员可以使用 typedef 关键字为某种数据类型重新起一个名字，而这个名字也应该反映出该数据类型的特征或者功能。在上面的例子中，RGB 的每个颜色分量占用一个字节内存，希望能够有一种直观的数据类型来定义颜色分量；然而，C++中并没有"BYTE"或者"ColorComponent"这样的数据类型。作为一种变通，可以使用"typedef unsigned char BYTE"这样的语句声明一种名为"BYTE"的数据类型，并用该数据类型定义存储 3 个色彩分量的变量。本例中使用"typedef unsigned char uchar"声明了类型 uchar，随后用 uchar 定义了颜色分量。

类 TColor 有两个构造函数，一个是普通构造函数，另一个是复制构造函数。此外，还有一个重载的赋值运算符，该赋值运算符在 TShape::setColor 中会被调用。

```
//TShape910.h
#pragma once
#include"GlobalType910.h"
#include"TColor910.h"
class TShape{
private:
        uint _x, _y;                        //几何形状的位置
protected:
        TColor _color;                      //颜色
public:
        TShape(uint x, uint y);
        TShape(uint x, uint y, TColor color);
```

```
            ~TShape();
        void Draw();
        void getXY(uint& x, uint& y) const;
        void setXY(uint x, uint y);
        TColor getColor() const;
        void setColor(TColor color);
};
//TShape910.cpp
#include "TShape910.h"
#include "TColor910.h"
#include <iostream>
using namespace std;
TShape::TShape(uint x, uint y):_color(){    //在初始化列表表初始化内嵌对象
     _x = x;      _y = y;
}
TShape::TShape(uint x, uint y, TColor color){
     _x = x;      _y = y;
     _color=color;                          //调用 TColor 类的赋值运算符重载函数
}
TShape::~TShape(){
cout<<"TShape destructed"<<endl;
}
void TShape::Draw(){
     uint R, G, B;
    //程序将要显示 RGB 分量的数值，若直接使用 cout 操作 RGB 分量，
    //则显示的是 RGB 分量的 ASCII 码。因此需首先将 RGB 分量转换为整型
     R=static_cast<uint>(_color.getComponent(RED));
     G=static_cast<uint>(_color.getComponent(GREEN));
     B=static_cast<uint>(_color.getComponent(BLUE));
     cout<<"Draw a shape with color("<<R<<","<<G<<","<<B;
     cout<<") at point("<<_x<<","<<_y<<")"<<endl;
}
void TShape::getXY(uint& x, uint& y) const{
     x = _x;
     y = _y;
}
void TShape::setXY(uint x, uint y){
     _x = x;
     _y = y;
```

```
}
TColor TShape::getColor() const {
        return _color;
}
Void TShape::setColor(TColor c){
        _color = c;
}

//TEllipse910.h
#pragma once
#include "TShape910.h"
#include "GlobalType910.h"
class TEllipse: public TShape {
protected:
        uint _longR, _shortR;
public:
        TEllipse(uint longR, uint shortR, uint x, uint y, TColor color);
        TEllipse(uint longR, uint shortR, uint x, uint y);
        ~TEllipse();
        void Draw();
        void getR(uint& longR, uint& shortR) const;
        void setR(uint longR, uint shortR);
};
//TEllipse910.cpp
#include "TEllipse910.h"
#include <iostream>
using namespace std;
TEllipse::TEllipse(uint longR, uint shortR,uint x, uint y, TColor color):TShape(x,y){
        _longR   = longR;
        _shortR = shortR;
        //在派生类构造函数中访问基类保护成员
        _color=color;
}
TEllipse::TEllipse(uint longR, uint shortR,uint x, uint y):TShape(x,y){
        _longR   = longR;
        _shortR = shortR;
}
TEllipse::~TEllipse(){
cout<<"TEllipse destructed"<<endl;
```

```
    }
    void TEllipse::Draw(){
        uint x, y;
        getXY(x, y);              //调用基类公有函数访问基类私有成员
        uint R, G, B;
        //以下 3 行代码直接访问基类保护成员_color
        R=static_cast<uint>(_color.getComponent(RED));
        G=static_cast<uint>(_color.getComponent(GREEN));
        B=static_cast<uint>(_color.getComponent(BLUE));
        cout<<"Draw an ellipse with color(";
        cout<<R<<","<<G<<","<<B<<") at point(";
        //下行代码错误！在派生类中不能访问基类私有成员
        //cout<<_x<<","<<_y<<")";
        cout<< x<<","<< y<<")";
        cout<<" , longR: "<<_longR<<" and shortR: "<<_shortR<<endl;
    }
    void TEllipse::getR(uint& longR, uint& shortR) const{
        longR   = _longR;
        shortR = _shortR;
    }
    void TEllipse::setR(uint longR, uint shortR){
        _longR   = longR;
        _shortR = shortR;
    }
```

TEllipse 类由 TShape 类派生。TEllipse 类有两个重载的构造函数，它比 TColor 和 TShape 的情况要复杂。我们注意到，两个构造函数的前 4 个形式参数相同，其中 longR 和 shortR 两个参数用于给本类的基本数据类型成员赋值，其赋值代码放在构造函数的函数体中；另外两个形式参数用于初始化基类的构造函数 TShape::TShape()。第一个 TEllipse 构造函数带有 5 个参数，最后一个参数 color 用于给基类的保护数据成员_color 赋值(在这里，不使用"初始化基类的保护数据成员_color"这样的描述，其原因是_color 是被 TShape 的构造函数初始化的)。第二个 TEllipse 构造函数带有 4 个参数，其基类 TShape 的构造函数采用默认值初始化了基类数据成员_color。

```
1.//Main910.cpp
2.#include "TEllipse910.h"
3.#include <iostream>
4.using namespace std;
5.int main(){
6.      TShape shp(0u, 0u);
7.      shp.setColor(TColor(0xFF,0x00,0x00));
```

8.　　　　cout<<__FILE__<<":"<<__LINE__<<" "; shp.Draw();

9.

10.　　　　TEllipse elps01(10u,5u,0u,0u);

11.　　　　 cout<<__FILE__<<":"<<__LINE__<<" "; elps01.Draw();

12.

13.　　　　 TEllipse elps02(10u,5u, 20u,30u, TColor(0x00, 0xFF, 0x00));

14.　　　　//通过派生类对象调用基类的同名函数

15.　　　　cout<<__FILE__<<":"<<__LINE__<<" "; elps02.TShape::Draw();

16.　　　　cout<<__FILE__<<":"<<__LINE__<<" "; elps02.Draw();

17.　　　　//调用基类函数访问基类保护成员

18.　　　　elps02.setColor(shp.getColor());

19.　　　　cout<<__FILE__<<":"<<__LINE__<<" "; elps02.Draw();

20.　　　　elps02.setColor(TColor(shp.getColor()));

21.　　　　cout<<__FILE__<<":"<<__LINE__<<" "; elps02.Draw();

22.　　　　return 0;

23.}

对例 9-10 编译并运行后，其输出结果如下：

main910.cpp:8 Draw a shape with color(255,0,0) at point(0,0)

main910.cpp:11 Draw an ellipse.with color(0,0,0) at point(0,0),longR:10 and shortR:5

main910.cpp:15 Draw a shape with color(0,255,0) at point(20,30)

main910.cpp:16 Draw an ellipse with color(0,255,0) at point(20,30),longR:10 and shortR:5

main910.cpp:19 Draw an ellipse with color(255,0,0) at point(20,30),longR:10 and shortR:5

main910.cpp:21 Draw an ellipse with color(255,0,0) at point(20,30),longR:10 and shortR:5

下面对派生类构造函数做一个总结。

(1) 派生类构造函数的职责如下。

● 初始化基类。

● 初始化内嵌对象成员。

● 初始化基本数据类型的成员。

(2) 派生类构造函数初始化数据的方式如下。

● 构造函数初始化列表：基类构造函数，内嵌对象成员构造函数。

● 构造函数函数体：基本数据类型的成员。

● 特殊情况：const 成员和 reference 成员只能通过初始化列表获得初值。

(3) 若不需要做上述初始化工作，则可不定义构造函数，而使用系统提供的默认构造函数。

(4) 派生类构造函数的执行次序：初始化列表 → 构造函数函数体。更加详细的次序如下。

● 基类的构造函数。

● 内嵌对象的构造函数。

● 派生类的构造函数(即函数体中的代码)。

(5) 若派生类构造函数没有显式初始化基类或内嵌对象成员,则编译器会在初始化列表中自动插入基类默认构造函数或内嵌对象的默认构造函数。

(6) 派生类的多个内嵌对象成员的构造函数的调用顺序:按照派生类定义这些成员的顺序进行,与它们在初始化列表中的先后次序无关。

包含内嵌对象的派生类析构

派生类不能继承基类的析构函数,需要自己定义析构函数,以便在派生类对象消亡之前进行必要的清理工作。派生类的析构函数只负责清理它新定义的成员,一般来说,只清理位于堆区的成员。

例 9-11 中类 TShape 有一个保护数据成员,该成员是对象指针,而不是内嵌对象;类 TEllipse 有两个私有数据成员,并且是对象指针,另外还有一个从基类继承来的内嵌对象指针。

例 9-11 包含内嵌对象指针的派生类析构函数。

```cpp
//例 9-11 包含 1 个文件: Main911.cpp
//Main911.cpp
#include <iostream>
#include <string>
using namespace std;
class TPoint{
protected:
    int _x, _y;
public:
    TPoint(int x=0, int y=0) {
        cout<<"TPoint 构造函数"<<"("<<x<<","<<y<<")"<<endl;
        _x=x; _y=y;
    }
    ~TPoint(){cout<<"TPoint 析构函数"<<"("<<_x<<","<<_y<<")"<<endl;}
};
class TColor{
private:
    string _color;
public:
    TColor(string color="BLACK") {
        cout<<"TColor 构造函数"<<endl;
        _color=color;
    }
    ~TColor() {cout<<"TColor 析构函数"<<endl;}
```

```
        };
        class TShape{
        protected:
                TColor* pColor;
        public:
                TShape() {
                        cout<<"基类构造函数"<<endl;
                        pColor=new TColor;
                }
                ~TShape(){
                        cout<<"基类析构函数"<<endl;
                        if(0!=pColor)
                                delete pColor;
                }
        };
        class TEllipse:public TShape {
        private:
                TPoint* pLeftFocus, RightFocus;
        public:
                TEllipse():TShape(), RightFocus(2,0){
                        cout<<"派生类构造函数"<<endl;
                        pLeftFocus=new TPoint(1,0);
                }
                ~TEllipse(){
                        cout<<"派生类析构"<<endl;
                        if(pLeftFocus)
                                delete pLeftFocus;
                }
        };
        void main(){
                TEllipse elps;
        }
```

程序输出结果如下：

        基类构造函数

        TColor 构造函数

        TPoint 构造函数(2,0)

        派生类构造函数

        TPoint 构造函数(1,0)

        派生类析构

TPoint 析构函数(1,0)

TPoint 析构函数(2,0)

基类析构函数

TColor 析构函数

观察程序的输出结果，得到如下结论。

(1) 第 1、3、4 行输出结果的含义是，创建派生类对象时，首先调用基类构造函数 (第 1 行)，然后初始化派生类内嵌对象成员(第 3 行)，最后才执行派生类构造函数体(第 4 行)。

(2) 在派生类构造函数体中，程序在堆区创建了一个 TPoint 对象，创建该对象时调用了它的构造函数 TPoint(1,0)，产生了第 5 行输出信息。

(3) 基类构造函数在堆区创建了一个 TColor 对象，因此，在第 1 行信息之后，TColor 的构造函数输出了第 2 行信息。

(4) 在析构派生类对象时，输出信息的次序与第 1、3、4 行的信息次序恰好相反：首先调用派生类析构函数(第 6 行)，然后析构内嵌对象成员(第 8 行)，最后调用基类析构函数(第 9 行)。

(5) 第 7 行信息是由派生类析构函数体中的 delete 语句隐式调用 TPoint 的析构函数产生的，第 10 行信息则是由基类析构函数体中的 delete 语句隐式调用 TColor 的析构函数产生的。

下面对派生类析构函数做一个总结。

(1) **派生类析构函数的职责**如下。

● 执行对象的清理工作，例如清理位于堆区的成员、向其他对象发送消息等。

● 隐式调用派生类内嵌对象的析构函数(析构内嵌对象成员)。

● 隐式调用基类析构函数。

(2) 若无须执行派生类对象的清理工作，则可不定义析构函数，而使用系统提供的默认析构函数。

(3) 派生类析构函数的执行次序与构造函数的执行次序恰好相反。

● 派生类的析构函数(即函数体中的代码)。

● 派生类内嵌对象的析构函数。

● 基类的析构函数。

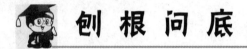

刨 根 问 底

赋值运算符重载

例 9-12 定义学生类 student，其中"姓名"用字符指针(char *)来保存，重载"="为成员函数。

解 由于类的数据成员中包括指针，简单的赋值操作会使得两个对象中的指针成员具有相同的地址，运行时会发生错误。因此，需要重新定义"＝"运算符的重载函数。

```cpp
//例 9-12  重载"="为成员函数
#include <iostream>
using namespace std;
class student
{public:
        student(int i=0, char* c=NULL, float s=0.);
        student(student&);
        student& operator = (student&);                    //重载赋值运算符
        ~student()
        {delete []name;
        }
        void printstu()
        {cout<<"学号："<<id<<"   姓名："<<name<<"   成绩："<<score<<endl;
        }
    private:
        int id;
        char* name;
        float score;
};
student::student(int i, char* c, float s)
{       id = i;
        score = s;
        if (c==NULL)
                name=NULL;
        else
        {       name = new char[strlen(c)+1];
                strcpy(name, c);
        }
}
student::student(student& s)                           //复制构造函数
{       id=s.id;                                       //一般成员简单复制
        score=s.score;
        name = new char[strlen(s.name)+1];             //先申请堆空间
```

```
            if (name != 0)
                    strcpy(name, s.name);              //复制字符串
        }
        student& student::operator = (student& s)      //重载赋值运算符函数
        {       id=s.id;                               //一般成员简单复制
                score=s.score;
                delete []name;
                name=new char[strlen(s.name)+1];
                strcpy(name,s.name);
                return *this;
        }
        void main()
        {       student s1(1,"wang",86);
                s1.printstu();
                student s2;
                s2=s1;
                s2.printstu();
        }
```

在本例中，由于在类的构造过程中动态申请了堆内存，因此必须重载复制构造函数和赋值运算符。在这两个函数中，我们发现以下两点：

(1) 复制构造函数在创建对象时调用，因为此时对象还不存在，只需要申请新的空间，而不需要释放原有资源空间。

(2) 赋值运算符在对象已存在的条件下调用，因此需要先释放原对象占用的空间，然后申请新的空间。

本章小结

本章介绍了类的特殊成员，包括静态成员、常成员、运算符重载、内嵌对象成员等。

本章的特点是新概念多。要着重理解新的概念提出的背景，再掌握概念的具体特征。静态数据成员、静态成员函数、常对象、常成员函数等，都是新概念，也都有非常明确的针对性，一定要在理解的基础上掌握这些新概念。

运算符重载可以使程序易于理解并方便对对象进行操作，但应注意重载运算符有一定的规则和限制。

类的组合在大型程序设计中的应用非常普遍。

习题和思考题

9.1 什么叫做静态数据成员？它有何特点？

9.2 什么叫做友元函数？什么叫做友元类？友元关系是否可以传递？

9.3 类的友元可以是另一个类的成员吗？

9.4 设计一个用于人事管理的 People(人员)组合类。人员属性为 number(编号)、sex(性别)、birthday(出生日期)、id(身份证号)等。其中"出生日期"定义为一个"日期"类内嵌对象。用成员函数实现对人员信息的录入和显示，要求具有构造函数、析构函数、复制构造函数、内联成员函数、带默认形式参数值的成员函数。

9.5 根据题 9.4，编写主函数对人员数组进行管理，测试人员类的各种功能，构成完整的多文件程序。

9.6 设计一个 Pen 类，拥有静态数据成员记录 Pen 的数目，以及静态成员函数。编写程序测试这个类，体会静态数据成员和静态成员函数的用法。

9.7 为什么要进行运算符重载？

9.8 定义复数类，并对加(+)、减(−)、乘(*)及除(/)运算符进行重载。

9.9 如果删除例 9-12 中对于赋值运算符的重载，程序是否可以运行？运行后会出现什么现象？解释其原因。

9.10 复制构造函数与赋值运算符(=)有何关系？

9.11 下列程序运行后屏幕上的输出为( )。

```cpp
#include<iostream>
using std::cout;
class T {
public:
    T( ) { i++; }
    ~T( ) { i--; }
    void print( ) { cout <<i; }
private:
    static int i;
};
int T::i=0;
int main( ) {
    T a, b[2];
    T c=a;
    T *p=new T;
    delete p;
    b->print( );
    return 0;
}
```

A. 1   B. 3   C. 4   D. 5

9.12 当类 test 声明如下时，模块 main 会发生执行错误。请对类 test 声明进行补充，使得运行时不会发生错误。

```
class test
{
    int *pt;   int num;
public:
    test(int n ) {num=n;   pt=new int[num];}
    ~test() { if(pt) {delete [] pt;   pt=NULL;} }
};
void main()
{
    test obj1(10);
    test obj2(obj1);
    test obj3(20);
    obj1=obj3;
}
```

9.13 哪些初始化工作必须在构造函数的初始化列表中完成？

9.14 关于常成员函数，下列说法错误的是(   )。

A. 常成员函数可以与同名的成员函数构成重载

B. 常成员函数只能被常对象调用

C. 常成员函数不能更新对象的数据成员

D. 常成员函数不能调用本类的非常成员函数

第10章
多　　态

10.1　多态的概念

多态性在日常生活中经常可以看到。例如，化学元素相同的物质因为结构不同而表现出特性上的巨大差别，典型的例子有石墨和金刚石；不同的人对同一事件会做出不同的反应，也是一种多态。在这里，多态(Polymorphism)是程序设计语言的一个重要特征。

根据维基百科(英文版，2010年8月)的定义，计算机科学中的"多态"是程序设计语言的一种功能：用一致的接口处理不同数据类型的值。英国计算机科学家Christopher Strachey于1967年将"多态"分为两类：自组织多态(Ad-Hoc Polymorphism)和参数多态(Parametric Polymorphism)。C++中的函数重载就是自组织多态的一种形式，参数多态就是指模板(Template)。

多态性要求相同的标识符(一般是函数名)在不同的场合使用时，表现出不同的行为或特性。"函数重载"和"运算符重载"都是多态性的表现。大部分面向过程的语言要求同一作用域中不能存在相同的标识符，例如C语言、BASIC语言等，都不支持函数重载，而面向对象编程语言一般都支持同一作用域中存在多个相同的标识符。

通俗地讲，不同对象对于相同的消息(函数调用)有不同的响应，就是面向对象程序设计中的多态性。

面向对象程序设计中的多态性表现为以下3种形式。

(1) **重载多态**：包括函数重载、运算符重载。

(2) **运行多态**：通过基类的指针(或引用)调用不同派生类的同名函数，表现出不同的行为。

(3) **模板多态**：即参数多态，通过一个模板得到不同的函数或不同的类，这些函数或者类具有不同的特性和不同的行为。

自从编程语言中出现了"子程序"的概念后，一个完整的程序在逻辑上就被分成了两个部分：调用子程序的主程序(Caller)和被调用的子程序(Callee)。在编译型语言中，编译器将主程序和子程序都翻译成目标程序(可以认为是不完整的机器代码)，随后执行链接操作(Link)。

而我们知道，主程序在调用子程序之前，一般要保存现场→拿到子程序的地址→转向子程序执行。在 C ++ 中，普通的函数调用由 C ++ 链接器在链接过程中将子程序(被调函数)的内存(逻辑)地址放到主程序(主调函数)的代码中。如果主程序调用子程序的语句是多态性语句，那么在执行调用之前，主程序必须得确定子程序的地址(或者说，确定调用哪个子程序)，这个过程称为**联编**(Binding)，也可翻译成"绑定"。

联编有两种方式：**静态联编和动态联编**。

(1) 在源程序编译的时候就能确定具有多态性的语句调用哪个函数，称为静态联编。函数重载和模板都是在编译时确定被调函数，所以属于静态联编。

(2) 在程序运行时才能够确定具有多态性的语句究竟调用哪个函数，称为动态联编。用动态联编实现的多态，也称为运行时多态(Runtime Polymorphism)。

联编与多态之间的关系可以用图 10-1 描述。

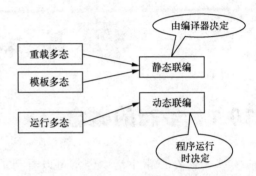

图 10-1　多态与联编的关系示意图

10.2　运行时多态

例 10-1　引例。

```cpp
//例 10-1.cpp
#include <iostream>
using namespace std;
class B { public: void f() {cout<<"B"<<endl;} };
class P: public B { public: void f() {cout<<"P"<<endl;} };
class Q: public B { public: void f() {cout<<"Q"<<endl;} };
void main () {
        B*   b_ptr;    P  p;     Q  q;
        b_ptr=&p;
        b_ptr->f();
        b_ptr=&q;
        b_ptr->f();
}
```

运行结果：

B

B

代码分析：

在第 8 章的"刨根问底中的转换与继承"讲到基类对象和派生类对象之间的转换，基类指针可以指向派生类对象，例如：一个指向"形状"的指针应该能指向某具体的形状，如"椭圆"，所以一个 TShape 类指针可以指向一个 TEllipse 对象。例 10-1 的代码中也使用基类指针指向派生类对象，但是，通过指针调用成员函数时，只能访问到基类的同名成员函数。

由例 10-1 可以得出这样的结论：**在同名覆盖现象中，通过某个类的对象(对象指针、对象引用)调用同名函数，编译器会将该调用静态联编到该类的同名函数。**

上述联编方式实际上隐含了这样一种限制：**通过基类对象指针(引用)是无法访问派生类的同名函数的，即便这个指针(引用)是使用派生类对象来初始化的。**

那么，有没有可能打破上面的限制，使得通过基类对象指针可以访问派生类的同名函数呢？方法是：**将基类中的同名函数定义为虚函数。**

但是，结合基类指针使用虚函数的副作用是，编译器无法在编译时确定调用哪个同名函数，只有在程序运行的时候，才能确定被调函数，即需要**动态联编。**

10.2.1　虚函数

虚函数可以在类的定义中声明函数原型时来说明，格式如下：

　　　virtual <返回值类型> 函数名(参数表);

在函数原型中声明函数是虚函数后，在定义这个函数时就无须再次说明它是虚函数了。

如果在基类中直接定义同名函数，而不是在类外定义函数，则定义虚函数的格式是：

　　　virtual <返回值类型> 函数名(参数表) {<函数体>}

基类中的同名函数声明为虚函数后，派生类的同名函数(同返回值、同参数)无论是否用 virtual 关键字说明，都将自动成为虚函数。从程序的可读性考虑，一般会在这些函数的声明或定义时，用 virtual 来加以说明。

例 10-2　用指针+虚函数的形式实现动态联编。

解　程序如下：

```
//例 10-2.cpp
#include <iostream>
using namespace std;
class B { public: virtual void f() {cout<<"B"<<endl;} };
class P: public B { public: void f() {cout<<"P"<<endl;} };
class Q: public B { public: void f() {cout<<"Q"<<endl;} };
void main () {
        B*  b_ptr;   P  p;    Q  q;
        b_ptr=&p;
        b_ptr->f();                //调用的是 P::f()
```

```
        b_ptr=&q;
        b_ptr->f();                //调用的是 Q::f()
    }
```

运行结果：

    P

    Q

例 10-3　用引用＋虚函数的形式实现动态联编。

解　程序如下：

```
//例 10-3.cpp
#include <iostream>
using namespace std;
class B { public: virtual void f() {cout<<"B"<<endl;} };
class P: public B { public: void f() {cout<<"P"<<endl;} };
class Q: public B { public: void f() {cout<<"Q"<<endl;} };
void main () {
        P  p;   Q  q;
        B&   b_ref1=p;
        b_ref1.f();                //调用的是 P::f()
        B&   b_ref2=q;
        b_ref2.f();                //调用的是 Q::f()
    }
```

运行结果：

    P

    Q

要实现运行时的多态，需要以下条件：

(1) 必须通过指向基类对象的指针，访问和基类成员函数同名的派生类成员函数。或者用派生类对象初始化的基类对象的引用，访问和基类成员函数同名的派生类成员函数。

(2) 派生类的继承方式必须是公有继承。

(3) 基类中的同名成员函数必须定义为虚函数。

使用虚函数时要遵循以下规则：

(1) 必须首先在基类中声明虚函数。在多级继承的情况下，也可以不在最高层的基类中声明虚函数。例如在第二层定义的虚函数，可以和第三层的虚函数形成动态联编，但是，一般都是在最高层的基类中首先声明虚函数。

(2) 基类和派生类的同名函数，函数名、返回值、参数表必须全部相同，才能作为虚函数来使用。否则，即使函数用 virtual 来说明，也不具有虚函数的行为。

(3) 静态成员函数不可以声明为虚函数，构造函数也不可以声明为虚函数。

(4) 析构函数可以声明为虚函数，即可以定义虚析构函数。

(5) 如果在多层继承中，最高层和第三层有两个原型相同的函数，并在最高层中声明为虚函数，则第三层的这个函数也是虚函数。这种关系不会因为第二层没有定义这个函数而受到影响。

10.2.2 虚析构函数

在创建派生类对象时，首先调用基类的构造函数，然后执行派生类构造函数。而在释放派生类对象时，将首先执行派生类的析构函数，再调用基类的析构函数，此时，不需要考虑析构函数的问题。

如果使用 new 运算符动态创建派生类对象，并以此对象的地址初始化基类的指针，创建过程不会有问题，仍然是先调用基类构造函数，再执行派生类构造函数。但是，在用 delete 运算符删除派生类对象的时候，由于指针是指向基类的，通过静态联编，只会调用基类的析构函数，而不会调用派生类析构函数，这就使得派生类无法执行某些清理工作，例如，可能会导致在派生类中申请的内存没有机会归还给操作系统。

为了解决这个问题，需要将基类的析构函数设置为虚函数，其格式是在析构函数的名字前添加 virtual 关键字。函数原型如下：

    virtual   ~基类名();

此时，无论派生类析构函数是不是用 virtual 来说明，都是虚析构函数。

此时再使用基类对象指针销毁派生类对象时，就会通过动态联编调用派生类的析构函数，完成派生类的清理工作。

10.2.3 纯虚函数与抽象类

类本身是对具有共性的事物的抽象，只不过抽象的层次有所区别。例如，TEllipse、TRect 是对椭圆形和矩形的抽象，对椭圆形和矩形的进一步抽象，可以定义基类 TShape。TShape 应该反映各种不同的形状所具有的共同属性和行为，例如，颜色属性、可以绘制的行为等，但是，具体绘制方法将因形状而异，所以基类中的 Draw() 函数只是表示形状的一个共同的行为，实际上不能具体定义实现的方法。

在 C++ 中，对于那些在基类中不需要定义具体行为的函数，可以声明为纯虚函数。纯虚函数声明的格式是

    virtual <返回值类型> 函数名(参数表) = 0;

纯虚函数的声明和使用具有以下特点。

(1) 纯虚函数一定是在基类中声明的。

(2) 在多级继承的情况下，纯虚函数除了在最高层基类中声明外，也可以在较低层的基类中声明。例如，可以定义最高层的基类是 vehicle(运输工具)，它的直接派生类是 automobile(汽车)和 boat(船)。如果有一个 getPrice(获得价格)函数，在这些类中都可以声明为纯虚函数。

(3) 纯虚函数是没有函数体的，函数体用 "= 0" 来代替。

(4) 纯虚函数不可以被调用。凡是需要被调用的函数都不可以声明为纯虚函数。

凡是带有一个或多个纯虚函数的类，就是抽象类，抽象类的定义是基于纯虚函数的。对于那些只是反映一类事物公共特性的类，在 C++ 中可以定义为抽象类。

抽象类定义的一般形式是

```
        class  类名  {
        public:
            virtual <返回值类型>  函数名(参数表) = 0;
            //其他函数的声明;
            //……
        };
```

抽象类的定义和使用具有以下特点。

(1) 抽象类不可以实例化,也就是不可以定义抽象类的对象。

(2) 可以定义抽象类的指针和抽象类的引用,目的是通过这些指针或引用访问派生类的虚函数,实现运行时的多态。这些指针和引用都只能用派生类对象来初始化。

(3) 如果抽象类的派生类中没有具体实现纯虚函数的功能,这样的派生类仍然是抽象类。

(4) 抽象类中除了纯虚函数外,还可以定义其他的非纯虚函数。如果这些函数是public属性,继承方式也是public,则派生类的对象可以访问这些函数。

抽象类中也可以定义有具体功能的函数,并且继承给派生类的对象使用。前面已经介绍虚函数的作用:与对象指针或者引用结合,可以实现动态联编,增强程序设计的灵活性。而纯虚函数的设计理念有些不同,它实际上限定了派生类的功能:如果不实现基类的虚函数,那么派生类也不能实例化(也就是在程序中无法使用该派生类)。换个角度考虑,如果我们作为程序的设计者,希望其他程序员在通过派生的方式使用我们提供的基类时,必须要实现某些方法,就可以使用纯虚函数做出这种强制性的约束。

10.3　模板多态

模板是 C++ 中的通用程序模块。在这些程序模块中,有一些数据类型是不具体的,或者说是抽象的。当这些抽象的数据类型更换为不同的具体数据类型以后,就会产生一系列具体的程序模块,这些抽象的数据类型称为"参数化类型"(Parameterized Types)。

C++ 中的模块包括函数模板和类模板。函数模板会产生一系列参数类型不同的函数,类模板则会产生一系列不同参数的类。函数模板实例化后产生的函数,称为模板函数。类模板实例化后产生的类,称为模板类。

10.3.1　函数模板

函数模板是函数重载概念的发展和延伸。利用函数重载的概念,可以用同一个函数名定义许多功能相近而参数表不同的函数,为编程带来方便。但是,每个重载函数都要具体定义,也就是说,并没有减少定义函数的工作量。

函数模板则像是一个函数发生器,使用具体的数据类型取代模板中的参数化类型,即可得到一个个具体的函数。这种通过类型取代获得的多态,属于参数多态。

由于一个函数模板可以取代许多具体的函数定义,使用模板可以大大减少编程的工作量。

1．函数模板定义的基本格式

函数模板定义的格式如下：

```
template <typename 参数化类型名>
函数返回类型 函数名(形式参数列表) {
    函数体
}
```

其中，"template"是定义模板的关键字。在一对尖括号<>内，关键字"typename"后面声明所使用的"参数化类型名"。关键字"typename"可以用"class"取代，效果完全相同。"参数化类型名"可以使用任何标识符。

模板的其余部分和一般的函数定义格式完全相同，只是在函数定义时可以使用参数化类型来代表各种具体的数据类型。

参数化类型可以用于以下类型：

- 函数返回值类型。
- 函数参数表内形式参数的类型。
- 函数体内，自动变量的类型。

例 10-4 函数模板的定义和使用：定义并使用"求 3 个数最大值"的函数模板。

解 定义函数模板后，先用整数作为实参进行调用，再用字符作为实参进行调用。

```
//Main1004.cpp
#include<iostream>
using std::cout;
using std::endl;
template<typename T>
T max_value(T x,T y,T z){              //函数模板的定义：求 x、y、z 的最大值
    T temp;
    temp = x>y?x:y;
    return temp>z?temp:z;
}
int main() {
    cout<<max_value(12,32,21)<<endl;    //用整数作实参调用函数模板
    cout<<max_value('a','A','9')<<endl; //用字符作实参调用函数模板
    return 0;
}
```

程序执行后，输出结果：

```
32
a
```

本例中两次调用了函数模板，调用方式和调用一般的函数完全相同，但是，两者的处理方式是不同的。调用函数模板时，在程序编译时使用实际参数生成一个相应类

型的实例化的模板函数。相应的模板函数的原型可以写为

int max_value(int x, int y, int z);

char max_value(char x, char y,char z);

其中的"int"和"char"就是模板参数替换后的结果。

2．函数模板定义的一般格式

在定义函数模板时，参数化类型名可以不止一个，类型名之间用逗号隔开。一般的定义格式是

template <typename 参数化类型名 1,…, typename 参数化类型名 n>

函数返回类型 函数名(形式参数列表) {

函数体

}

例 10-5 编写一个函数模板，可以按指定的操作数类型进行乘法运算。

解 C++表达式允许操作数的类型不同，在运算时按一定的规则进行数据类型的自动转换。例如，当整型数和实型数相乘时，结果数据将是实型。可以编写一个函数模板改变这种规则，例如，可以做到整型数和实型数相乘时，结果数据是整型。

```
//Main1005.cpp
#include<iostream>
using std::cout;
using std::endl;
template<typename P1,typename P2>
P1 cal(P1 x, P2 y) {              //函数模板有两个参数化类型名：P1 和 P2
    return (x * static_cast<P1>(y));  //按 x 的数据类型执行乘法运算
}
int main() {
    unsigned short w=230;
    short z=150;
    cout<<cal(w,z)<<endl;        //按无符号数相乘
    cout<<cal(z,w)<<endl;        //按有符号数相乘
}
```

程序运行结果是

34500

−31036

其中，第一个结果是按照无符号短整型数相乘的积，两个字节无符号短整型数的最大值是 65 535，相乘的结果没有超过这个值，可以正常显示。第二个结果是按照短整型数相乘的积，短整型数的最大值是 32767，乘积 34500 就不可能正常表示，由于此时乘积的二进制数的最高位是 1，所以按负数显示，实际是溢出的一种表现。

在本例中，参数化类型名 P1 还在程序语句中使用：x * static_cast<P1>(y)就是要将类型为 P2 的变量 y 强制转换为变量 x 的类型 P1，再进行两个相同类型(P1)数据的相乘，

结果数据当然就是类型 P1 了。

3．带有确定类型参数的函数模板

函数模板的形式参数表中除了使用参数化类型名以外，还可以使用确定类型的参数。也就是说，函数模板的参数表中，一定要包含参数化类型名，但不一定只使用参数化类型名，还可以根据需要使用确定类型的参数，如整型的参数、实型的参数等。

例 10-6 设计和编写一个通用的输入数组元素的函数模板，可以用它来输入各种不同数据类型的数组。

解 作为一个输入数组元素的函数模板，参数表中除了数组本身外，还可以有数组元素的数目。数组本身的类型可以是多种多样的，而数组元素的数目一定是整型数，即参数表中将包括一个参数化类型名和一个整型的参数。

```
//Main1006.cpp
#include<iostream>
#include <typeinfo>
using std::cout;
using std::cin;
using std::endl;
template <class Q1>                          //函数模板
void ArrayInput(Q1    array, int num) {
    cout<<"输入 "<<num<<"个"<<typeid(Q1).name()
        <<'\b'<<"型数据"<<endl;
    for (int j= 0; j < num; j++)
        cin >> array[j];                     //输入数组元素
}
int main() {
    int number;
    float floatArray[4];
    int intArray[3];
    number=sizeof(floatArray)/sizeof(float);
    ArrayInput(floatArray, number);          //输入整型数组元素
    number=sizeof(intArray)/sizeof(int);
    ArrayInput(intArray, number );           //输入浮点型数组元素
    return 0;
}
```

程序运行时显示：

输入 4 个 float 型数据

1.1 2.2 3.3 4.4

输入 3 个 int 型数据

5 6 7

为了使程序和用户有更好的交互性，每次输入数据前都提示用户输入数据的数目和数据的类型。输入数据的数目就是函数模板的参数之一，可以直接使用，而为了动态显示数组数据的类型，程序中使用了 C++ 所定义的 typeid 运算符。它可以在程序运行时，显示指定的数据的类型，使用格式是

       typeid(表达式).name()

或者

       typeid(类型标识符).name()

其执行的结果是返回"表达式"或者"类型标识符"的类型名。在以上例子中的用法是

       typeid(Q1).name()

第一次调用函数模板时，Q1 代表的类型是 int 型的数组，typeid(Q1).name()的返回值是"int *"。为了符合一般的阅读习惯，在程序中通过输出一个退格符(即 '\b' 字符)将"*"覆盖了，最后看到的就是"输入 X 个 XX 型数据"。

读者可以自己设计一个输出数组的函数模板，与例 10-6 的模板一起使用。

10.3.2　类模板

类模板也是带有参数化类型名的程序模块，用来产生类的模板。

1．类模板的定义

类模板定义的格式和函数模板的定义格式非常相似：

    template <class 参数化类型名 1,…, class 参数化类型名 n>

        class 类名 {

        数据成员定义;

        成员函数原型;

        };

参数化类型名前面的关键字"class"也可以用关键字"typename"取代。

对于模板类的成员函数来说，可以使用类模板的参数化类型名，也可以不使用。如果使用了参数化类型名，成员函数实际上也就是函数模板，因为可以随着实参数的不同而得到不同的实例函数。如果成员函数不使用参数化类型名，应该就是一个普通的函数，但是，在模板类的外部定义这些函数时的格式是相同的。

● 首先要使用类模板的头部，以表明类模板定义了几个参数化类型名。

● 作用域运算符"::"前面的类名用类模板名代替，而且也要在尖括号中注明所有类模板的参数化类型名。

● 函数的参数表或者自动变量的定义既可以使用参数化类型名，也可以不使用。

在类外部定义成员函数的格式如下：

    template < class T1,…, class Tn >

    返回值类型 类模板名< T1,…, Tn >::成员函数名(参数表) {

        函数体

        }

这里所用的参数化类型名和类模板声明时所用的参数化类型名可以不同，但是数量必须相同。

2．类模板的实例化

类模板的实例化就是用具体的类型来代替类模板中的参数化类型，获得具体的类，以便在程序中使用。

函数模板的实例化是和函数调用一起完成的，类模板的实例化则是和对象的实例化一起完成的。

在类模板后面的尖括号中，表明取代参数化类型的实际类型名；再写对象名和构造对象所需要的实参数，其一般化的格式如下：

类模板名<类型 1,…, 类型 n>对象名(实参数);

在函数模板实例化时，是用函数的实际参数的类型来代替参数化类型名的。但是，在类模板实例化时，必须用具体的类型名(如 int、float 等)来代替参数化的类型名。

例 10-7 类模板的定义和实例化的示例。

```cpp
// Main1007.cpp
#include <iostream>
using namespace std;
template <class T1, class T2> class MyClass {
private:
        T1 x;
        T2 y;
public:
        MyClass( T1 a, T2 b );
        void display( );
};
template < class T1, class T2>
MyClass< T1,T2 >::MyClass( T1 a, T2 b ) {
        x = a;
        y = b;
}
template <class T1, class T2>
void MyClass< T1, T2 >::display( ) {
        cout<<x<<endl;
        cout<<y<<endl;
}
int main() {
        MyClass<int,float> Obj1(6,6.6);
        Obj1.display();
        MyClass<char,char *> Obj2('x',"A string");
```

```
        Obj2.display();
    }
```

本例是带有两个参数化类型的类模板。在类外部定义成员函数时，先要声明使用了两个参数化类型的名字，然后在类模板名后面注明这个模板要使用这些名字，再具体定义成员函数。

类模板进行两次实例化，分别输出不同类型的数据：第一次输出整型和实型，第二次输出字符和字符串。

3．带有确定类型参数的类模板

类模板声明时，除了在尖括号内声明要使用的参数化类型名外，还可以包括确定类型的类型名。例如：

```
    template <class T, int i> class MyStack
```

在这个类模板声明的头部中，"int i"就是一个整型的形式参数。在类模板的具体定义中，参数 i 在每个成员函数中都可以使用。

在类模板实例化和声明对象时，这个参数 i 要用具体的整型值来代替。例如：

```
    MyStack<int,5>   Obj1;
```

程序运行时，原来成员函数中使用参数 i 的地方，都要用整数 5 来代替。

例 10-8　用类模板来定义栈类。

解　栈是一种先进后出的数据区，不同数据类型需要分别定义相应的栈类。为了避免这种重复的定义方式，可以使用类模板。

用数组作为栈的存储体，在创建栈对象时指定栈的大小。安排一个栈指针 top 指向栈顶。定义两个栈的基本操作：进栈(Push)和出栈(Pop)。定义相应的类模板，并测试其功能。

可以在类模板的头部包含一个整型参数，用来指定栈的大小。栈指针 top 初始化在栈的最高位置，每次进栈操作，top 先减 1，再存入数据。每次出栈时，数据弹出后，top 加 1。当 top = 0 时，栈就没有空间可以继续存放数据了。

```
//Main1008.cpp
#include <iostream>
using namespace std;
template <class T, int i>              //类模板定义
class MyStack {
private:
    //栈空间：Buffer[0]~Buffer[i-1]，  Buffer[i]表示栈底
    T Buffer[i+1];
    int size;
    int top;
public:
    MyStack(T zero) {
        size = i;
```

```
            top    = i;
            for (int j=0; j<=i; j++) {          //初始化栈缓冲区
                    Buffer[j] = zero;
            }
        }
        void push( const T item );
        T pop();
};


template <class T, int i>                  //push 成员函数定义
void MyStack< T, i >::push( const T item ) {
        if( top >0 )
                Buffer[--top] = item;
        else
                cout<<"栈溢出."<<endl;
}


template <class T, int i>                  //pop 成员函数定义
T MyStack< T, i >::pop() {
        T temp;
        if( top < size )
                temp=Buffer[top++];
        else {
                temp=Buffer[top];          //若栈空，则返回 Buffer[i]
                cout<< "栈已空."<<endl;
        }
        return temp;
}
int main() {
        MyStack<int,5> S1(0);
        S1.push(4);
        cout<<S1.pop()<<endl;
        MyStack<char*,5> S2("Empty");
        S2.push("China");
        cout<<S2.pop()<<endl;
        cout<<S2.pop()<<endl;
        return 0;
}
```

程序运行结果是

4

China

栈已空.

Empty

从这个例子中可以看到，在类模板头部所指定的确定类型的参数(int i)，是被当作常量来处理的。因此，可以用这个常量来定义数组的大小：T Buffer[i];。

编 程 技 能

函数模板

1. 函数模板使用中的问题

函数模板的通用性，不仅表现在可以用 C++ 内嵌数据类型取代参数化类型，还可以用各种用户自定义类型取代参数化类型，这种自定义类型包括结构体以及类。

(1) 用户定义的类取代参数化类型。

在这种情况下，函数模板实例化后，在函数的表达式中参与运算的就是类的对象。对象可以直接使用的运算符只有赋值运算符"="，如果表达式中需要其他运算，就必须在相应的类中重载要使用的运算符。

例如，例 10-4 是求 3 个实参的最大值，需要使用运算符">"。如果用对象作为实参，相应的类中要重载">"运算符。

例 10-9 用例 10-4 的函数模板，求 3 个 Circle 类对象的最大值。

解 首先要明确，对于 TCircle 类对象，">"运算具体是什么含义。对于 TCircle 类对象，这个问题比较容易确定：圆的大小可以用半径的大小来衡量，">"运算也就是比较圆的半径。然后，就可以进行运算符的重载了。另外，还要在 Circle 类中重载输出运算符"<<"，以便显示 Circle 类的对象。

```cpp
//Main1009.cpp
#include<iostream>
template<typename T>
T max_value(T x,T y,T z) {                    //函数模板的定义：求 x、y、z 的最大值
    T temp;
    if(x>y) temp = x;
    else temp = y;
    if(z>temp) temp =z;
    return temp;
}
```

```
class Circle      {                              //Circle 类的定义
public:
        //重载输出 "<<" 运算符，为了使该运算符能够访问 Circle 类的私有成员，
        //将该运算符声明为 Circle 的友元函数
        friend ostream &operator<<( ostream &, Circle & );
        Circle( int a = 0, int b = 0, double c = 0.0 ) {
                x = a;    y = b; radius = c;
        }
        int operator >(Circle m2) {                    //重载 ">" 运算符
        if(radius>m2.radius)
                return 1;
        else
                return 0;
        }
    private:
        int x,y;                                 //圆心坐标
        double radius;                           //圆半径
};                                               //类 Circle 定义结束
ostream &operator<<( ostream &out, Circle &C1 ) {
        out<<"x="<<C1.x<<"   y="<<C1.y;
        out<<"   radius="<<C1.radius;
        return out;
}
int main() {
        Circle C1(2,3,5),C2(3,5,8),C3(3,2,6);//定义 3 个 Circle 类对象
        cout<<max_value(12,32,21)<<endl;         //用整数作为实参调用函数模板
        cout<<max_value('a','A','9')<<endl;      //用字符作为实参调用函数模板
        cout<<max_value(C1,C2,C3)<<endl;         //用对象作为参数调用函数模板
}
```

程序运行结果是：

```
32
a
x=3   y=5   radius=8
```

(2) 函数模板不支持参数自动转换。

C ++ 函数调用时实参和形式参数之间是可以进行类型自动转换的。对于函数

```
int add(int a, int b);
```

由于参数可以自动转换，以下函数调用都是合法的。

```
add(2.5, 4.4);
add('a', 'd');
```

```
add('a',18);
```

只是函数调用的返回值都是整型数，有时会丢失一些数据信息。例如，2.5 和 4.4 相加结果是 6，而不是 6.9，使用函数模板则不会出现这样的问题。但是函数模板不支持参数的自动转换。对于例 10-9 的函数模板：

```
template <typename T>
T max_value(T x,T y,T z);
```

如果用以下方式来调用：

```
cout<<max_value(12,3.2,21)<<endl;
```

在编译时会出现编译错误："template parameter 'T' is ambiguous"，意思是"模板参数'T'是不明确的"，即参数 T 不可以既是整型，又是实型。

要解决这样的问题，就需要函数模板与一般的函数联合使用，即需要函数模板和一般的函数重载。

2. 重载函数模板

重载函数模板可以是函数模板和另一个参数数目不同的函数模板的重载，也可以是函数模板和非模板函数的重载。一般所说的函数模板重载是指后一种情况。

函数模板和非模板函数重载，可以解决函数模板不支持参数自动转换的问题。

还有一种情况，也需要函数模板和非模板函数的重载：当所使用的参数类型(不是类类型)不支持函数模板中的某些操作时，就需要为这样的参数专门编写相应的非模板函数，和已经定义的函数模板形成重载的关系。

例如，需要用例 10-4 的函数模板来比较 3 个结构体变量，返回其中的最大值。由于结构体变量不支持直接的比较操作">"，要实现这样的功能，就要再写一个函数。

假定结构体的定义是

```
struct course {
    char *name;
    float score;
};
```

也就是包含了课程的名称和得分。3 个这样的结构体变量的比较函数如下：

```
course max_value(course s1,course s2,course s3) {
    course s4;
    if(s1.score>s2.score)
        s4=s1;
    else
        s4=s2;
    if(s3.score>s4.score)
        s4=s3;
    return s4;
}
```

这样就形成了函数模板和非模板函数的重载：

template<typename T>

T max_value(T x,T y,T z);

course max_value(course s1,course s2,course s3);

所以，函数模板和非模板函数的重载是有实际需要的。

在具有重载函数模板的情况下，一个具体的函数调用有多个函数可供选择。具体的选择是根据函数调用所提供的参数来进行的，一般称这个选择过程为"匹配过程"。

重载函数模板的匹配过程是按照以下顺序来进行的。

(1) 寻找函数名和参数能准确匹配的非模板函数。

(2) 如果没有找到，选择参数可以匹配的函数模板。

(3) 如果还不成功，通过参数自动转换，选择非模板函数。

注意：这样的顺序是不可重复的，已经选择过的函数(包括函数模板)不会被重复选择。如果只有两个重载函数(一个函数模板、一个普通函数)，那就只能有两种选择，而不会循环回去进行第三次选择。

如果为了增强函数模板使用的灵活性，又写一个同名的重载函数，则这个函数的形式参数一定要和函数模板有所区别。如果函数模板有两个相同的参数，重载函数的两个参数的类型就不应该是相同的。

运行时多态

对例 8-3 的程序做一定的修改，以说明覆盖现象与静态联编的关系，并在此基础上说明如何通过简单的修改就能实现运行时多态。

例 10-10 在例 8-3 的基础上，增加了矩形类 TRect，类的定义和实现与椭圆类的定义和实现大同小异。例 10-10 中各个类的关系如图 10-2 所示。

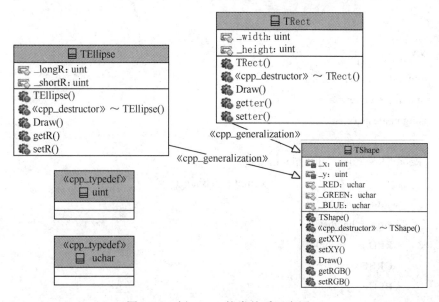

图 10-2 例 10-10 的类关系示意图

在 main()函数中，使用这些类画个"机器人"，"脑袋"是椭圆形，"身体"是扁矩形，"两条腿"也是矩形的，通过各个类的对象调用 Draw()函数输出绘制信息。

如果通过基类指针调用各个对象的 Draw()，输出结果会怎样呢？

例 10-10 修改例 8-3：增加 TRect 类；在主函数中分别使用各个类的对象调用各类的同名函数；分别使用不同类的对象初始化基类指针，通过基类指针调用同名函数；观察同名函数调用结果。

```cpp
//例 10-10    包含 7 个文件
//TShape803.h，TShape803.cpp，TEllipse803.h，TEllipse803.cpp，
//TRect1010.h，TRect1010.cpp，Main1010.cpp，


//TRect1010.h
#pragma once
#include "TShape803.h"
#include <iostream>
using namespace std;
class TRect : public TShape {
protected:
    uint _width, _height;
public:
    TRect(uint width, uint height, uint x, uint y);
    ~TRect();
    void Draw();
    void getter(uint& width, uint& height) const;
    void setter(uint width, uint height);
}


//TRect1010.cpp
#include "TRect1010.h"
#include <iostream>
using namespace std;

TRect::TRect(uint width, uint height,
                        uint x, uint y):TShape(x,y){
    _width   = width;
    _height = height;
    _RED     = 0x00;
    _GREEN = 0xff;
    _BLUE   = 0x00;
}
```

```
TRect::~TRect(){
    cout<<"TRect destructed"<<endl;
}
void TRect::Draw(){
    uint x, y;
    getXY(x, y);              //调用基类公有函数访问基类私有成员
    cout<<"Draw a rectangle with color(";
     cout<<static_cast<uint>(_RED)    <<","
                        <<static_cast<uint>(_GREEN)<<","
                        <<static_cast<uint>(_BLUE);  cout<<") at point(";
    cout<< x<<","<< y<<"), width: ";
    cout<<_width<<" and height: "<<_height<<endl;
}
void TRect::getter(uint& width, uint& height) const{
    width = _width;
    height = _height;
}
void TRect::setter(uint width, uint height){
    _width = width;
    _height = height;
}


//Main1010.cpp
#include <iostream>
using namespace std;
#include "TEllipse803.h"
#include "TRect1010.h"
void main()
{
    TEllipse e(4u,4u,20u,15u);
    e.Draw();
    TRect r1(10u,5u,20u,25u);
    r1.Draw();
    TRect r2(6u,20u,12u,35u);
    r2.Draw();
    TRect r3(6u,20u,28u,35u);
    r3.Draw();

    TShape *ps[4];
```

```
            ps[0] = &e;
            ps[1] = &r1;
            ps[2] = &r2;
            ps[3] = &r3;
            for (int i=0;i<4;i++)
                ps[i]->Draw();
    }
```

运行后的输出结果如图 10-3 所示。

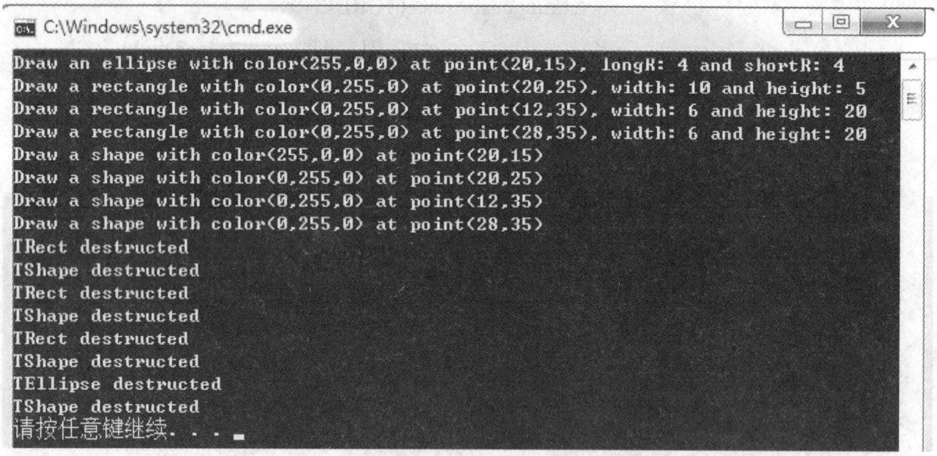

图 10-3　继承树中的同名函数同名覆盖

从输出结果可以看出：当用类的对象调用 Draw()函数时，都是调用相应类本身的 Draw()函数；而用不同派生类对象初始化的指向基类的指针调用时，调用的都是基类的 Draw()函数。

在同名覆盖现象中，通过某个类的对象(对象指针、对象引用)调用同名函数，编译器会将该调用静态联编到该类的同名函数。

静态联编方式实际上隐含了这样一种限制：通过基类对象指针(引用)是无法访问派生类的同名函数的，即便这个指针(引用)是使用派生类对象来初始化的。

下面，**将基类中的同名函数定义为虚函数，打破上面的限制，使得通过基类对象指针可以访问派生类的同名函数。**

例 10-11　修改例 10-10，使修改后的代码实现运行时多态。

解　只需修改程序例 10-3 中 TShape 类的 Draw()函数，使其成为虚函数即可。在 Draw()函数声明时增加关键字 virtual。

```
//例 10-11    包含 7 个文件
//TShape1011.h, TShape803.cpp, TEllipse803.h, TEllipse803.cpp,
//TRect1010.h, TRect1010.cpp, Main1010.cpp

//TShape1011.h
#pragma once
```

```
typedef unsigned int uint
typedef unsigned char uchar

class TShape{
private:
    uint _x, _y;
protected:
    uchar _RED, _GREEN, _BLUE;

public:
    TShape(uint x, uint y);
    ~TShape();
    void getXY(uint& x, uint& y) const;
    void setXY(uint x, uint y);
    virtual void Draw();                          //虚函数
    void getRGB(uchar& R, uchar& G, uchar& B);
    void setRGB(uchar R, uchar G, uchar B);
};
```

例 10-11 的输出结果如图 10-4 所示，与例 10-10 的运行结果(见图 10-3)作对比，可以看出运行时多态的效果。

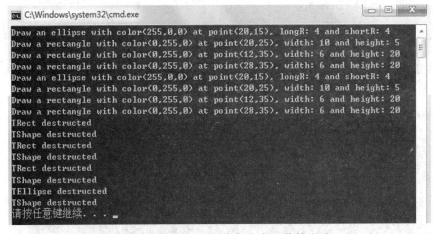

图 10-4　基类同名函数变为虚函数的影响

在例 10-11 中，TShape 的派生类 TRect、TEllipse 中的同名函数 Draw()都已经变成虚函数。编译运行程序后，可以看到输出结果与例 10-10 明显不同：基类同名函数声明为虚函数之后，当使用基类 TShape 的指针指向派生类对象，并且使用该指针调用同名函数时，实际上调用的是指针所指向的派生类对象的同名函数，而非基类对象的同名函数。

这种方式的函数调用，在编译时无法确定具体调用哪个函数，只有程序运行后，才能知道指针 ps 中存放的是什么对象的地址，然后再决定调用哪个派生类的函数，这是一种运行时决定的多态性。

例 10-12　在例 10-11 的基础上，修改 main()函数，动态创建派生类对象并以该对象地址初始化基类指针，观察派生类对象销毁时的析构函数调用情况。

```
//例 10-12　包含 7 个文件
//TShape1011.h，TShape803.cpp，TEllipse803.h，TEllipse803.cpp，
//TRect1010.h，TRect1010.cpp，Main1012.cpp，


//Main1012.cpp
#include "TShape1011.h"
#include "TEllipse803.h"
#include "TRect1010.h"
void main(){
    TShape *ps[4];
    ps[0] = new TEllipse(4u,4u,20u,15u);
    ps[1] = new TRect(10u,5u,20u,25u);
    ps[2] = new TRect(6u,20u,12u,35u);
    ps[3] = new TRect(6u,20u,28u,35u);
    for (int i=0;i<4;i++)
    {
        ps[i]->Draw();
        delete ps[i];
    }
}
```

编译运行的输出结果如图 10-5 所示。

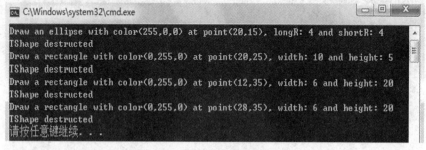

图 10-5　析构函数不是虚函数

通过程序的输出结果可以看到，动态创建的派生类对象销毁时，仅仅调用了基类的析构函数。为了解决这个问题，需要将基类的析构函数设置为虚函数，其格式是在析构函数的名字前添加 virtual 关键字，函数原型如下：

```
virtual  ~TShape();
```

此时，无论派生类析构函数是不是用 virtual 来说明，都是虚析构函数。

此时再使用基类对象指针销毁派生类对象时，就会通过动态联编调用派生类的析构函数，完成派生类的清理工作。

例 10-13 在例 10-12 的基础上，将 TShape 类的析构函数声明为虚函数，并观察运行结果。

解 与 TShape1011.h 唯一的不同之处是在析构函数~TShape()前增加关键字 virtual。

```
//例 10-13 包含 7 个文件
//TShape1013.h，TShape803.cpp，TEllipse803.h，TEllipse803.cpp，
//TRect1010.h，TRect1010.cpp，Main1012.cpp，

//TShape1013.h
#pragma once
typedef unsigned int uint
typedef unsigned char uchar
class TShape{
private:
    uint _x, _y;
protected:
    uchar _RED, _GREEN, _BLUE;
public:
    TShape(uint x, uint y);
    virtual ~TShape();                      //虚析构函数
    void getXY(uint& x, uint& y) const;
    void setXY(uint x, uint y);
    virtual void Draw();                    //虚函数
    void getRGB(uchar& R, uchar& G, uchar& B);
    void setRGB(uchar R, uchar G, uchar B);
};
```

程序编译运行后的输出结果如图 10-6 所示，与例 10-12 的输出结果(见图 10-5)作对比，可以看出虚析构函数的运行时多态。

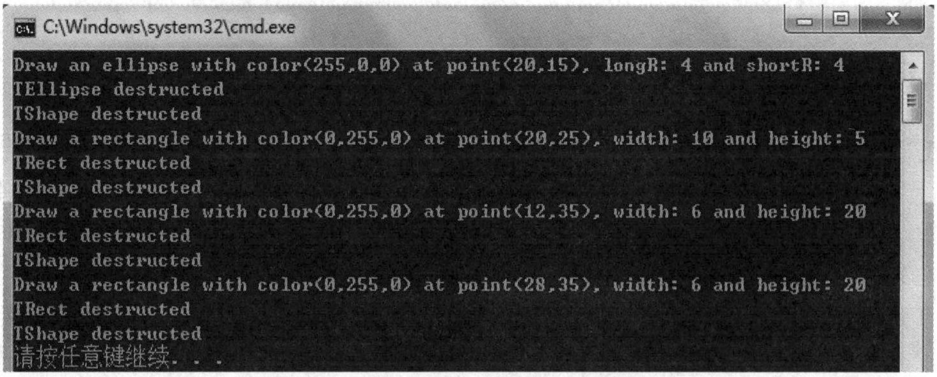

图 10-6 虚析构函数的运行时多态

刨 根 问 底

重载与静态联编

下面代码是一个重载函数的例子。

```
int add(int a){
    return a+10;
}
int add(int a,int b){
    return a+b;
}
int main(){
    int x=1,y=2;
    add(x);
    add(x,y);
    return 0;
}
```

上述代码中有两个重载函数 add()，在 main()函数中调用了这两个重载函数。编译器根据函数的参数能够确定每次调用哪个函数，而每个函数都有自己的地址，编译器只要加上转移到相应地址的"转移指令"，就可以完成对不同重载函数的调用。

由此可见，所谓的"同名"仅仅是 C ++ 的特性，经过编译器处理之后，同名的函数变成了不同地址的子程序，对同名函数的调用变成了对不同地址子程序的调用。这个转变过程是由编译器完成的，换句话说，编译器分辨出了同名函数的不同之处，这属于静态联编。

覆盖与静态联编

覆盖现象只能出现在继承树中。在派生类中定义和基类中同名的成员函数，是对基类进行改造，为派生类增加新行为的一种常用的方法。通过不同的派生类的对象(对象指针或者对象引用)，调用这些同名的成员函数，实现不同的操作，也是多态性的一种表现。

在某些情况下，覆盖会导致静态联编；而另外一些情况下，则会导致动态联编。

首先通过伪代码给出以静态联编的方式确定同名函数调用的一般规则，然后通过一个较复杂的例子说明多态的应用。

例 10-14 用对象访问继承树中的同名函数。

```
//以下代码仅为示例，无法编译
class B { public: f(){…}};                  //基类
class P: public B { public: f(){…}};        //派生类 1
class Q: public B { public: f(){…}};        //派生类 2
main () {
        P   p;      Q   q;                  //创建派生类对象
        p.f();                              //调用 P::f()
        q.f();                              //调用 Q::f()
}
```

在例 10-14 中，基类 B 派生出类 P 和类 Q，这 3 个类中都有同名函数 f()。在类的外部，通过派生类的对象调用同名函数，那么该调用被编译器在编译阶段链接到该对象所属类的同名函数上。这种情况下，编译器执行了静态联编。

通过对象调用类的同名函数，一定是本类中的函数。

例 10-15　用指针访问继承树中的同名函数。

```
//以下代码仅为示例，无法编译
class B { public: f(){…} };                 //基类
class P: public B { public: f(){…} };       //派生类 1
class Q: public B { public: f(){…} };       //派生类 2
main () {
        B*   b_ptr;    P   p;    Q   q;      //定义基类的指针和派生类的对象
        b_ptr=&p;                           //基类指针指向派生类
        b_ptr->f();                         //通过基类指针调用 B::f()
        b_ptr=&q;                           //基类指针指向派生类
        b_ptr->f();                         //通过基类指针调用 B::f()
}
```

例 10-15 中，基类 B 派生出类 P 和类 Q，这 3 个类中都有同名函数 f()。在类的外部，用派生类对象的地址为基类指针赋值，随后，使用该基类指针调用同名函数，此时所调用的同名函数是基类的同名函数。原因在于，用派生类对象的地址为基类指针赋值时，实际上进行了派生类对象向基类对象的转换(参见第 8 章刨根问底中的转换与继承)。上述情况下，编译器也执行了静态联编。

虚函数与动态联编

例 10-16　分析以下程序，编译时哪个语句会出现错误？为什么？将有错误的语句屏蔽后，程序运行结果如何？其中哪些调用是静态联编，哪些是动态联编？

```
//Main1016.cpp
#include <iostream>
using namespace std;
class B {
```

```
public:
        virtual void vf1(){cout<<"B::vf1 被调用"<<endl;}
        virtual void vf2(){cout<<"B::vf2 被调用"<<endl;}
        void f(){cout<<"B::f 被调用"<<endl;}
    };
    class D:public B {
    public:
        virtual void vf1(){cout<<"D::vf1 被调用"<<endl;}
        void vf2(int i){cout<<i<<endl;}
        void f(){cout<<"D::f 被调用"<<endl;}
    };
    int main() {
        D d;
        B *bp=&d;
        bp->vf1();
        bp->vf2();
        bp->vf2(10);                    //有编译错误
        bp->f();
        return 0;
    }
```

上述代码中，函数调用 bp->vf2(10);是错误的。因为派生类的 vf2()函数和基类的 vf2()函数的参数不同，派生类的 vf2()就不是虚函数，bp->vf2(10)语句就会调用基类的 vf2()函数，但是基类的 vf2()是不需要参数的，而这里有一个参数 10，参数不匹配，导致编译错误。

将 bp->vf2(10);这条语句注释掉后，运行结果将显示：

D::vf1 被调用
B::vf2 被调用
B::f 被调用

其中，bp->vf1()调用是动态联编，bp->vf2()是静态联编，bp->f()也是静态联编。

虚函数的使用会为程序引入较大的开销，可以说，C++ 程序的执行效率低于 C 程序主要体现在 C++ 引入了虚函数和虚基类。如果程序员极度关注 C++ 程序的性能(例如编写工业用实时控制程序)，那么在优化 C++ 程序的同时，应尽量避免使用虚函数和虚基类。

本章小结

多态性是面向对象程序设计最重要的特点之一。本章介绍了多态性最重要的两个表现：运行多态和参数多态。参数多态就是模板的使用。

运行多态的表现如下：

- 一种形态的语句，通过基类指针访问基类和派生类的同名函数。
- 多种条件的执行，用不同派生类对象的地址初始化这个基类指针。
- 多种的效果，在运行时调用不同派生类的同名函数，产生不同的效果。

要注意运行多态的条件。虚函数当然是必要条件，但是还要有其他条件，不可忽略。

纯虚函数和抽象类一方面是客观实际的反映：在实际的应用系统中，许多类就是抽象的，不会有具体的对象；更重要的是设计思想的变化。设计抽象类和纯虚函数首先再考虑程序的可扩展性，将来可以根据需要随时将纯虚函数具体化。

模板分为函数模板和类模板，定义方式基本相同，在使用上稍有差别：函数模板通过函数参数的虚实结合就能得到具体的模板函数；而使用类模板时，要在类模板名后面具体说明模板类的实际数据类型。

习题和思考题

10.1 定义一个 Shape 基类，在此基础上派生出 Rectangle 和 Circle 类，二者都由 GetArea()函数计算对象的面积。在 main 函数中通过基类指针访问派生类对象的成员函数，要求实现对运行时多态的支持。

10.2 可以通过基类对象的引用来访问派生类中与基类函数同名的函数。试修改 10.1 的 main()函数，定义基类对象的引用，并通过引用来调用派生类的 Draw()函数，观察运行结果。

10.3 分析以下程序，编译时哪些语句会出现错误？为什么？将有错误的语句屏蔽后，程序运行结果如何？其中哪些调用是静态联编，哪些是动态联编？

```
#include <iostream>
using namespace std;
class BB {
public:
        virtual void vf1(){cout<<"BB::vf1 被调用\n";}
        virtual void vf2(){cout<<"BB::vf2 被调用\n";}
        virtual void vf3(){cout<<"BB::vf3 被调用\n";}
};
class DD:public BB {
public:
        virtual void vf1(){cout<<"DD::vf1 被调用\n";}
        void vf2(int i){cout<<i<<endl;}
        virtual void vf4(){cout<<"DD::vf4 被调用\n";}
};
class EE:public DD {
public:
```

```
        void vf4(){cout<<"EE::vf4 被调用\n";}
        void vf2(){cout<<"EE::vf2 被调用\n";}
        void vf3(){cout<<"EE::vf3 被调用\n";}
    };
    int main(){
        DD d;
        BB *bp=&d;
        bp->vf1();
        bp->vf2();
        d.vf2();
        EE e;
        DD *dp=&e;
        dp->vf4();
        dp->vf2();
        dp->vf3();
        return 0;
    }
```

10.4 在 10.1 中，如果将 main()函数修改为

```
    int main(){
        Circle circle(TPoint(1,1),10);
        Shape &shape_ref=circle;
        return 0;
    }
```

或者

```
    int main(){
        Shape*shape_ptr_ptr=new Circle(TPoint(1,1),10);
        delete shape_ptr;
    }
```

在这两种情况下，基类 TShape 的析构函数是不是必须定义为虚析构函数？

再结合 10.1，对于虚析构函数的定义可以得出什么结论？

10.5 以下程序使用了重载函数模板。请问 main()函数中的 4 次函数调用分别调用的是哪个函数？如果出现错误的调用，请指出并加以改正。

```
    #include<iostream>
    using namespace std;
    template<class T>                //定义函数模板
    T add(T x,T y) {
        return x+y ;
    }
    int add(int a, int b){           //定义重载的非模板函数
```

```
        return a+b;
    }
    int main() {
        int a=100;
        float f=200.5;
        cout<<add(a,a);
         cout<<add(f, f);
        cout<<add(a, f);
        cout<<add(f, a);
        return 0;
    }
```

10.6 以下带有函数模板的程序运行结果是什么？结果是否正确？为什么？如果结果有不正确的地方，请修改程序，以得到正确的结果。

```
    #include<iostream>
    #include<string>
    using namespace std;
    template<class T>                    //函数模板的定义
    T max(T x,T y) {
        return (x>y)?x : y;
    }
    void f(int a,char c){
        cout<<max(a,200)<<endl;          //调用模板函数 max(int,int)
        cout<<max('c',c)<<endl;          //调用模板函数 max(char,char)
    }
    int main(){
        f(100,'a');
        char a[]={"abc"},b[]={"bcd"};
        cout<<max(a,b)<<endl;            //调用模板函数 max(char *, char *)
        cout<<max(b,a)<<endl;
        return 0;
    }
```

10.7 以下使用类模板的程序，哪些地方是错误的？

```
    #include <iostream>
    using namespace std;
    template <class T1, class T2> class MyClass
    {
        T1 x;
        T2 y;
    public:
```

```
        MyClass( T1 a, T2 b );
        void display( );
};
template < class T1, class P2>
MyClass< T1,P2 >::MyClass( T1 a, P2 b )
{
    x = a;
    y = b;
}
template <class T1, class T2>
void MyClass< T2, T1 >::display( ){
    cout<<x<<endl;
    cout<<y<<endl;
}
int main(){
    MyClass<int,float> ss(6,6.6);
    ss.display();
    return 0;
}
```

10.8 用不带整型参数的类模板编写一个栈的模板,要求创建的栈的大小是可变的。栈的成员函数包括进栈(push)、出栈(pop)、判栈空(stackEmpty)、判栈满(stackFull)。栈的数据成员请自己考虑。编写指定的类模板,并测试其功能。

10.9 构造函数能作为虚函数吗?析构函数呢?为什么?

10.10 什么叫抽象类?能否定义该类的对象?

10.11 函数模板与函数重载有什么区别?函数模板可以重载吗?

10.12 函数模板中哪些地方能使用参数化类型?函数名可以吗?

10.13 模板类的成员函数可以是函数模板吗?

10.14 读以下程序回答问题。

```
#include <iostream>
#include <cstring>
using namespace std;

class Student
{
    char coursename[100];          //课程名
    int classhour;                 //学时
    int credit;                    //学分
public:
    Student( ){ strcpy( coursename,"#");classhour=0;credit=0;}
```

```cpp
        virtual void Calculate( ){credit=classhour/16;}
        void SetCourse( char str[], int hour )
        {
            strcpy( coursename, str);
            classhour = hour;
        }
        int GetHour( ){return classhour;}
        void SetCredit( int cred ){ credit = cred;}
void Print( ){
cout<<coursename<<'\t'<<classhour<<"学时"
<<'\t'<<credit<<"学分"<<endl;
}
};


class GradeStudent:public Student
{
public:
    GradeStudent( ){ };
    void Calculate( ){    SetCredit( GetHour( )/20 );    }
};


void main( )
{
    Student s,*ps;
    GradeStudent g;
    s.SetCourse("物理", 80);
    g.SetCourse("物理",80);
    ps = &s;
    ps->Calculate( );
    cout<<"本科生：";
    ps->Print( );
    ps = &g;
    ps->Calculate( );
    cout<<"研究生：";
    ps->Print( );
}
```

(1) 程序运行的结果显示什么？

(2) 若 main 函数改为如下形式，请编写一个函数 Calfun，要求程序执行结果保持不变。

```
    void main( )
    {    Student s;
         GradeStudent g;
         cout<<"本科生: ";
         Calfun( s, "物理", 80 );
         cout<<"研究生: ";
         Calfun( g, "物理", 80 );
    }
```

10.15 关于虚函数说法正确的是(   )。

A. 基类的析构函数定义为虚函数，则其派生类的析构函数自动成为虚函数

B. 纯虚函数没有函数体但可以被调用

C. 具备动态联编特征的函数不一定是虚函数

D. 函数覆盖现象(override)不一定与继承有关

第11章
异常处理

基 本 知 识

11.1　异常和异常处理

异常(Exceptions)是程序在运行时可能出现的会导致程序运行终止的错误。

程序设计的要求之一就是程序的健壮性。编程人员希望程序在运行时能够不出或者少出问题，但是，在程序的实际运行时，总会有一些因素会导致程序不能正常运行。异常处理(Exception Handling，EH)就是要提出或者研究一种机制，能够较好地处理程序不能正常运行的问题。

程序的错误和异常是不同的概念。程序中的错误包括语法错误和逻辑错误。语法错误可以在编译时由编译程序发现；逻辑错误则会导致在运行程序后，得到的结果不正确。这些错误是必须要改正的，否则，程序就不能正常运行，或者不能得到正确的输出。

异常是一个可以正确运行的程序在运行中可能发生的错误。如果异常不发生，程序的运行就没有一点问题，但是，如果异常发生了，程序的运行就可能不正常，甚至会终止程序的运行。常见的异常，如：

(1) 系统资源不足。如内存不足，不可以动态申请内存空间；磁盘空间不足，不能打开新的输出文件，等等。

(2) 用户操作错误导致运算关系不正确。如出现分母为0，数学运算溢出，数组越界，参数类型不能转换，等等。

异常有以下一些特点：

◆　偶然性。程序运行中，异常并不总是会发生的。

◆　可预见性。异常的存在和出现是可以预见的。

◆　严重性。一旦异常发生，程序可能终止，或者运行的结果不可预知。

对于程序中的异常，通常有三种处理的方法：

(1) 不作处理。很多程序实际上是不处理异常的。

（2）发布相应的错误信息，然后终止程序的运行。在 C 语言的程序中，往往就是这样处理的。

（3）适当的处理异常，一般应该使程序可以继续运行。

一般来说，异常处理就是在程序运行时对异常进行检测和控制。而在 C++中，异常处理就是用 C++提供的 try－throw－catch 模式进行异常处理的机制。

在讨论 C++的异常处理机制前，先看一个不使用这种机制处理异常的例子。

例 11-1　程序将连续输入两个实数，通过调用函数，返回这两个数相除的商，并且要注意除数不能为 0。

解　main 函数中安排一个循环，可以反复输入两个实数。调用函数 divide 来获得相除的商，在 dividc 函数中对除数是不是为 0 进行检测和处理，程序如下：

```cpp
//例 11-1 用一般的方法处理除法溢出
#include <iostream>
using namespace std;
#include <stdlib.h>
double divide(double a, double b)
{
    if (b == 0)                         //检测分母是不是为 0
    {
    cout << "除数不可以等于 0 !"<<endl;
    abort();                            //调用 abort 函数终止运行
    }
    return a/b;
}
void main()
{double x,y,z;
 cout<<"输入两个实数 x 和 y ： ";
 while (cin >> x >> y)
    {   z = divide(x,y);
        cout << "x 除以 y 等于 " << z << "\n";
        cout << "输入下一组数 <q 表示结束>: ";
    }
        cout << "Bye!\n";
    }
```

程序运行的一种情况如图 11-1 所示。

这个程序中，对于除数为 0 的处理有这样的特点：

（1）异常的检测和处理都是在一个程序模块(divide 函数)中进行的。

（2）由于函数的返回值是 double 型的数据，因此，即使检测到除数为 0 的情况，也不能通过返回值来反映这个异常，只能调用函数 abort 终止程序的运行。

图 11-1 例 11-1 的运行结果

这种处理异常的方法，就是上面提到的第二种方法。结束程序运行的系统函数还有 exit(0)。两个函数都需要 stdlib.h 头文件的支持。

11.2 C++异常处理机制

C++处理异常有两个基本的做法：

(1) 异常的检测和处理是在不同的代码段中进行的，认为检测异常是程序编写者的责任，而异常的处理是程序使用者要关心的问题。或者说，不同的人使用相同的程序，有可能对异常会有不同的处理方式。

(2) 由于异常的检测和处理不是在同一个代码段中进行的，在检测异常和处理异常的代码段之间需要有一种传递异常信息的机制，在 C++中是通过"对象"来传递异常的。这种对象可以是一种简单的数据(如整数)，也可以是系统定义或用户自定义的类对象。

在 C++术语中，异常(Exception，注意结尾没有 s)是作为专用名词出现的，就是将异常检测程序所抛掷的"带有异常信息的对象"称为"异常"，而将捕获异常的处理程序称为异常处理程序(Exception Handler)。

C++异常处理的语法可以表述如下：

```
try
{ 受保护语句;
   throw  异常;
   其他语句;
}
catch(异常类型)
{异常处理语句;
}
```

C++的语法中将以上两部分(try、catch)合在一起，catch 语句要紧跟在 try 语句块的后面，两者结合在一起称为 try 模块(try block)。

try 后面的语句块称为受保护段。若某个部分的程序段估计有可能出现异常，就将它们放在 try 后的语句块中，即在 try 部分进行异常检测。如果检测到异常，就通过 throw 语句抛掷这个异常。所抛掷的异常，可以是一个整数、一个字符串、一个变量，甚至是一个类对象，即异常是有不同类型的。

catch 部分的作用是捕获异常和处理异常，每个 catch 后的小括号内都要指定一个"异常类型"，表明它可以捕获哪种类型的异常。一旦捕获到了异常，就通过异常处理语句来进行处理。

在 try 语句块中，可以调用其他函数，在所调用的函数中检测和抛掷异常，而没有在 try 语句块中直接抛掷异常。这里所调用的函数，仍然是属于这个 try 模块的，所以这个模块中的 catch 部分，仍然可以捕获它所抛掷的异常并进行处理。

程序执行的流程有两种：

- 没有异常：try→受保护语句→其他语句；
- 有异常：try→受保护语句→throw 异常→catch→异常处理语句。

例 11-2 用 C++的异常处理机制，重新处理例 11-1。

解 希望通过 C++的异常处理后，不但能检测到 0 作为除数的异常，发布相应的信息，而且程序还要继续运行下去，直到用户结束程序运行。相应的代码如下：

```cpp
//例 11-2 用 C++的异常处理机制，处理除法溢出
#include <iostream>
using namespace std;
#include <stdlib.h>
double divide(double a, double b)
{
    if (b == 0)
    {
    throw "输入错误：除数不可以等于 0 !";
    }
    return a/b;
}
void main()
{double x,y,z;
 cout<<"输入两个实数 x 和 y : ";
 while (cin >> x >> y)
 {try
    { z = divide(x,y);
    }
  catch (const char * s)     // start of exception handler
    {
        cout << s << "\n";
```

```
            cout << "输入一对新的实数：  ";
            continue;
        }                              // end of handler
        cout << "x 除以 y 等于 " << z << "\n";
        cout << "输入下一组数 <q 表示结束>: ";
    }
    cout << "程序结束，再见!\n";
}
```

程序运行的一种结果是

```
    输入两个实数 x 和 y：1.2 3.2
    x 除以 y 等于 0.375
    输入下一组数 <q 表示结束>: 3.4 0
    输入错误：除数不可以等于 0 !
    输入一对新的实数：  2.3 4.5
    x 除以 y 等于 0.511111
    输入下一组数 <q 表示结束>: q
    程序结束，再见!
```

程序分析：

(1) 在 try 的复合语句中，调用了函数 divide。因此，尽管 divide 函数是在 try 模块的外面定义的，它仍然属于 try 模块，在 try 语句块中运行。

(2) divide 函数检测到异常后，抛掷出一个字符串作为异常对象，异常的类型就是字符串类型。

(3) 如果 divide 函数抛掷了异常，throw 后面的语句就不执行了，即不需要考虑这时的返回值应该是什么，而将异常处理交给异常处理程序完成。

(4) catch 程序块指定的异常对象类型是 char*，可以捕获字符串异常。捕获异常后的处理方式是通过 continue 语句，跳过本次循环，也不输出结果，直接进入下一次循环，要求用户再输入一对实数。

(5) 等到输入一个非数字的字符时，while 循环结束，整个 try 模块的运行也就结束。最后再运行 try 模块外的语句，输出信息"程序结束，再见!" 。

学习 C++异常处理机制的时候，要注意掌握异常处理的执行过程。例 11-2 的执行过程可以简要表示如下：

```
    main 函数
        {main 函数中的语句
        while(条件)
        {try                       divide 函数
            {调用 divide 函数        如果有异常 throw 异常
            }                      否则，正常返回
        catch(异常类型)
            {捕获和处理异常
```

```
            continue;
        }
        其他语句;
    }
        main 函数中其他语句
    }
```

在编写带有异常处理的程序时，还要注意：

(1) try 语句块和 catch 语句块是一个整体，两者之间不能有其他的语句。

(2) 一个 try 语句块后面可以有多个 catch 语句，但是，不可以在几个 try 语句块后面用一个 catch 语句。

11.3 用类对象传递异常

throw 语句所传递的异常可以是各种类型的，如整型、实型、字符型、指针等，也可以用类对象来传递异常。

因为类是对象的属性和行为的抽象，作为类的实例的对象既有数据属性，也有行为属性。使用对象来传递异常，就是既可以传递和异常有关的数据属性，也可以传递和处理异常有关的行为或者方法。

专门用来传递异常的类称为异常类。异常类可以是用户自定义的，也可以是系统提供的 exception 类。

C++标准异常类如图 11-2 所示，它们都派生自基类 exception 类。C++标准程序库异常总是派生自 logic_error。派生自 runtime_error 的异常用来指出"不在程序范围内，且不容易回避"的事件。

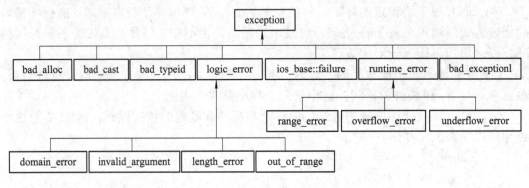

图 11-2 C++标准异常类

exception 类的定义可以表述如下：

```
    class exception
    { public:
        exception();                          //默认构造函数
        exception(char *);                    //字符串作参数的构造函数
```

```
exception(const exception&);
exception& operator= (const exception&);
virtual ~exception();                          //虚析构函数
virtual char * what() const;                   //what()虚函数
private:
    char * m_what;
};
```

其中，和传递异常最直接相关的函数有两个：

(1) 带参数的构造函数。参数是字符串，一般就是检测到异常后要显示的异常信息。

(2) what()函数。返回值就是构造 exception 类对象时所输入的字符串，可以直接用插入运算符 "<<" 在显示器上显示。

例 11-3　用 C++标准异常类重新处理例 11-2。

解　希望通过 C++异常类处理，不但能检测到 0 作为除数的异常，发布相应的信息，而且程序还要继续运行下去，直到用户结束程序运行。相应的代码如下：

```
//例 11-3 用 C++标准异常类，处理除法溢出
#include <iostream>
#include <exception>
using namespace std;

double divide(double a, double b)
{
    if (b == 0)
    {
        throw runtime_error("输入错误：除数不可以等于 0 !");
    }
    return a/b;
}
void main()
{   double x,y,z;
    cout<<"输入两个实数 x 和 y : ";
    while (cin >> x >> y)
    {   try
        { z = divide(x,y);
        }
        catch (runtime_error err)  // start of exception handler
        {
            cout << err.what() << "\n";
            cout << "输入一对新的实数：   ";
            continue;
```

```
}                                      // end of handler
    cout << "x 除以 y 等于 " << z << "\n";
    cout << "输入下一组数 <q 表示结束>: ";
}
    cout << "程序结束，再见!\n";
}
```

在程序中使用 runtime_err 类来处理异常，本例中也可以直接使用基类 exception。

 # 编 程 技 能

 ## 用户自定义类的对象传递异常

例 10-8 用类模板实现栈类，其中两个主要函数 push 和 pop 的定义中，都安排了错误检查的语句，以检查栈空或者栈满的错误。由于 pop 函数是有返回值的，在栈空的条件下，是没有数据可以出栈的。尽管 pop 函数可以检测到这种错误，但是也不可能正常地返回，或者通过 exit 函数调用结束程序的执行。

可以用 C++异常处理的机制改写这个程序，要求改写后的程序不仅有更好的可读性，而且在栈空不能出栈时，程序也可以继续运行，使得程序有更好的健壮性。

可以定义两个异常类：一个是"栈空异常"类，另一个是"栈满异常"类。在 try 块中，如果检测到"栈空异常"，就 throw 一个"StackEmptyException"类的对象；如果检测到"栈满异常"，就 throw 一个"StackOverflowException"类的对象。

在这两个类中，都定义了一个 getMessage 成员函数，用于显示异常的消息。在 catch 块中捕获了对象异常后，就可以通过这个对象(或者对象的引用)来调用各自的 getMessage 函数，显示相应的异常消息。

例 11-4 通过对象传递异常。用 C++异常处理机制来处理栈操作中的"栈空异常"和"栈满异常"。定义两个相应的异常类，通过异常类对象来传递检测到的异常，并对异常进行处理。要求在栈空的时候，用 pop 函数出栈失败时，程序的运行也不终止。

解 相应的程序如下：

```
//例 11-4  带有异常处理的栈
#include <iostream>
using namespace std;
class StackOverflowException                //栈满异常类
{public:    StackOverflowException() {}
    ~StackOverflowException() {}
    void getMessage()
    {   cout << "异常：栈满，不能入栈。" << endl;        }
```

```
};
class StackEmptyException                        //栈空异常类
{public:      StackEmptyException() {}
    ~StackEmptyException() {}
    void getMessage()
    { cout << "异常：栈空，不能出栈。" << endl;
    }
};
template <class T, int i>                         //类模板定义
class MyStack
{    T StackBuffer[i];
    int size;
     int top;
public:
    MyStack( void ) : size( i ) {top = i;};
    void push( const T item );
    T pop( void );
};
template <class T, int i>                         //push 成员函数定义
void MyStack< T, i >::push( const T item )
{    if( top >0 )
     StackBuffer[--top] = item;
    else
      throw StackOverflowException();   //抛掷对象异常
     return;
}
template <class T, int i>                         //pop 成员函数定义
T MyStack< T, i >::pop( void )
{    if( top < i )
      return StackBuffer[top++];
    else
      throw StackEmptyException();           //抛掷另一个对象异常
}
void main()                                      //类模板测试程序
{MyStack<int,5> ss;
for(int i=0;i<10;i++)
{try
  {if(i%3)cout<<ss.pop()<<endl;
   else ss.push(i);
```

```
        }
        catch (StackOverflowException &e)
        { e.getMessage();
        }
        catch (StackEmptyException &e)
        { e.getMessage();
        }
    }
    cout<<"Bye\n";
}
```

程序执行的结果是

```
0
异常：栈空不能出栈。
3
异常：栈空不能出栈。
6
异常：栈空不能出栈。
Bye
```

例 11-4 和例 11-2 有一些明显不同的地方：

(1) 通过对象传递参数。具体来说，是在 throw 语句中直接调用异常类的构造函数，生成一个无名对象(如：throw StackEmptyException();)来传递异常的。

(2) 在 catch 语句中规定的异常类型则是异常类对象的引用。当然，也可以直接用异常类对象作为异常。

(3) 通过异常类对象的引用，直接调用异常类的成员函数 getMessage 来处理异常。

(4) 在 try 语句块后面直接有两个 catch 语句来捕获异常，即要处理的异常增加时，catch 语句的数目也要增加。

在例 11-4 中，设计了一个主函数，对异常处理进行测试，其中有一个 for 循环，共循环 10 次，循环体放在 try 块中来执行。当循环的次数除以 3 的余数不等于 0 时，做出栈的 pop 操作，否则，就做进栈 push 操作。当 i=0 时，进栈；当 i=1 时，出栈，显示 0；当 i=2 时，出栈，出现异常，显示异常信息。然后，继续循环。运行结果表明，10 次循环都已经完成，没有出现因为空栈时不能出栈而退出运行的情况。

 # 自定义 exception 类的派生类对象传递异常

C++提供了一个专门用于传递异常的类：exception 类，可以通过 exception 类的对象来传递异常。但是，其构造函数的参数是字符串，一般就是检测到异常后要显示的异常信息。

如果捕获到 exception 类对象后，只要显示关于异常的信息，则可以直接使用

exception 类。如果除了错误信息外，还需要显示其他信息，或者做其他的操作，则可以定义一个 exception 类的派生类，在派生类中可以定义虚函数 what 的重载函数，以便增加新的信息显示。

例 11-5 定义一个简单的数组类。在数组类中重载"[ ]"运算符，目的是对数组元素的下标进行检测。如果发现数组元素下标越界，就抛掷一个对象来传递异常，并且要求处理异常时可以显示越界的下标值。

解 我们使用 exception 类的对象来传递对象。但是，直接使用 exception 类对象还不能满足例题的要求，因为不能传递越界的下标值。为此，可以定义一个 exception 类的派生类 ArrayOverflow，其中包含一个数据成员 k。在构造 ArrayOverflow 类对象时，用越界的下标值初始化这个数据 k。在 catch 块中捕获到这个对象后，可以设法显示对象的 k 值。

具体的做法可以有很多种，我们采用在派生类 ArrayOverflow 中重新定义 what() 函数，通过这个重载的函数，既可以显示越界的下标值，也可以显示异常信息。

main 函数中调用了函数 f()，函数的参数是一个自定义的数组类的对象。函数 f() 中通过一个 for 循环对数组进行测试，其中有一次数组元素下标越界。C++异常处理机制应该能够检测到这个异常，并且进行处理。

程序代码如下：

```
//例 11-5   用 exception 类参与处理异常
#include <iostream>
#include <exception>
using namespace std;
class ArrayOverflow : public exception       //exception 类的派生类
{public:
    ArrayOverflow::ArrayOverflow(int i)
        : exception( "数组越界异常!\n" ) {k=i;}
    const char * what()                      //重新定义的 what()函数
    {cout<<"数组下标"<<k<<"越界\n";
    return exception::what();
    }
private:
    int k;
};                                           //派生类 ArrayOverfow 定义结束
class MyArray                                //数组类的定义
{   int *p;                                  //数组首地址
    int sz;                                  //数组大小
 public:
    MyArray(int s) { p=new int [s];   sz=s; } //构造函数
    ~MyArray( ) { delete [ ] p ; }
    int size( ) { return sz; }
```

```
        int& operator[ ] (int i);                    //重载[]运算符的原型
    };
    int& MyArray:: operator[ ] (int i)               //重载[]运算符
    {if(i>=0 && i<sz) return p[i];
        throw ArrayOverflow( i );
    }
    void f(MyArray &v);
    void main()
    {MyArray A(10);
     f(A);
    }
    void f( MyArray& v )
    {//……
     for(int i=0;i<3;i++)
     {try { if(i!=1) {v[i]=i; cout<<v[i]<<endl;}
                    else v[v.size( )+10]=10;
              }
       catch( ArrayOverflow &r )
       {cout<<r.what();
       }
     }                                               //for 循环结束
    }
```

程序运行后输出：

0

数组下标 20 越界

数组越界异常！

2

刨 根 问 底

异常处理中的退栈和对象析构

函数调用时，函数中定义的自动变量将在堆栈中存放。结束函数调用时，这些自动变量就会从堆栈中弹出，不再占用堆栈的空间，这个过程被称为"退栈"(Stack unwinding)。其他的结束动作还包括调用析构函数，释放函数中定义的对象所占用的其他内存空间等资源。但是，如果函数执行时出现异常，并且只是采用简单的显示异常信息，然后退出(exit)程序的做法，则程序的执行就会突然中断，结束函数调用时必须完成的退栈和对象析构的操作也不会进行。这样的结果是很不希望的。

例 11-6　显示用 exit()调用结束异常，函数中的对象不能被释放。

解　程序如下：

```
//例 11-6　一般方式处理异常，对象不能完全被释放
// Demonstrating stack unwinding.
#include <iostream>
#include <stdlib.h>
#include <exception>
using namespace std;

class ForTest
{
  public:
  ~ForTest()                            //析构函数
  {cout<<"ForTest 类析构函数被调用\n";
  }
};                                      //ForTest 类定义结束
  float function3(int k)                //function3 中可能有异常
{
  if(k==0)
  {cout<<"function3 中发生异常\n";      //显示异常信息
  exit(1);}                             //退出执行
  else return 123/k;
  }
void function2(int n)
{   ForTest A12;
    function3(n);                       //第三次调用
}
  void function1(int m)
{
    ForTest A11;
    function2(m);                       //第二次调用
}
  void main()
{
    function1(0);                       //第一次调用

}
```

程序运行后显示：

  function3 中发生异常

程序分析：

(1) 在程序中定义了一个类 ForTest，并且定义了它的析构函数。如果析构函数被调用就会显示相应的信息。

(2) 程序中作了 3 次函数调用。在 function3 中作除法时，如果出现异常，就显示异常信息，并且调用 exit 函数，退出执行。

(3) 在 function1 和 fuction2 中分别定义了 ForTest 类的对象。如果函数可以正常退出，这些对象将被释放。但是，程序运行后只显示了异常信息，没有析构函数被调用的迹象，说明所创建的对象没有被释放。

(4) 如果采用 C++的异常处理机制来进行处理，情况就会完全不同。如果在 function3 中用 throw 语句来抛掷异常，就会开始 function3 的退栈。然后，返回到函数 function2 开始 function2 的退栈，并且调用 ForTest 类析构函数，释放对象 A12。接着，返回到函数 function1 开始 function1 的退栈，并且调用 ForTest 类析构函数，释放对象 A11。

例 11-7 用 C++异常处理机制来重新编写例 11-6。

解 程序代码如下：

```
// 例 11-7  用 C++异常处理机制，对象可以完全释放
// Demonstrating stack unwinding
#include <iostream>
#include <stdlib.h>
#include <exception>
using namespace std;

class ForTest
{
  public:
~ForTest()                              //析构函数
  {
  cout<<"ForTest 类析构函数被调用\n";
  }
};                                      //ForTest 类定义结束
  float function3(int k)                //function3 中可能有异常
  {
  if(k==0)
     throw exception( "function3 中出现异常\n" );  //抛掷异常类对象
else return 123/k;
  }
```

```
void function2(int n)
{
    ForTest A12;

    function3(n);                              //第三次调用
}
void function1(int m)
{
    ForTest A11;

    function2(m);                              //第二次调用
}
void main()
{try
    {   function1(0);                          //第一次调用
    }
  catch(exception &error)
  {cout<<error.what()<<endl;
  }
}
```

程序运行结果显示：

  ForTest 类析构函数被调用

  ForTest 类析构函数被调用

  function3 中出现异常

  通过以上两个例子的对比，可以看出：C++异常处理机制不仅通过传递多种类型的异常对象来进行异常处理，而且还具有为异常抛掷前构造的所有局部对象自动调用析构函数的能力，能够释放抛掷异常前在函数中所定义的所有自动变量。采用其他的异常处理方法是不能做到这一点的，所以有人认为，throw 语句除了具有抛掷异常的功能外，还相当于 return 语句的功能，即完成所有函数返回时的功能。

本章小结

  本章介绍了 C++异常处理的机制。在程序设计中使用这样的异常处理机制，有助于增强程序的健壮性、可读性，而且可以防止因为程序不正常结束而导致的资源泄漏，如创建的对象不能释放等。

  异常处理最基本的结构：try 模块。一个 try 模块中包括一个 try 语句块和一个/多个 catch 语句块，两者之间不能有其他的语句；而 throw 语句则是直接或者间接(通过函数调用)处于 try 语句块中。

  用户可以通过自定义类的对象来传递异常，也可以用 exception 类的对象传递异常。

编码规范

习题和思考题

11.1 以下程序运行的结果将显示什么？如果要对 main 函数中的三次函数调用都能够完成测试，应该如何修改程序？

```cpp
#include<iostream.h>
int Div(int x,int y);
void main()
{   try
    {   cout<<"5/2="<<Div(5,2)<<endl;
        cout<<"8/0="<<Div(8,0)<<endl;
        cout<<"7/1="<<Div(7,1)<<endl;
    }
    catch(int)                     //捕获异常处理
    {
        cout<<"except of dividing zero.\n";
    }
    cout<<"that is ok.\n";
}
int Div(int x,int y)
{
    if(y==0)   throw y;        //如果除数为 0，抛掷一个整型异常
    return x/y;
}
```

11.2 以下程序有没有编译错误和运行错误？在什么情况下会有运行错误？这说明了什么问题？如果有错误，如何对程序进行改正？

```cpp
#include <iostream.h>
int main()
{
  try {
      int a ;
      double b ;
      cin>>a>>b;
      if(a>b) throw a;
      else throw   b ;
  }
  catch ( double y ) {
```

```
            cerr << "The double value " << y << " was thrown\n";
        }
    return 0;
}
```

11.3 定义一个 exception 类的派生类 DivideByZeroException，用它来传递除法分母为 0 的异常。编写并测试相应的程序，希望除法可以连续进行和继续检测异常。

11.4 以下程序是模拟在构造函数中发生的异常，也就是在对象还没有构造完成时就检测到异常。请分析程序的输出将显示什么，这个结果说明了什么？

```
#include <iostream.h>
#include <string.h>
class Test{};
class ClassB{
public:
    ClassB(){ };
    ClassB(char *s){ };
    ~ClassB(){cout <<"ClassB 析构函数!"<<endl;};
};
class ClassC{
public:
    ClassC(){
        throw Test();
    };
    ~ClassC(){cout <<"ClassC 析构函数!"<<endl;};
};
class ClassA{
ClassB lastName;
ClassC records;
public:
    ClassA(){};
    ~ClassA(){cout <<"ClassA 析构函数!"<<endl;};
};
void main()
{ try{
ClassB collegeName("NJIT");
ClassA S;
}
  catch (...) {cout << "exception!"<<endl;
    }
}
```

11.5 编写可以检测和处理数组下标越界的异常处理程序。要求：

(1) 不使用系统提供的 exception 类，而是自己定义一个 RangeError 类，用这个类的对象传递数组越界异常。

(2) 定义数组类 LongArray，数据成员是执行数组的指针 long *data，数组大小为 size。要定义相应的构造函数、析构函数和读取数组元素的 long Get(unsigned i)函数。

(3) 在 long Get(unsigned i)函数内检测下标越界异常，如果有异常，抛掷一个 RangeError 类对象。注意：不用对"[]"算符重载来检测越界异常。

完成相应的程序，包括对可能的异常的检测和处理。

附录
常用 C/C++库

附录1 C语言文件的输入/输出

头文件<stdio.h>中定义了 FILE 结构体，还提供了许多读写文件数据的函数。

一、打开和关闭文件

一个文件必须处于打开状态才能进行读写操作。程序对每一个文件都使用一个单独的 FILE 结构管理，每一个打开的文件都必须有一个单独声明的 FILE 类型的指针用来引用该文件。函数 fopen 用来建立一个新文件或者打开一个已存在的文件，其函数原型为

FILE * fopen(const char * filename, const char * mode);

其中，mode 是一个字符串，说明了文件的打开方式，如附表 1 所示。

附表 1 文件的打开方式

打开方式	描　　述
"r"	打开一个供读取数据的文件
"w"	建立或打开一个供写入数据的文件，如果该文件已经存在，则废弃文件内容
"a"	建立或打开一个供写入数据的文件，如果该文件已经存在，则写入的数据追加到文件的尾部
"r+"	打开一个已存在的文件，该文件可以写入和读出数据
"w+"	建立或打开一个可供写和读的文件，如果该文件已经存在，则废弃文件内容
"a+"	建立或打开一个可供写和读的文件，如果该文件已经存在，则写入的数据追加到文件的尾部
"b"	打开一个二进制文件，只能和其他方式组合使用，例如："wb"

如果文件被正确打开，函数 fopen()将返回一个指向 FILE 结构的指针，供读写访问时使用；如果打开文件失败，函数将返回 NULL。

打开的文件在使用完后，应当被关闭，函数原型为

int fclose(FILE * stream);

该函数的功能是关闭 FILE 结构的指针 stream 所对应的被打开的文件。

二、写文件

1．int fputc(int c, FILE * stream);

把字符 c 写入 stream 关联的文件中。

2．int fputs(const char * string, FILE * stream);

把字符串 string 写入 stream 关联的文件中。

3．int fprintf(FILE * stream, const char * format [, argument] …);

把数据按格式控制串 format 写入 stream 关联的文件中，与 printf()类似。

例如：

```
FILE * fptr;
if   ((fptr=fopen("test.txt", "w")) != NULL) {
          fprintf(fptr, "This is a test file.");
          fclose(fptr);
}
else
          printf ("Open file error! \n");
```

4．size_t   fwrite(const void * buffer, size_t size, size_t count, FILE * stream);

把从内存中指定位置开始的指定个数的字节以二进制方式写入 stream 关联的文件中。例如：要写入 10 个整型数，第 2 个和第 3 个参数分别为 sizeof(int), 10。

三、读文件

1．int fgetc(FILE * stream);

与 fputc()相反，该函数从 stream 关联的文件中的当前位置读取一个字符，以 int 类型返回。

2．char * fgets(char * string, int n, FILE * stream);

从 stream 关联的文件的当前位置开始读取字符串，判断字符串结束位置的条件是：遇到换行符，或者到达文件结束位置，或者读取了 n 个字符。

3．int fscanf(FILE * stream, const char * format [, argument] …);

与 fprintf 相反，从 stream 关联的文件中将数据按格式控制串 format 读出并转换成相应的类型以存入对应的参数中，与 scanf()类似。

4．size_t   fread(void * buffer, size_t size, size_t count, FILE * stream);

与 fwrite()相反，从 stream 关联的文件中的当前位置读取指定字节数的数据放入内存中 buffer 指定位置。

5．int feof(FILE * stream)

判断 stream 关联的文件是否已到达了文件的结束位置。

四、文件的随机访问

在读写文件时，如果按顺序访问，不能跳跃，叫"顺序访问"；如果可以随意跳到一个位置访问，叫"随机访问"。fseek()函数可以解决随机访问问题，其函数原型为

```
int    fseek(FILE * stream, long offset, int mode);
```

其中，参数 mode 可以取 3 种值：SEEK_SET、SEEK_CUR、SEEK_END，分别表示从文件的起始位置、文件的当前位置、文件的尾部开始，跳过 offset 个字节数。

```
FILE * fptr;
char c;
if    ((fptr=fopen("test.txt", "r")) != NULL) {
        fseek(fptr, 4, SEEK_SET);
        fread(&c, sizeof(char),1, fptr);
        putchar(c);
        fclose(fptr);
}
else
        printf ("Open file error! \n");
```

附录 2　I/O 流类

C++使用流类库进行输入/输出操。流是一种抽象，负责在数据的生产者和数据的消费者之间建立联系，并管理数据的流动。标准 I/O 流、文件流和串流的操作在概念上是统一的。

在 C++中，使用面向对象的方法来实现流，并定义了多种流类，附图 1 所示为 I/O 流类库中各个类之间的关系。

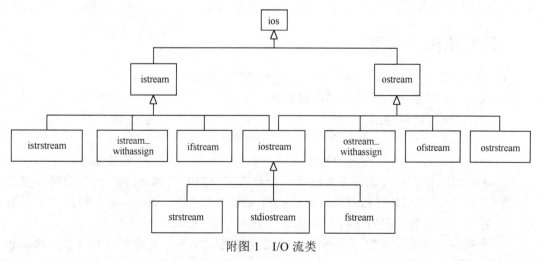

附图 1　I/O 流类

　　ios 是抽象流基类，它的两个派生类 istream 和 ostream 分别是输入流基类和输出流基类。iostream 是输入/输出流类，它由 istream 和 ostream 两个基类共同派生出来，既可以输入，也可以输出。输入流基类、输出流基类和输入/输出流类又各自派生出 3 个子类，分别实现磁盘文件流、标准设备流、字符串流。附表 2 所示为这些类的简要说明和类声明所在的头文件名。

附表 2　I/O 流类

类　名	说　明	头文件
ios	流基类	iostream.h
istream	通用输入流类和其他输入流的基类	iostream.h
ifstream	文件输入流类	fstream.h
istream_withassign	标准设备输入流类	iostream.h
istrstream	字符串输入流类	strstream.h
ostream	通用输出流类和其他输出流的基类	iostream.h
ofstream	文件输出流类	fstream.h
ostream_withassign	标准设备输出流类	iostream.h
ostrstream	字符串输出流类	strstream.h
iostream	通用输入/输出流类和其他输入/输出流的基类	iostream.h
fstream	文件输入/输出流类	fstream.h
strstream	字符串输入/输出流类	strstream.h
stdiostream	标准 I/O 文件的输入/输出流类	stdiostr.h

一、标准输出流对象

　　C++已经定义了如下 ostream_withassign 类的对象。
- cout，标准输出，缓冲区满时被输出。
- cerr，标准错误输出，没有缓冲，发送给它的内容立即被输出。
- clog，类似于 cerr，但是有缓冲，缓冲区满时被输出。

　　流 cerr 和 clog 把显示输出到默认错误日志上，该日志通常是指显示器。

　　cout 等对象可以通过成员函数或操纵符设置输出格式，如 width(10)控制输出宽度为 10 个字符。使用操纵符和调用成员函数所实现的功能是一致的，可以根据需要灵活选用。附表 3 所示为常用操纵符与流成员函数的对应关系。

　　一般来讲，使用操纵符更简便些，但是要注意，操纵符是在标准头文件 iomanip 中定义的，使用时需要将 iomanip 头文件与 iostream 一样包含进来。另外，只有 setw()

不是持续性的，使用一次，就设置一次输出的宽度，其他操纵符都是持续性的。

附表 3　常用操纵符与流成员函数的对应关系

操　纵　符	成　员　函　数	功　能　描　述
dec	flags(10)	按十进制输出
hex	flag(16)	按十六进制输出
oct	flag(8)	按八进制输出
setfill('c')	fill('c')	设置填充字符为 c
setprecision(n)	precision(n)	显示小数精度为 n 位
setw(n)	width(n)	设置输出宽度为 n 个字符
fixed	flags(ios::fixed)	按十进制表示法显示浮点数
scientific	flags(ios::scientific)	按科学记数法显示浮点数
left	flags(ios::left)	左对齐
right	flags(ios::right)	右对齐
uppercase	flags(ios::uppercase)	十六进制数大写输出
lowercase	flags(ios::lowercase)	十六进制数小写输出
showpoint	flags(ios::showpoint)	总是显示小数点
noshowpoint	flags(ios::noshowpoint)	仅当小数部分不为 0 时才显示小数点
boolalpha	flags(ios::boolalphi)	用符号 true 和 false 显示逻辑值
noboolalpha	flags(ios::noboolalphi)	用 1 和 0 显示逻辑值
showpos	flags(ios::showpos)	显示正数前有"+"号
noshowpos	flags(ios::noshowpos)	显示正数前没有"+"号

二、标准输入流对象

　　C++预先定义的 cin 对象是 istream_withassign 类的一个对象，用来实现从标准设备输入。一般不需要构造新的设备输入流对象，只使用预先定义的 cin 对象。

　　从输入流提取时，可以使用的操纵符不多。常用的操纵符是进位制操纵符 dec、oct 和 hex，还有忽略空白(skipws)和不忽略空白(noskipws)操纵符，默认忽略空白。

　　从输入流提取时，也可以使用流类定义的函数进行输入操作。常用的函数如下：

　　● get()函数。非格式化 get 函数的功能与提取运算符(>>)很相像，主要不同点是 get()函数在读取数据时包括空格字符，而提取运算符在默认情况下以空格字符作为分隔符，无法读取。

　　● getline()函数。非格式化 getline()成员函数的功能允许从输入流中读取多个字符，并且允许指定输入终止字符(默认值是换行符)。读取完成后，从读取的内容中删除该终止字符，可以读取一个包含空格的文本块，然后进行分析。

三、文件输出流

ofstream 类支持磁盘文件输出。如果程序需要把数据信息输出到磁盘文件，可以构造一个 ofstream 类的对象。除此之外，也可以使用 fstream 类，它既支持文件输出，也支持文件输入。

在定义流对象的同时，指定相关联的文件；也可以先定义流对象，随后调用 open() 成员函数，指定相关联的文件并打开。常用方法如下：

- 在调用构造函数时指定文件名，直接将文件流对象和磁盘文件相关联。

      ofstream f1("filename.dat");

      fstream f2("c:\\a.txt",ios::out);

- 使用默认构造函数创建对象，再调用 open() 成员函数建立对象和文件的关联。

      ofstream f1;   //定义一个输出文件流对象

      f1.open("filename.dat");   //打开文件，使流对象与文件建立关联

      fstream f2;   //定义文件流对象

      f2.open("c:\\a.txt",ios::out);   //按输出流方式关联文件

然后，就可以使用插入运算符，将数据输出到文件，例如：

      f1<<"abcdefg"<<endl;   //把字符串写入文件

      f1<<i<<endl;   //把变量 i 的值写入文件

      f2<<i<<endl;

文件输出流还常使用一些其他成员函数。

- open()函数。要使用一个输出文件流对象，必须在构造函数或 open 函数中把该流对象与一个特定的磁盘文件关联起来。所以 open()函数的参数通常要指定一个文件名，另外还要指定一个 open_mode 标志，如附表 4 所示，这些标志可以用按位 OR(|) 运算符组合使用。

附表 4　输出文件流的文件打开模式

标　　志	功　　能
ios::app	打开一个输出文件用于在文件尾添加数据，如果文件不存在便建立一个新文件
ios::ate	打开一个现存文件(用于输入或输出)并查找到结尾
ios::in	打开一个输入文件,对于所有 ifstream 对象,此模式是默认模式。对于一个 ofstream 文件，使用 ios::in 作为一个 open_mode 可避免删除现有文件中的内容
ios::out	打开一个输出文件，对于所有 ofstream 对象，此模式是默认模式
ios::nocreate	如果一个文件存在则打开它，否则该操作失败
ios::noreplace	如果一个文件不存在，则新建一个文件并打开；如果文件已存在，则该操作失败
ios::trunc	打开一个文件。如果它已存在，则删除已有内容。如果指定了 ios::out，但没有指定 ios::ate、ios::app 和 ios::in，则隐含为此模式
ios::binary	以二进制模式打开文件(默认是文本模式)

● put()函数。put()函数把一个字符写到输出流中。下面两个语句默认是相同的，但第二句受该流的格式化参量的影响。

> cout.put('c');　　　//输出一个字符
>
> cout<<'c';　　　　//输出一个字符，但此前设置的宽度和填充方式在此起作用

● write()函数。该函数把内存中的一块内容写到一个输出文件流中。该函数带有两个参数：一个 char 指针(指向内存数据的起始地址)和一个所写的字节数，常用于二进制文件的输出。

● seekp()和 tellp()函数。一个输出文件流中保存着一个内部指针指出下一次写数据的位置，可以使用 seekp()函数把位置指针设置到某位置，从而插入信息到文件中。tellp()成员函数返回该文件位置指针值。

● close()函数。与 open()函数相对应，close()成员函数把输出文件流关联的磁盘文件关闭。文件使用完毕后必须将其关闭，以完成所有磁盘输出。一般来讲，输出流析构函数会自动关闭该流关联的文件，不必显式调用 close()函数，但如果需要在同一个流对象上打开另外的文件，就需要使用 close()函数。

四、文件输入流

ifstream 类支持从磁盘文件读取。如果需要一个仅用于读取的磁盘文件，可以构造一个 ifstream 类的对象，并且可以指定使用二进制或文本模式。可以在定义流对象的同时，指定相关联的文件，在构造该对象时自动打开文件；也可以先定义流对象，随后调用 open()成员函数指定相关联的文件并打开。很多格式化选项和成员函数都可以应用于 ifstream 对象，fstream 类也可以进行输入流操作。下面给出简单的输入流操作示例。

> fstream f1("a.txt", ios::in);　　　//打开文件
>
> char s[100];
>
> f1.getline(s,100);　　　　　　//读取文件中第一行内容存储到字符串 s 中

● read()函数。read()成员函数从一个文件把字节流读到一个指定的存储区，由长度参数确定要读的字节数，当读了指定的字节数或遇到文件结束符时读结束。

● seekg()和 tellg()函数。输入文件流中保存着一个指向文件中下一个将读数据的位置的内部指针，可以用 seekg()函数来设置这个指针。tellg()成员函数返回当前文件读指针的位置，这个值是 streampos 类型，类型定义在 iostream.h 文件中。

附录 3　string 类

C++标准模板库(STL)中提供了处理字符串的 string 类型，可满足字符串的一般应用。string 类型支持可变长度的字符串，C++标准库负责管理和存储相关内存，并提供各种接口。string 类型支持大多数顺序容器的操作，因此也可以认为是字符容器，但它不支持以栈的方式操作容器，在 string 中不能使用 front、back 和 pop_back 操作。

与其他标准库类型一样，用户程序要使用 string 类型，必须包含相关头文件：

```
#include <string>
using std::string;
```

一、string 对象的初始化

string 标准库支持多个构造函数，因此初始化 string 对象的方式有多种。例如：

```
string s1;                   //定义串 s1、s1 为空串
string s2(s1);               //用 s1 初始化 s2
string s3("abcdefg"); //用字符串"abcdefg"初始化 s3
string s4(s3, 2);            //用 s3 的前两个字符构成的字符串初始化 s4，即 s4="ab"
string s5(s3.begin(), s3.begin()+2);        //s5="ab"
string s6(s3,2,3);   //s6 为 s3 的第2个字符(起始为 0)开始连续 3 个字符构成的字符串"cde"
string s7(5,'x');            //将 s7 初始化为 5 个字符'x'的副本，即 s7="xxxxx"
cin >> s1;                   //键盘输入字符串赋值给 s1
cout << s2 << endl;  //输出 s2
```

二、string 对象的基本操作

附表 5 所示为常用的 string 基本操作。每个接口可能有多种参数形式，表中并没有全部给出，只是给出了部分示例，具体可参考 string 类型的定义。

附表 5　string 基本操作

操作接口示例 (s1、s2 均为 string 对象)	说　　明
s1=s2	将 s2 的副本赋值给 s1
s1.empty()	如果 s1 为空串，返回 true，否则返回 false
s1.size()	返回 s1 中字符的个数
s1[n]	返回 s1 中位置为 n 的字符，位置从 0 开始计
==, !=, <, <=, >, >=,	关系运算符保持原有的含义
s1+=s2 或 s1=s1+s2	将 s2 表示的串追加到 s1 的后面形成新串
s1.insert(pos, s2)	在下标为 pos 的元素前插入 s2 表示的串
s1.insert(pos, cp, len)	在下标为 pos 的元素前插入 cp 所指串的前 n 个字符 insert 操作还有很多用法，在这里不再一一列举
s1.c_str()	返回 s1 表示的 C 风格字符串的首地址
s1.substr(pos, n);	返回一个 string 类型的字符串，包含 s1 中从下标 pos 开始连续 n 个字符
s1.append(s2)	将 s2 表示的串追加到 s1 的后面形成新串
s1.append(cp)	将字符指针 cp 指向的串追加到 s1 的后面形成新串
s1.replace(pos, len, s2)	删除 s1 中从下标 pos 开始的 len 个字符，并用 s2 替换之

操作接口示例 (s1、s2 均为 string 对象)	说　明
s1.find(s2, pos)	从 s1 下标为 pos 的位置开始查找 s2，找到后返回 s2 第一次出现的位置，若未找到，返回值 string::npos
s1.rfind(s2, pos)	从 s1 下标为 pos 的位置开始查找 s2，找到后返回 s2 最后一次出现的位置，若未找到，返回值 string::npos
s1.find_first_of(s2,pos)	从 s1 下标为 pos 的位置开始查找 s2 中的任意字符，找到后返回第一次出现的位置
s1.find_last_of(s2,pos)	从 s1 下标为 pos 的位置开始查找 s2 中的任意字符，找到后返回最后一次出现的位置

下面给出部分程序段来进一步说明这些接口的使用。

```
string s1("abc");
string s2("xyz");
s1+=s2+"1234";                   //s1="abcxyz1234"
bool tag = s1>s2 ? true:false;   //tag=0
int pos = 2;
s1.insert(pos, s2);              //s1 = "abxyzcxyz1234"
s1.insert(pos, "12345", 4);      //s1 = "ab1234xyzcxyz1234"
string s3 = s1.substr(pos, 6);   //s3 = "1234xy"
s3.append(s2);                   //s3 = "1234xyxyz"
s1.replace(pos, 4, "k");         //s1 = "abkxyzcxyz1234"
int p = s1.find(s2, pos);        //p = 3
p = s1.rfind(s2);                //p = 7
p = s1.find_first_of(s2);        //p = 3
p = s1.find_last_of(s2);         //p = 9
//复制到字符数组中
char * cp = new char [s1.size()+1];
strcpy(cp , s1.c_str ());        //cp = "abkxyzcxyz1234"
```

附录 4　vector 类

向量是 STL 中最常用的容器，可以快速随机地存取任意元素，类似于数组。

在使用向量之前，必须包含相应的头文件：

```
#include <vector>
using std::vector;
```

需要注意的是，vector 是一个类模板，而非数据类型，在定义其对象时必须说明

vector 保存的对象类型。下面给出一些定义向量对象的示例。

```
vector <int> ivec;                //定义向量对象 ivec
vector <int> ivec1(ivec);         //定义向量对象 ivec1，并用 ivec 初始化
vector <int> ivec2(n,i);          //定义向量对象 ivec2，包含了 n 个值为 i 的元素
vector <int> ivec3(n);            //定义向量对象 ivec2，包含了 n 个值为 0 的元素
```

与定义一般的类实例相同，第一个声明定义了一个存储整型数据的向量对象 ivec，ivec 如同数组一样可以存储若干整型数据。第二个声明定义了 ivec1，其包含的所有元素都是用 ivec 中的元素初始化的。第三个声明定义的 ivec2，包含了 n 个值为 i 的元素。

与数组不同的是，向量在实例化时不需要声明长度。标准库负责管理与储存元素相关的内存，用户不用担心长度不够。

下面给出一些使用向量对象的示例。

```
vector <int> a;                   //定义顺序容器向量对象 a，用于存储 int 类型的数据
for (int i=0;i<10;i++) a.push_back(i);  //在对象 a 中添加 10 个元素：0, 1, …, 9
a.resize(100);                    //重新调整 a 的大小为 100，即又增加了 90 个值为 0 的元素
a[90]=100;                        //可以像数组一样使用下标操作对象中的元素
a.clear();                        //删除对象 a 中的所有元素，其大小变为 0
a.resize(20, -1);                 //重新调整 a 的大小为 20，并且存储 20 个值为-1 的元素
vector <int> ivec(5,2);           //使用 5 个整型数值 2 初始化
cout << ivec[2] ;                 //使用下标访问第三个元素
ivec.push_back (3);               //尾部添加元素 3
ivec.insert (ivec.begin (),1);    //在 ivec 头添加元素 1
```

以上介绍了向量 vector 的一些基本用法，下面给出其常用接口，如附表 6 所示。

附表 6　向量 vector 常用接口

接　　口	接　口　描　述
void reserve(size_type n);	设置向量长度，使其容纳 n 个元素
size_type capacity() const;	返回向量在重新分配空间前可以存储的元素数目
iterator begin();	返回第一个元素的迭代器
iterator end();	返回最后一个元素的下一个元素的迭代器
reverse_iterator rbegin();	指向预留空间第一个元素的迭代器
reverse_iterator rend();	指向预留空间最后一个元素的下一个元素的迭代器
void resize(size_type n, T x = T());	设置向量中的元素数目
size_type size() const;	返回向量中的元素数目
size_type max_size() const;	返回向量可存储的最大元素数目
bool empty() const;	判段向量是否为空
reference at(size_type pos);	返回下标为 pos 元素的引用

接　　口	接　口　描　述
reference operator[](size_type pos);	返回下标为 pos 元素的引用
reference front();	返回对第一个元素的引用
reference back();	返回对最后一个元素的引用
void push_back(const T& x);	在最后一个元素后添加新元素 x
void pop_back();	删除最后一个元素
void assign(const_iterator front, 　　　const_iterator last);	清空向量后连续插入迭代器 front 与 last 之间的所有元素
void assign(size_type n, 　　　const T& x = T());	清空向量后连续插入 n 个元素 x
iterator insert(iterator it, 　　　const T& x = T());	在迭代器 it 指向的位置插入元素 x，该位置及后续位置的元素顺序后移
void insert(iterator it, size_type n, 　　　const T& x);	在迭代器 it 指向的位置连续插入 n 个元素 x，该位置及后续位置的元素顺序后移
void insert(iterator it, const_iterator 　　　front, const_iterator last);	在迭代器 it 指向的位置连续插入迭代器 front 与 last 之间的所有元素，该位置及后续位置的元素顺序后移
iterator erase(iterator it);	删除迭代器 it 指向的元素，后续元素前移
iterator erase(iterator front, 　　　iterator last);	删除迭代器 front 与 last 之间的所有元素，后续元素前移
void clear();	将容器清空
void swap(vector x);	与容器 x 的内容交换

参考文献

[1]   Bjarne Stroustrup．The C++ Programming Language[M]．3rd. Bostion, Addison Wesley, 1997.

[2]   徐惠民，等．C++大学基础教程[M]．北京：人民邮电出版社，2005.

[3]   徐惠民，等．C++高级语言程序设计[M]．北京：人民邮电出版社，2011.

[4]   Randal E. Bryant, David O'Hallaron．深入理解计算机系统［M］．龚奕利，译．北京：中国电力出版社，2004.

[5]   Stanley BL, Josee L, Barbara EM．C++ Primer 中文版［M］．4 版．李师贤，蒋爱军，等，译．北京：人民邮电出版社，2006.

[6]   谭浩强．C++面向对象程序设计［M］．北京：清华大学出版社，2006.

[7]   Stanley B. Lippman．Inside the C++ Object Model［M］．Boston, Addison Wesley, 1996.

[8]   Stanley B. Lippman．Essential C++［M］．侯捷，译．武汉：华中科技大学出版社，2001.

[9]   Paul Deitel, Harvey Deitel. C How to program［M］．6th Edition. New Jersey: Deitel Publications, 2010.

[10]   Paul Deitel, Harvey Deitel. C++ How to program［M］．8th Edition. New Jersey: Deitel Publications, 2012.